创造力开发教程

主　编　郭必裕　刘时方
副主编　吴建国　沈世德

东南大学出版社
·南京·

内 容 提 要

本书分为创新与创造学、创造性思维、创造原理与方法、发明问题解决理论（TRIZ 法）、专利以及企业创新等六章。在“创新与创造学”这一章中，简要介绍了人类创新与创造简史、创造学及其应用，以及创新、创造与创造力开发。在“创造性思维”这一章中，着重介绍了创造性思维的基本形式和创造性思维的激励方法。在“创造原理与方法”这一章中，除了介绍科学发现与技术发明的原理与方法外，还介绍了对科技创造过程与成果表达，以及科技创造与艺术创作方法。“发明问题解决理论（TRIZ 法）”是本书的重点之一，这一章介绍了 TRIZ 法，以引导设计人员养成科学的网络式推理思维，有利于技术创新活动的开展。“专利”这一章中，阐述了专利制度的发展历史，专利制度的特征和作用，专利法的法理及特征，专利法保护的主体、内容和客体，专利申请原则、申请文件及专利实施，专利文献的分类、特点和作用，专利权保护的条件、特征和专利侵权的责任等，目的是引导读者利用专利进行发明创造。“企业创新”是本书的最后一章，该章简要介绍了企业技术创新、管理创新与经营创新的原理和方法。

本书可以作为高校学生创新与创造力开发的教程，也可以作为企业技术人员创新与创造力开发的培训教材。

图书在版编目(CIP)数据

创造力开发教程/郭必裕，刘时方主编. —2 版.
—南京：东南大学出版社，2015. 2
ISBN 978 - 7 - 5641 - 5449 - 3

Ⅰ.①创… Ⅱ.①郭…②刘… Ⅲ.①创造能力—能力培养—教材 Ⅳ.①G305

中国版本图书馆 CIP 数据核字(2014)第 313389 号

创造力开发教程

出版发行：东南大学出版社
社　　址：南京四牌楼 2 号　邮编：210096
出 版 人：江建中
网　　址：http://www.seupress.com
经　　销：全国各地新华书店
印　　刷：江苏凤凰扬州鑫华印刷有限公司
开　　本：700mm×1000mm　1/16
印　　张：13
字　　数：269 千字
版　　次：2015 年 2 月第 2 版
印　　次：2015 年 2 月第 1 次印刷
书　　号：ISBN 978 - 7 - 5641 - 5449 - 3
印　　数：1～4000 册
定　　价：36.00 元

前　言

在人类步入 21 世纪的今天,国际间竞争日趋激烈,科学技术作为经济发展的第一生产力,则表明这种竞争实际上就是科学技术的竞争。江泽民 1995 年曾提出:“创新是一个民族进步的灵魂,是国家兴旺发达的不竭动力。”“一个没有创新能力的民族,难以屹立于世界之林。”胡锦涛也在党的十七大报告中明确指出,“提高自主创新能力,建设创新型国家”是“国家发展战略的核心,是提高综合国力的关键”,并将其放在促进国民经济又好又快发展的八个着力点之首。科学技术的进步取决于科技创新,实践证明,谁在科技创新上走在前面,谁就能在科学技术的竞争中抢占先机。只有通过自主创新,才能掌握核心技术,我国骄人的航天技术就充分说明了这一点。目前,我国的经济总量已仅次于美国和日本,名列世界第三位,这与我国科技工作者的自主创新密不可分。高等学校作为人才培养基地,培养具有创新能力的人才显得尤为重要。

目前,创新教育在一些高等学校越来越受到重视,创新能力培养与工程实践能力培养被列为同等重要的位置。中国矿业大学庄寿强教授在 20 世纪 80 年代就开始尝试在工科学生中开展创新教育,在取得经验的基础上,中国矿业大学从 96 级开始把创造学课程正式列为全校所有专业的公共基础必修课。十多年的实践,取得很好的效果。南通大学于 2000 年正式将“创造学”课程列为电类专业的必修课程,并开设了“创新实践”等选修课与之配合,同时通过引导学生开展课外科技活动,激发学生的创造热情。近些年来,这些学生中有几十人次在全国大学生各类课外科技活动竞赛中获奖,几百人次在江苏省各类课外科技活动竞赛中获奖,两位毕业生被评为江苏省十佳青年。

为了配合“创造学”课程的开设,我们曾于 2003 年出版了一本教材,本书是在此基础上修改而成。本书改动比较大的部分是发明问题解决理论(TRIZ 法)这一章。当前国际流行的三种设计方法都做了介绍,其目的是引导设计人员养成科学的网络式的推理思维,有利于技术创新活动的开展。

TRIZ 是第一种值得介绍的设计方法。TRIZ 是俄语“发明问题的解决理论”中几个主干单词的首字母的缩写。该理论是由苏联一位在专利机构工作的年轻人 Mr. Genrich Altschuller 在 1946 年分析研究了世界上 20 万件专利后总结出来的。TRIZ 可以视为解决问题的“万能武器”。TRIZ 从 20 世纪 90 年代起在美国和日本大企业流行,我国也正在开展相应的工作。第二种设计方法是公理设计。通过该方法可以把设计这项以个人经验和灵感为主的活动提升为科学的高度。因此,公理设计是在设计中实现的网络式推理思维的极有用的工具。第三种设计方法是德国工程师协会(VDI)提出的“技术产品设计构想”,它的主要内容是首先把整个设计过程分解为四个大的阶段,分别给出对应于每个阶段的思维逻辑和专门的方法,又重点从新产品的计划及已阐明的任务要求出发,把相应的总功能分解为分功能,进一步寻求解决问题的原理;在此基础上,为满足总功能要求而综合这些原理,从而形成解决问题的方案,通过技术经济评价,这个方案就成为整体设计的起点。

本书共分为六章,其中第一、三章由刘时方编写,第二、五章由郭必裕编写,第四章由沈世德编写,第六章由吴建国编写。

目　录

第一章　创新与创造学

增强自主创新能力，建设创新型国家，是我国面向 2020 年为实现全面小康奋斗目标所作出的重要战略选择。面对席卷全球的经济、科技和综合国力的竞争，世界各国都已充分认识到这与其说是人才的竞争，不如说是人才创造力的竞争。中国在这场竞争中的最大优势，就是拥有世界上数量最多的人力资源。若其创造力得到开发，中华民族必将立于不败之地。为此，需要在全社会大力宣传、推广、普及、研究和应用创造学，动员全体国民积极投身创新文化和国家创新体系建设，深化实施科教兴国、人才强国和自主创新战略，推动经济、政治、文化和社会的全面建设与加速发展。

第一节　人类创新与创造简史

人类社会发展的历史，从某种意义上讲就是一部不断创新和创造的历史。如果说科技是第一生产力，生产力是社会发展的决定性力量，那么创新、创造就是科技发展的动力源泉，是元生产力。人类文明离不开创新活动与创造实践。创新活动和创造实践推动社会进步，是人类赖以生存和发展的基础。

一、人类创新与创造活动的历史溯源

1978 年英国出版的《发明的故事》一书，详尽介绍了古今中外近 380 种人类创新与创造成果的历史由来。其中，数得上人类“第一发明”的当推弓箭。这是因为人类早期生产方式是以采集为主、狩猎为辅，先民们依靠群体力量进行狩猎以维持生存。为不受野兽伤害，又能有效猎获野兽，人类早期就发明了弓箭等远距离杀伤武器。弓箭等猎具的发明提高了生产效率，使猎物有所剩余，养起来成为家畜，推动人类社会由采集为主、狩猎为辅转入畜牧时代。从此母系社会开始瓦解，进入父系社会。

弓箭的发明使人们产生利用弓弦绕钻杆打孔的想法，从而发明了钻具。利用钻具与被钻物的摩擦生热进行取火，这就是“钻木取火”技术。人工取火技术的掌握不仅可以用以熟食、照明、取暖和驱避野兽等，使人类寿命得以延长，生存质量得到提高，给人类带来生活文明，而且在火烧黏土的制陶过程中随着高温技术的掌握，更是可以用火熔炼金属，制造金属农具，给人类带来生产文明。随着以金属农具为代表的整套农业技术的推广应用，人类社会由畜牧时代进入农业社会。钻木取火技术的发明当推人类历史上第一次技术革命。

二、以我国农业文明为代表的世界生产力发展高峰

在古代社会，我国以农业文明为代表的创新实践与创造活动，使我国封建社会自公元前3世纪的秦、汉时期起，直到唐、宋、元各代经久不衰。在我国形成了与西方不同、别具一格的政治、经济、文化传统和科学技术体系，成为四大文明古国中唯一保持完整文化传统的国家。

在西方处于落后的中世纪"黑暗时代"时，我国正处于唐宋盛世(公元7至12世纪)。我国古代伟大的四大发明中除造纸技术外，其余三大发明都是在这一时期成熟并得到推广应用的，形成我国历史上科学文化与经济繁荣前所未有的壮观景象。英国科技史专家李约瑟博士在《中国科学技术史》巨著中说："中国古代的发明和发现往往是超过同时代的欧洲，特别是15世纪以前更是如此，这可以毫不费力地加以证明"。"在3～13世纪，中国保持一个让西方人望尘莫及的科学知识水平"。

中国的四大发明输入欧洲，对欧洲近代社会的到来起到了临产催生的作用。指南针促进了欧洲航海事业和探险事业的发展，火药成为消除欧洲各地封建割据的有力武器，指南针和火药构成了帝国主义海上称霸的"一炮一舰"，造纸术和印刷术则对欧洲科学文化的普及、提高起到了巨大推动作用。正如马克思所描述的那样，"火药、指南针、印刷术——这是预告资产阶级社会到来的三大发明。火药把骑士阶层炸得粉碎，指南针打开了世界市场并建立了殖民地，而印刷术则变成新教的工具，总的来说变成科学复兴的手段，变成对精神发展创造必要前提的最强大的杠杆"。马克思的这段描述深刻揭示了我国古代四大发明给欧洲历史进程所带来的巨大影响。

三、工业时代世界生产力发展的三次高潮

在我国明末至清朝道光年间(公元17世纪至1830年)、清朝咸丰至宣统年间(公元1851年至1900年)以及清朝光绪至民国年间(公元1879年至1930年)，世界生产力的发展先后经历以瓦特蒸汽机为代表的机械技术革命、以煤化学和合成染料为代表的化工技术革命以及以电气化为代表的电力技术革命等三次高潮，世界科学技术和生产力发展的中心相继由英国、德国转移到美国。

瓦特并非蒸汽机技术的原创者。在瓦特之前，D. 巴本(1647—1714)、T. 纽可门(1663—1729)就已制造出蒸汽机原型。当时的蒸汽机主要用于矿井提水，效能很低。瓦特本人在格拉斯哥大学承担纽可门蒸汽机的修理工作，他运用所在大学教授布莱克(1728—1799)发现的"潜热"现象，即气体与液体转换时可大量吸收、放出热而温度不变的原理，将蒸汽机中的冷凝器拿到气缸外面，从而使蒸汽机的效能大大提高。此后瓦特经历九年时间，先后解决了加工工艺、资金和与工具机的连接技术等难题，于1800年实现了蒸汽机的工业化生产。蒸汽机作为动力机

械与任何工具机连接都可使用，所有的大机器，其中包括火车和轮船都因蒸汽机的带动而飞速运转，整个世界的面貌由此大为改观，这就是人类历史上第一次产业革命，也是人类进入工业社会后经历的第一次生产力发展高潮。

在1830年英国产业革命达到高峰时，德国还只是一个落后的农业国。直至1871年才得到统一的德国，其工业化进程比英国几乎晚了一个半世纪。但他们不甘落后，外派大批学者留学英国，学成回国后从事科学研究与教育工作。1830年后在德国涌现成批科学家，如世界著名数学家雅各比(1801—1874)、高斯(1777—1855)和著名物理学家欧姆(1787—1854)等，他们开创了德国科学繁荣的历史新时期。尤其是利用由李比希(1803—1873)等建立的煤化学科学成就，德国迅速发展合成染料工业，由此带动纺织工业(合成纤维)、制药工业(阿司匹林等)、油漆工业和合成橡胶等整个合成化学工业的发展。德国著名化学公司如赫希斯特和拜尔公司的产品源源不断地流向世界各国，使很多天然制品被化学制品取代，人类进入"化学合成"时代。德国化学工业的兴旺发达，进一步带动酸碱和造纸等许多工业的发展。1895年德国各行各业的产品产量压倒英国。德国仅用40多年的时间(1860—1900)就完成了英国100多年的事业，实现了工业化。

就在英国发动产业革命时，大批英国失业工人来到美国。1848年至1849年欧洲革命失败后，又有大批法国人、德国人、奥地利人以及意大利人和俄罗斯人移居美国，这成为美国引进技术、发展工业和扫除南方封建奴隶势力的突击力量。1850年后，美国结束了完全照搬欧洲技术的历史，走上工业技术创新之路。继1866年西门子发明电机之后，1876年贝尔(1847—1922)发明电话，1879年爱迪生发明电灯，这三大发明照亮了人类实现电气化的道路。如果说英国、德国的第一次技术革命或产业革命还只是发展了生产文明，那么美国的第二次技术革命或产业革命就不只是发展钢铁、化工和电力技术等生产文明，而且史无前例地发展了汽车、无线电和航空工业技术等生活文明。以元部件的标准化、系列化生产和管理大师泰勒开创的现代管理科学的发展为标志，大规模生产方式使美国工业化发展进入人类历史新阶段。由此，尽管美国在1860年以前还处于殖民地的经济落后状态，但到1890年已跃居世界第一经济大国，1900年人均收入超过欧洲，成为世界经济一霸。

四、二战之后美日经济的发展及其经验启示

自第二次世界大战以来，尤其是在20世纪70～80年代，美国经济经历了难以言状的痛苦。美国由债权国变成债务国，并忍受着居高不下的失业率。与此形成鲜明对照的是，日本成为战后"不死鸟"，日本制造席卷整个欧美市场。在1989年2月由索尼公司总裁盛田昭夫和日本众议员石田慎太郎合写的《日本可以说不》中宣称，"忘掉制造东西的美国，玩金钱游戏式地兼并企业，利用电脑、卫星、电话跟世界各地金融市场连线操作，仅需将钱左右一摆，预期如果准确，瞬间即可套取暴

利”。作为佐证，盛田列举了美国因为“不制造东西”，他们一面心安理得地用着日本货，一面却要求日本不要对美国的顺差太多。盛田认为这正是美国衰落、日本崛起的原因所在，它致使日本足可以对美国说“不”。世界各国听到了无数有关东南亚奇迹和日本第一的说法。

确实，在20世纪80年代，日本产业经济的发展达到顶峰，日本制造不仅物美价廉、经久耐用，而且具有绝对的规模优势，极具竞争力。总结二战之后日本经济腾飞的原因，除因美国出于冷战需要的政治扶持和日本国民的民族精神外，主要得益于“综合就是创造”的企业创新理念。以日本本田公司为例，1952年本田组成考察小组走遍主要工业发达国家，花几百万美元买回几十种最新发动机样机，回国后进行剖析和综合研究，博采各家之长，通过百次试验，制成世界最好的发动机，只用三年时间就占领了国际市场。1958年美国福特汽车公司也引进了本田发动机技术。被誉称日本“经营之神”的松下幸之助，他的电视机产品最初不仅每个零件都是引进的，而且连线路图也是买来的。由于他善于综合利用这些新技术，终于开发、生产出世界一流的电视机产品。尽管他每卖出一台电视机，要支付专利费用1 000多日元（当时折合4美元），但他的电视机产品所带来的收益是专利费用的几十倍、上百倍。因此，尽管日本的基础技术大多取自国外，但它在使用基础技术转化为商品方面领先于世界。日本技术教育的目标是致力于三种创造力的培养：一是技术创造力，即技术上改进与发明的能力；二是运用技术的创造力，即产业能力，把新技术转变成有用的、能大规模生产的产品的能力；三是销售产品的创造力，即要善于推销产品，以形成企业经济实力和商业竞争力。

进入20世纪90年代，与东南亚金融危机频频、日本经济衰退、俄罗斯金融动荡以及欧洲经济发展迟缓形成鲜明对照的是，美国经济却一反常态，呈现持续增长态势。以多年名列全球首富排行榜榜首的美国微软公司总裁比尔·盖茨为例，他在短短20多年的时间里创造的财富比传统的汽车大王、石油大王、钢铁大王和金融寡头在200年时间里创造的家族财富还多。如果说微软公司是为信息时代的到来开发具有极高知识附加值的软件产品，以致有大批经济学家用知识经济的概念指称美国新经济现象，那么1976年由美国斯坦福大学三年级和四年级学生史蒂夫·乔布斯和斯蒂芬·沃兹奈克创办的苹果公司，则集中反映了美国创业型经济的蓬勃发展。从1976年苹果公司推出个人计算机样机到1981年独霸全球个人计算机市场，五年间在公司内部涌现300个百万富翁。1976年贷款给苹果公司的银行家，每贷款1美元，五年后的回报达243美元。从此开始，美国逐步有800家风险投资公司或银行，不断支持着美国高科技企业的创业，从而造成全球100个新产品中，美国独占76个的绝对垄断地位。

第二节 创造学及其应用

伴随着创新与创造实践的历史发展，人类自古以来就一直在思考和探究创造活动的现象及其本质。古希腊数学家帕普斯在总结前人研究成果的基础上所著的《数学汇编》第7卷中，首次提出"创造学"术语。但创造学作为一门独立学科的诞生，却是20世纪30～40年代的事情。这是因为科学创造学的诞生需要一系列相关学科为此提供探索创造活动的生理机制、心理机制和社会机制的完备条件与基础。

一、创造学的含义

创造学是研究人的创造活动和潜能开发规律的一门综合性学科。这门学科的创立，源于创造实践和创造力开发的需要。人类的创造活动已有几千年的历史，但人们真正认识它，从提出创建创造学到初步形成一门学科，并将创造学研究成果应用于各个领域，才只有几十年的时间。创造学正处于不断发展之中。

创造学作为一门学科，它具有相对独立的研究对象。创造学并不研究创造成果本身及其应用，而是研究这些成果是如何产生的，有哪些规律和方法可循。例如对相对论的研究，创造学并不研究相对论本身，而是研究爱因斯坦是如何发现相对论的；研究爱迪生，并不研究爱迪生的1 320项发明专利本身，而是探索爱迪生是如何取得这些成果的，其中有哪些规律和方法。通过创造学研究，把这些规律和方法揭示、总结出来，使人们原来误认为十分神秘，似乎只有科学家、发明家和艺术家才独有的创造能力，最终成为每一个普通人都能够学习、掌握和使用的一种能力，使人类创造文明成果的步伐得到加速发展。

众所周知，国际奥运会每四年举办一次，这是国际社会的一件盛事，对承办国来说，需要强大的综合国力和经济投入。以往承办国由于种种原因，在经济上都是亏本的。但是，1984年在洛杉矶举行的第23届奥运会却出现了扭亏为盈的奇迹。这届奥运会的组织者是彼得·尤伯罗斯。根据预算，美国要亏损5亿美元，但结果却是倒赚了2个亿。尤伯罗斯的方法是：第一，向世界各国的新闻媒体出售奥运会实况转播权，结果很快回收一笔资金；第二，将火炬接力权卖给有钱的厂商；第三，把主会场地砖的刻画权当成商品对外销售等。洛杉矶奥运会的成功举办使尤伯罗斯成为新闻人物。为此，《华盛顿邮报》记者采访尤伯罗斯，请他介绍经验。尤伯罗斯回答说，这是由于1975年在佛罗里达州，他听了世界著名创造学家迪·博诺一个小时的创造学课，学会了"水平思考法"（一种创造性思维技巧），激发了创意，使他在筹办奥运会的过程中发挥创造力，从而取得了意想不到的成功。

二、创造学的研究内容和方法

（一）创造学的研究内容

创造学以人的创造活动为研究对象，以揭示创造力潜能开发的规律为研究目的。围绕研究对象和研究目的，其主要研究内容包括：

1. 创造活动过程、原理与方法

这部分内容在创造学中统称创造工程。创造活动是指生产具有新颖性成果的各种实践活动，如科学发现、技术发明、艺术创作和企业创新与创业等。

创造活动过程是指生产创造性成果的全部经过。包括人们在创造活动中的具体思维过程和实践过程，如选题定位、方案构思、运用技法解题的实施过程等。其中，创造性思维是创造活动过程的核心与灵魂。

创造原理是指通过对创造活动过程的研究所揭示的、对指导人们从事创造活动具有普遍指导意义的规律与原则。

创造方法是对创造原理的运用和具体化。在漫长的人类创新与创造实践中，人们总结出许多生产创造性成果的方法。其中一些方法，经过加工、提炼和规范化处理，成为富有启迪意义和可操作的创造技法。

2. 创造者的人格、心理品质及创造性人才培养

创造者是创造活动的主体，也是创造学研究的主要对象。创造学研究创造者在创造活动过程中所表现出来的人格与心理品质，目的是为研究创造教育，研究创造性人才的培养目标、条件、原则和方法等。

3. 创造力及其开发

创造力包括创造潜能和创造能力两层含义。创造学研究创造力的各种属性和开发机理与方法，目的是为充分发挥人的创造潜能，使之外化、显现为创造能力，以做出创造性成果。

4. 创造文化与创造环境

创造文化是人们对创新、创造和创造力开发实践的客观反映。它具有四种互相关联的形态，即意识（精神）形态的创造文化、物质形态的创造文化、实践形态的创造文化和环境形态的创造文化。创造文化是社会文化的重要组成部分，各种自然、社会和思维学科文化的创立与演进，无不包含着创造文化的“基因”。

创造环境作为创造文化的重要形态之一，是指影响创造力开发和创造性成果生产的历史背景、社会状况、物质条件和经济、政治、科技、文化等因素。“适宜的气候和环境能极大地促进创造”（[美]S. 阿瑞提《创造的秘密》）。创造需要有利于其开发的自由、宽松和充满机会的环境。

5. 创造测评

创造测评包括创造力测评、创造成果鉴定和开发评估等内容。

（二）创造学的研究方法

1. 观察法

即通过观察人们在创造活动过程中的言行举止，剖析创造性思维过程及其内在的心理机制，发现创造原理和方法。例如美国心理学家特曼（L. M. Terman）曾历时半个多世纪，运用追踪观察的方法，研究1 500多名智力超常儿童的才华发展情况，获取大量富有科学价值的第一手资料。

2. 实验法

借助仪器进行测定或观察，研究人的创造心理或激励人们进行创造力开发的方法。

3. 传记法

通过对人物传记的研究，揭示创造者的具体思维过程、创造方法和创造人格等。

4. 科学史法

通过研究科技发展史来揭示人们的创造活动规律。如通过考察科技史，研究科技发展与社会环境之间的关系，揭示促进科技进步的各个因素，进而寻找推动创造活动的途径和方法。

5. 比较研究法

通过对不同创造活动过程和不同创造者在人格、心理品质等方面的比较，深入研究有关创造问题的方法。如通过比较爱迪生和斯旺发明碳丝电灯的过程，揭示他们在创造活动过程中的不同表现。

6. 调查询征法

即把所要研究的问题分解为详要的纲目，并制成询征表，分发给询征对象征求答复，然后回收询征表，用数理方法进行统计，最后得出结论。对调查询征法的典型运用如20世纪80年代我国著名心理学家王极盛对28位学部委员和127名科技人员进行询征研究，撰写了专著《科学创造心理学》。

7. 测验统计法

在创造学研究中，经常需要进行创造力测试，运用测验统计法对创造力作出直观、定量的评价。

三、国内外创造学研究概况

（一）国外创造学研究热潮的兴起

进入现代以来，美国最早将创造问题作为科学进行研究。1936年，美国通用电气公司首先面向职工开设“创造工程”课程，使职工的创造发明能力得到显著提高。1941年，美国BBDO广告公司经理奥斯本出版《思考的方法》一书，首创“智力激励法”；1953年又出版《创造性想象》一书，对创造性思维进行探索研究，成为科学创造学的创始人。在《创造性想象》一书中，奥斯本明确写道：“一个国家的经济增长和经济实力与其人民的发明创造力和把这些发明转化为有用产品的能力紧密相关。”1943 年 9 月，德国心理学家马克斯·韦特海默的《创造性思维》一书在美国出版，这是世界上首部专门研究创造性思维的经典著作。1948 年美国麻省理工学院首先开设“创造力开发”课程，此后哈佛大学、布法罗大学等许多高校也相继开设相关课程。为促进创造教育的开展，1954 年美国成立“创造教育基金会”。梅多与帕内斯等人在布法罗大学通过对 330 名大学生的观察与研究发现，受过创造性思维训练的学生，在产生有效创见方面比没有受过这种教育的学生平均高 94%。到 20 世纪 80 年代，美国已有创造学研究所 10 多个，50 多所大学设立相关研究机构。1979 年，美国总统的科学顾问在一次演讲中强调说：“我们正跨入一个新的时代——极需一种新的创造精神的时代。”目前美国几乎每所大学都开设了关于创造问题的课程。IBM 公司、道氏化学公司和通用汽车公司等许多世界著名公司，也都设立自己的创造力培训部门。大量创造问题研究机构的产生，从学校到企业创造教育的广泛开展，以及各种有关创造问题的咨询公司的出现与竞争，标志着美国创造问题的研究与普及到 20 世纪 80 年代已掀起热潮。

在日本，虽然早在 20 世纪 40 年代市川龟久就发表了《创造性研究的方法论》一书，但创造学真正受到重视、得到发展，是在 1955 年从美国引进创造工程以后。日本政府对此极为重视，在一份文献中明确指出：“我国技术的进步，过去经常是依赖于引进外国技术。今后，决不能只停留在这种消化、吸收外国技术的地步。”20 世纪 70 年代，日本在创造学的研究和应用方面超过美国。不仅大学开设有创造课程，企业普遍开展创造教育，而且大量建立创造工程研究所和创造学会等组织。例如，丰田汽车公司的总部设有“创造发明委员会”，下设创造发明小组，广泛开展“创想运动”，取得巨额经济效益。1975 年该公司收到创造发明设想和建议 381 438 件，采用率高达 83%，支付奖金 3.3 亿日元。1981 年日本东京电视台从 10 月起开设《发明设想》专题节目。他们还把每年 4 月 18 日定为“发明节”，在全国各地举行表彰和纪念成绩卓著的发明家活动。日本由此成为发明大国，专利申请量雄居世界第一。如日立公司 7 万名员工，仅 1983 年申请的专利和小发明就多达 25 000 件。在这种社会环境里造就了发明大王中松义郎，他在近 50 年的时间里共获得 2 360 项专利，远远超过美国爱迪生 1 320 项的专利纪录。在 1982 年世界发明比赛中，中松义郎荣获“对世界作出了巨大贡献的第一发明家”称号。有人认为，这也正是战后日本经济快速腾飞的奥秘所在。

苏联从 20 世纪 60 年代起开始对创造问题的研究与普及。1958 年，苏联人首先在拉托维亚人民技术学院讲授创造理论与技法，60 年代逐步普及，建立各种形式的创造发明学校，成立全国与地方性的学术组织，制定《发明解题程序大纲》。其中，《发明解题大纲——68》在分析 25 000 个高水平的发明专利的基础上，总结出 40 条发明创造的基本措施。1971 年在阿塞拜疆创办世界第一所发明创造大学。到 1978 年已有 80 多个城市建立 100 多所发明创造学校，一些大学开设“科学研究原理”、“技术创造原理”等课程，1985 年建立“大学生设计局”等科技组织的大学多达 437 所，参加学生 10 万多人。在创造学理论研究方面，20 世纪 70 年代末、80 年代初陆续出版《创造学是一门精密的科学》、《发明家用创造学原理》和《发明创造心理学》等一批学术专著。

其他如英国、加拿大、匈牙利、波兰、保加利亚、委内瑞拉等 40 个国家，也都先后开展创造问题的研究与普及，在各类学校和企业开展创造教育。创造问题研究的领袖人物之一卡尔文·泰勒(C. W. Toylor)说：“在 1950 年前的 65～70 年间，科学文献中只出现过屈指可数的几篇关于创造力的研究论文。然而，1955 年后，不断增加的兴趣和活动开辟了这方面的许多研究途径。”J. P. 吉尔福特也说：“没有哪一种现象或一门科学像创造问题那样，被如此长久地忽视，又如此突然地复苏。”据不完全统计，从 20 世纪 30 年代到 1981 年，全世界发表有关创造问题研究的文献 62 000 余篇。自 20 世纪 80 年代以来，它更是成为学术界的研究热点，各种有关创造问题研究的著作大量涌现，正在形成一股席卷全球的热潮，由发达国家扩展到发展中国家，成为现代科技革命的重要内容。

（二）我国创造学研究概况

在我国，将创造发明问题作为一门学问进行研究，开始于 20 世纪 80 年代。1980 年《科学画报》等媒体开始介绍创造发明方法和创造学基础知识，引起强烈反响。1983 年，我国在广西南宁召开全国第一次创造学学术讨论会。为鼓励发明创造，推动科技发展，国家先后制定、颁布《发明奖励条例》和《自然科学奖励条例》。人民科学家钱学森倡导建立思维科学，使创造性思维作为思维科学的重要方面，越来越引起人们的关注。自改革开放以来的许多事实表明，创造学的研究、普及正在我国掀起高潮。

1. 关于创造性思维研究的论著越来越多

创造性思维是创造学研究的重要内容。据不完全统计，1984 年及其以前只是偶有论及创造性思维的论文，1985 年以后具有较高水平的研究论文呈明显上升趋势，由 1985 年的 9 篇、1986 年的 13 篇增加到 1987 年的 30 篇。自 1988 年以来，每年至少有 20～30 篇研究论文，而且论文质量不断提高。自 1985 年以后，直觉与灵感问题的研究也成为创造性思维研究中的热点课题。学术专著方面，20 世纪 80 年代除一些思维科学、科学方法论著作不同程度地探讨创造性思维外，重点是探讨科学发现的模式，如章士嵘的《科学发现的逻辑》(1986 年)、邱仁宗主编的《成功之路——科学发现的模式》(1987 年)和钱时惕主编的《重大科学发现个案研究》(1987 年)。王极盛的《科学创造心理学》(1986 年)从心理学角度，以大量心理实验材料和对我国部分学部委员的调查资料为依据，探讨创造性思维及其心理、社会环境问题，在国内外享有盛名。周义澄的《科学创造与直觉》(1986 年)、陶伯华与朱亚燕的《灵感学引论》(1987 年)、岳海等著的《灵感奥秘试探》(1989 年)，是对直觉、灵感及其在创造性思维中的作用进行深入研究的代表性成果。进入 20 世纪 90 年代以后，关于创造性思维的普及性、通俗性和实用性著作明显增多。近年来，各种创意学和成功学著作令人应接不暇。

2. 关于创造学研究与普及的各种学会组织陆续成立

中国发明协会于 1985 年成立，并举办首届全国发明展览会。以后每年举办一次，到 1995 年共展出发明 1 万多项，现场鉴定的技术转让合同总金额达 16.4 亿元。1988 年和 1992 年还先后两次举办北京国际发明展览会。同时，多次组织参加国际发明展览会。在 1985～1995 年的 10 年间，先后参加国际发明展览会 25 届，参展发明 679 项，405 项获奖，其中获金奖 86 项。中国发明协会组织召开各种研讨和经验交流会，创办《发明与革新》杂志。中国创造学会于 1994 年在上海成立，创办会刊《创造天地》，每两年召开一次全国性学术研讨会，编辑、出版研讨会文集《智慧之光》。目前已有 10 多个省市和一些高校及企业单位相继成立创造学会。

3. 创造学在高校的发展

在我国高校中，上海交通大学最先引进创造学，以后在其他高校也陆续得到发展。当时，主要是以选修课或第二课堂的形式出现。20 世纪 80 年代东北大学的谢燮正等学者，与国外建立广泛联系，陆续翻译几百万字的创造学研究资料，为我国创造学研究与发展奠定基础。到 20 世纪 90 年代初，开设创造学选修课的约有 20 所高校，近年来更是呈现成倍增长趋势。全国高校创造教育与创造学研讨会，自 1993 年在中国矿业大学召开首届会议后，每两年召开一次。10 多年来，高校创造学的研究、教育取得一系列成果，承担国家级课题多项，获国家级和省部级教学成果奖数十项，出版创造学著作数百种，发表论文数百篇。其中，中国矿业大学将“普通创造学”作为各个本科专业的共同基础必修课，并创办创造学本科直至硕士、博士专业，对创造学的研究、普及作出了重要贡献。

4. 厂矿企业在普及、推广创造学方面初见成效

这些年来，全国总工会始终把在厂矿企业普及、推广创造学作为一项重要工作来抓。1985 年，中国机械冶金工会首先作出推广运用创造学的决议，以后在上海、大连正式开办创造学培训班。1987～1990 年间，先后在 14 个省、24 个大中城市开办创造学培训班 50 多个，创造学讲座 70 多场次，培训骨干 5 000 多人，并于 1988 年成立全国机械工业系统创造学研究推广协会。全国总工会职工技术协会为普及、推广创造学做了大量工作，组织编写《创造学基本知识》教材，拍摄创造学电视录像。1994 年颁发《关于继续加强推广普及创造学的通知》，进一步动员其 400 万会员深入开展创造学普及活动，涌现湖北宜昌和东风汽车公司等推广、普及创造学的先进地方和企业。广东省人事厅自 1995 年以来，先后组织编写《创造性思维与方法》和《创新：民族的灵魂——创造力开发与应用》教材，并拍摄相应的录像，将创造学列为全省专业技术人员继续教育的必修内容。

以上事实充分表明，虽然创造学的研究、普及在我国比西方晚了许多年，但发

展的速度却是惊人的。这显示出我国人民远不满足于引进、吸收和消化国外的先进科技，而是结合本国实际创造科技，符合我国坚持走自主创新道路的战略需要。我们一方面要大力推广、普及已有的先进科技和有关创造发明的知识、经验，全面提高全民族的创造意识，充分调动人民群众的聪明才智和创造热情，广泛开展群众性的创造发明活动；另一方面又要防止急功近利、急于求成，要扎实加强创造学理论研究。只有把创造学的基本理论问题搞清楚，创造发明才有持久的后劲，才能在重大科技问题上有所突破，为人类作出更大的贡献。要正确处理提高与普及的关系，只有不断地提高，才能持续地普及。

四、创造学应用

由于创造学的研究目的在于指导创造实践，因此在学习、研究创造学过程中必须思考如何结合个人实际和本职工作应用创造学。创造学是横断科学，适用于教育、科技、经济、政治、文化等各个领域，对于开发创造潜能、生产创造性成果和培养创造性人才具有指导意义。

（一）开发个体创造力

据现代脑科学研究，人的大脑皮质约有 140 亿个神经细胞，是行为指挥中心和思维的物质器官，其记忆容量相当于 7 亿多册书籍，单项记忆可保持 80 年。然而，人脑的这种潜能开发和利用率不足 10%，大部分还处于有待开发的“地层深处”，开发潜力和前景巨大。人的心身能量和创造潜力经开发训练而得到提高的具体事例见表 1－1。

表 1－1　创造力开发事例

开发能力	事　　例
创造能力	苏联阿塞拜疆发明创造学院通过开发，使学员创造效率提高 9 倍。
记忆能力	法国巴黎性格学研究中心通过开发，使学员记忆力提高 3～5 倍，有的甚至超过 10 倍。
听写能力	通过开发，学员记录速度提高 3～8 倍。
阅读能力	通过开发训练，阅读能力提高 2～3 倍。
认知能力	苏联、保加利亚通过开发，学员学习效率提高 5～30 倍，使成人用不到一个月时间学完一门外语。

（二）开发群体创造力

企事业单位蕴藏着丰富的创造力资源，这些资源远没有得到开发，是开发、利用最不充分的资源。有调查资料表明，企事业单位中许多人都希望有展示成果、显示自己才华的机会，有宽松的创造环境，有得到尊重、理解、保护和支(资)助的需要。单位员工的这种进取精神和成就愿望，是开发、利用创造力的“精神动力”，具有实践经验和专业技术的员工是开发、利用创造力的“物质载体”。在以包起帆为代表的创新群体中，创造潜能得到充分开发后，创造了几个亿的经济效益，比一个中小型港口几十年创造的价值还多。

学校是培养创新人才、“缔造中国未来”的主战场，开发在校学生创造力大有可为。上海和田路小学“全方位开发学生创造力”研究课题，被确认为中国教育改革“五大模式之一”。他们发明的“和田创造技法”，走出校门参加国际会议交流。中国矿业大学创造工程专业毕业生，每人带着一项专利走向社会。许多事例表明，哪里有创造力开发，哪里就会有创造性成果出现；谁先开发，谁就会捷足先登；开发力度越大，开发范围越广，取得的成果越多。开发创造力，发展创造力开发式生产，具有广阔的发展前景。

（三）生产创造性成果

通过创造学研究揭示的规律、方法，对于开展创造活动、生产创造性成果，对于发挥创造潜能、促进成果转化，对于提高创造效率、缩短创造周期、生产具有自主知识产权的成果，对于创造性解题、获得竞争优势，都有着举足轻重的作用。

原东方电机厂 1986 年引进、推广和应用创造学，经过若干年的教育实践，取得合理化建议 52 105 条，实现技术创新 1 576 项，完成重大科研成果 277 项，开发新产品 47 个，连续五年超额完成国家下达的发电设备制造任务，取得三年递增率 10.4%的增长效益。这些可喜可贺的成果来自于创造学。通过创造学的学习，企业职工，特别是科技人员“想问题的思路开阔了，观察、分析问题的能力提高了，处理问题的方法多了……”

运用创造学使电子玩具走向世界又是一例。原上海玩具十六厂助理工程师吴农发在学习创造学原理后，运用创造技法构思、研制新潮玩具“电子音乐不倒翁”，并以人为本，不断创新，投放市场后大受外商欢迎，年创利润 80 余万元。

（四）企业创新

企业创新包括技术创新、管理创新和经营创新等内容。其中，经营创新是先导，技术创新是核心，管理创新是保障。由于企业创新是创造力开发极其重要且极具典型性的应用领域，因此学习和掌握创造力开发在企业创新实践中的应用，对于其他行业或职业运用创造力进行创新可起到举一反三的作用。

（五）在其他领域中的应用

创造学除应用于教育（开发创造力）、科研（生产创造性成果）和企业领域外，还在商业、农业、再就业和人事、军事、中医、刑事侦查以及编辑工作等领域得到广泛应用。

1. 商业应用

市场经营观念随着时代的变迁和经济的发展而不断创新，由生产观念演变为推销观念，更新为市场营销和社会营销观念、大市场营销观念和创造顾客观念（Customer Create Concept，简称 CCC）等。例如，日本手表商在激烈的市场竞争中，开发出一种外观美、性能好的名叫西铁城的新产品。为开拓印尼市场，他们用直升机把数千块手表在印尼上空撒落，赠送给当地居民使用，并以此证明手表质量可靠。结果这种手表很快为印尼人接受，为厂商带来了丰厚利润。

在我国，随着市场经济的发展，商业也越来越依赖于创新、创造。原上海第二百货公司永新有限公司陈士嘉为使商品更快、更好地被介绍给用户，他应用创造学知识，结合自己多年的实践经验和体会，提出赞赏、导引、启发、展示、演讲、劝说、切磋等十大营销技法，持续创造出新的销售业绩。

2. 农业应用

创造技法除应用于工业企业，对农业生产也有应用价值。应用创造技法创造、开发新农产品，具有更加广阔的前景。例如，哺乳仔猪下痢很难医治，传统方法是直接对病猪打针、喂药，但这种方法手续麻烦、操作不便，且效果不理想。浙江嘉善农牧局张斌荣在畜牧生产实践中遇到这个问题后，他联想到创造学，便应用创造技法对病猪进行医疗实验，结果发明出母猪乳期添加剂——乳克痢，将乳克痢饲喂泌乳母猪，通过母猪奶水来间接防治哺乳仔猪的“大倒病”。该方法临床使用方便，效果显著，攻克了养猪业中的世界性难题，获得“国际发明最高金奖”。

3. 在再就业中的应用

下岗、再就业是政府、百姓普遍关心的问题。应用新小技术和创业知识，组织“创业上岗培训”，是解决失业问题的重要途径。

4. 在人事工作中的应用

人事工作具有规范性、严密性和继承性等职业特点，要敢于面对市场经济，创造性地研究长远发展目标，就必须学习和应用创造学。

人事工作的创新主要包括三方面内容：

一是围绕经济建设中心，加快两个调整，这是人事工作创新的核心。这两个调整分别是：第一，把适应计划经济模式的人事管理体制调整到与市场经济相配套的人事管理体制上来；第二，把传统的人事管理调整到整体性人才资源开发上来。整体性人才资源的开发，就包含有开发创造力的重要内容。

二是实现发展目标。通过加大两个调整的力度，争取到2010年建成一支高素质、专业化的公务员队伍；建立与市场经济相配套的人事管理体制；形成一支具有竞争激励、公正规范、科学高效的人才资源开发机制；培养一支门类齐全、结构合理、素质精良、实力强大，同现代化建设要求相适应的人才队伍，使我国由人力资源丰富的大国，逐步成为具有人才资源优势的强国。

三是提高人事干部文化素质。负有人才资源开发重任的人事工作干部，首先要有较高的文化素质。具体来说，主要应具有以下几方面的知识：第一，国民经济和社会发展的宏观知识；第二，人事管理和人才开发的专业知识；第三，与人事人才工作相关的法律知识；第四，与管理、开发对象相关的知识；第五，国际背景知识；第六，现代信息知识和技术。

5. 在中医药中的应用

我国人民在与疾病作斗争的长期实践中，创造了许多行之有效的治疗方法和药物。华佗首创“酒服麻混散”麻醉术和医疗保健体操“五禽戏”。孙思邈创造出治疗多种疾病的《千金方》。“千金”有“人命至重，有贵千金，一方济之，德俞于此”的寓意，意思是说人的生命是宝贵的，重于千金，方药的作用就在于维护人的重于千金的生命。

长期以来，医学界所关心的只是维护生命安全的药物和治病方法(含医疗器械)，但对于这些创造性成果(药物和方法)是怎样创造发明的、对病论治的具体思维和行为过程是什么等问题，则很少问津。而后者，正是创造学所要研究的内容。其实，治病的每一个配方都凝结着人们的创造智慧，都有一段发明、发现和创新、创造的故事。中医方剂构思的实质，就是创造学中“切割重组”原理的应用。因此有人将创造学思想引入中医药学，创立了“中医创造学”。随着这门学科的建立、传播和应用，人类战胜疾病的本领必将获得进一步提高。

6. 在编辑工作中的应用

编辑从事信息(知识、精神)产品的生产，是一种典型的对已有信息(原稿)“进行创造性加工”的工作。从选题策划、拟订方案、稿件成果确认，到指导、组织写作和审阅、加工、修改直至装帧设计，无不体现编辑的创造性思维。创造性思维是编辑构思过程的主要特征，且贯穿于编辑工作的始终。选题策划，要有新意和独创性，成果确认，选择文稿，提出指导性意见，协助作者创新完善，达到出版标准；组织写作，策划写作方案，帮助作者弄清主题意旨、读者对象、内容和形式上的特殊要求，指导创作；审读加工，修改、规范文稿，编中有导、编中有创，为之润色，使之优化；装帧设计，使出版物做到内容与形式完善统一。

上海少年报社张福奎应用创造学原理和技法，剖析编辑工作中存在的问题，提出创造性设想，归纳、整理出“编辑工作创新思路提示法”，用以提高出版物的质量、速度和社会影响。

7. 在司法工作中的应用

刑事侦查是发现、揭示犯罪事实的一项司法工作，也是应用已有证据和法律、自然、社会科学知识进行综合分析、判断、推理，提出假说并加以证实的创造性活动。

证据包括人证、物证和“逻辑证据”。在侦查、审案过程中，侦查人员针对与案件有关的各种证据，进行缜密的逻辑分析，把任何一条线索和任何一个细节都纳入分析过程，将所有已知材料连贯起来，找出前因与结果、背景与过程、动机与目的、方法与手段之间必然的逻辑关系，再进行推理、论证、反驳，排除多元可能性，最后得出“确实犯了某种罪行”的唯一符合逻辑的结论，称为“逻辑证据”。“逻辑证据”的形成即是应用扩散—集中创造思维循环的结果。

广西公安管理干部学院蒋汉伦研究提出“创造性预防犯罪”理论。上海市犯罪改造研究所林明崖探索罪犯创造发明的规律和开发犯人智力的方法，取得可喜成绩。中央民族学院马小琳将创造方法应用于刑事侦查工作，他运用逻辑证据侦查案件，发明T型卡片侦查法，解决了刑事侦查中的一个难题。

8. 在军事上的应用

美国三军都建有开发军事人才创造力的训练中心，定期对军官实施"创造性解题训练"，以培养部队的整体作战能力和军官适应未来战争的组织、指挥、协调能力。

天文学家兹维基博士参与美国火箭研制工作，用形态分析法提出576种结构方案，为美国火箭技术的发展作出重大贡献。其中，有两个创意方案——"F－1型巡航导弹"和"F－2型火箭"，是德国法西斯当时正在研制的秘密武器。

我国海军航空工程学院赵金魁教授，率先对"培养军事创造型人才"进行理论研究和实践探索，提出"指导提纲教学法"，他的论著《军事创造工程学》对提高部队官兵的创造性实战能力产生了重要影响。

第三节　创新、创造与创造力开发

创新、创造、创造力是三个紧密联系、密切相关的概念。面向人类创新实践和创造活动的发展需要进行创造力开发，首先需要厘清创新、创造和创造力的概念内涵，在此基础上学习、掌握创造力开发的基本原理，为开展创造力开发训练建立基本概念和理论框架。创新、创造、创造力是进行创造力开发必须掌握的三个基础性概念。

一、创新

1. 创新的经济学定义

究竟什么是创新？创新是近年来使用最频繁的词汇之一，但在国内外传媒和有关书籍中却又是一个模糊不清的概念。讨论的很多，但真正理解的很少。有人认为创新就是创造，把创新和创造视为同义词。而有人却认为，两者根本就是两个不同的概念，不能混为一谈。在各种意见争执不下的情况下，正本清源无疑是解决问题的最好方法。

从词源来看，"创造"一词由来已久。在我国古代《汉书·叙传下》中，就有"创，始造之也"之说。这是历史上最早出现"创造"两字。而创新则不同，它是一个外来词，是知识经济时代大力弘扬的理念。由于知识经济首先是一种经济形态，因此对创新的理解，只能从经济学范畴里探源，根据经济学理论予以解读。

创新是当代经济学的一个重要概念，具有十分丰富的内涵。首先提出这一概念的，是美籍奥地利经济学家约瑟夫·阿罗伊斯·熊彼特(Joseph Alois Schumpeter，1883—1950)。他在其1912年德文版《经济发展理论》一书中，首先使用"创新”(innovation)一词。他将“创新”定义为“新的生产函数的建立”,即“企业家实行对生产要素的新的组合”。它包括以下五种情况:一是引入一种新产品或提供一种新的产品质量;二是采用一种新的生产方法;三是开辟一个新的市场;四是获得一种原料或半成品的新的供给来源;五是实行一种新的企业组织形式。人们之所以要进行这些方面的创新,乃是出于经济原因,即强烈的利润动机和潜在的利润前景的驱使。

把创新理解为经济概念的重要性,在于探讨创新与经济增长的关系。以亚当·斯密为代表的古典经济学派认为,高储蓄率导致生产资料的积累而使经济增长。但是如果没有新技术创新和改进的持续注入,经济投入的效益将呈现迅速下降的趋势(边际收益递减规律)。因此,古典经济学家所提倡的储蓄和投资所带来的收益必定是有限的。根据创新理论的研究,经济增长的过程是靠经济周期的变动来实现的,而经济周期变动的原因在于创新。利益推动创新,创新刺激投资,引起信贷扩张,扩大对生产资料的需求,从而推动经济走向繁荣。在此过程中,有许多新资本的投入,而同时那些适应能力差或行动过于迟缓的企业则被挤垮。因此,创新既推动经济增长,同时也造成对旧资本的破坏。熊彼特曾用“具有创造性的毁灭过程”来概述“创新”在促进经济增长中的巨大作用。

在熊彼特创新概念的基础上,人们进一步演绎提出技术创新、产品创新、过程创新、营销创新、市场创新、管理创新、制度创新、体制创新和金融创新等一系列概念,并将企业的微观创新活动上升到国家宏观层次,把各种创新活动看作是一个系统和整体,进而提出国家创新体系的概念。在整个国家创新体系中,企业作为经济活动的主体,同时也是创新的主体。尽管企业创新需要政府和教育、科研机构等为之提供各种支持和帮助,但所有这些归根结底都是为企业创新服务的。国民经济的发展需要依靠作为其基本生产单位的企业的不断创新和发展来实现。

2. 创新概念的一般含义

通过经济学理论的解析可知,创新的基本含义有两点:一是引入,二是革新。较为完整的表述是:创新是指“新的重新组合或再次发现的知识被引入经济系统的过程”。按照这一理解,创造本身并不是创新,只有把创造成果引入经济系统产生效益,才是创新。创新和创造这两个概念是有区别的。在英文中两者也是不同的,“创造”为“create”或“creation”,“创新”为“innovate”或“innovation”。把经济领域中的创新概念,拓展、延伸到政治、文化、教育、管理等各个领域,其含义主要包含以下要点:

第一,所谓创新是将新设想或新概念发展到实际应用和成功应用的阶段,是创造的某种价值的实现。按照当代国际知识管理专家艾米顿对创新的定义,就是从新思想到行动(new idea to action),它首先关注的是现实效益的转化。这里所指的效益,不仅是指经济效益,而且包括广泛的社会效益和个人利益。

第二,所谓创新是运用知识或相关信息创造和引进某种有用的新事物的过程。作为一种创造性过程,它从发现潜在的需要开始,经历新事物的可行性检验,到新事物的广泛应用为止。作为一种引进新事物的过程,既指被引进的新事物本身,具体来说就是被认定的任何一种新的思想、新的实践或新的制造物,同时也包括对一种组织或相关环境的新变化的接受过程。这里所指的事物既可以是物质形态的产品、工艺和方法,也可以是精神形态的思想、观念和理论等。

第三,除"创造"和"引进"这两种方式以外,创新还可以通过对已有事物的改进、完善、扩展和延伸获取收益。概括而言,创新是建立在已有事物的基础上,推动事物发展,生产新成果,产生新效益的创造性活动。

3. 创新的语言学定义

语言学定义可以帮助我们建立对创新概念的通俗理解。按照《现代汉语词典》的解释,创新是指抛开旧的、创造新的,也可简要概括为破旧立新的过程。根据《辞源》,其中"创"的主要含义就是"破坏",同时也有"开始"和"创立"之意。

二、创造

1. 创造的语言学定义

在英美语系中,创造即 creation,是由拉丁语"creare"一词派生而来。"creare"的大意是创造、创建、生产、造成。它与另一个拉丁词"cresere"(成长)的词义相近,与拉丁语中的宇宙、世界和上帝等是同根词。《旧约全书》的创世纪中说,上帝在一切不存在的情况下创造了天和地。因此从拉丁词源上分析,创造的含义是在原先一无所有的情况下,创造出新东西。我国《辞海》中也有类似解释,认为创造是指"首创前所未有的事物"。这种解释特别强调创造具有独创性和首创性。然而,任何创造都不是无中生有,而是在前人创造的基础上有所突破。所以要论创造的含义,从字义上分析可能更为贴切。按《词源》解释,"造"的主要含义是"构建"和成为。"创"与"造"两字相联,具有破坏与构建相统一的含义。完整来讲,创造是指在破坏、否定和突破旧事物的基础上,构建并产生新事物的活动。

2. 创造活动的类型

在日常用语中,人们对创造常有不同的含义指称,有的泛指创造活动及其过程,有的则是指创造发明成果。就不同领域的创造活动和取得成果的类型来划分,创造通常按其实现手段和方法不同划分为科学发现、技术发明和艺术创作三种类型。

(1) 科学发现。科学发现是指在科学理论的指导下,对事物的本原进行探索和研究,从而了解到存在于现象之后的新事物或规律。例如,牛顿在观察苹果落地这一现象时,推断出所有物体之间都有引力,从而发现"万有引力"定律。发现可分三个层次:一是事物的发现;二是事物属性的发现;三是事物本质的发现。科学发现是在不同的层次和角度与上述这些发现相联系的。

(2) 技术发明。技术发明是指根据科学规律或科学原理创造出新的事物,首创出新的制作方法等。技术发明的重要特征，是运用逻辑或非逻辑的方法，对客观事物的现象和本质进行深入分析与研究，从而创造出具有新质的事物。例如，发明电话是创造新的事物，创立微积分是科学方法的发明。

(3) 艺术创作。艺术创作是指运用形象思维的方法，对社会生活进行观察体验、研究分析，并对生活素材加以选择、提炼和加工，从而塑造出新的艺术形象。艺术创作具有两项显著特点：一是创造的方法主要是运用形象思维进行；二是创造成果带有强烈的主观色彩。艺术形象反映着创作者的意识形态和社会理想，甚至还蕴涵着创作者的快乐或忧伤、振奋或消沉、勇敢或懦弱等情绪、意志品质。

联系企业创新实际，创造活动主要可概括为以下内容：一是实物的革新创造，包括新产品、新结构、新材料、新设备和工装仪器等；二是工艺操作技术的革新创造，包括新技术、新工法和新经验等；三是生产经营组织与管理创新；四是科学试验研究与技术开发。

3. 对创造活动的评价

创造有广义和狭义之分。广义的创造是指不考虑外界水平，仅对创造者个体或群体原有的水平基础而言，用以前没有过的新方式解决了没有解决的问题，或称为创造性地解决问题。例如，一位企业职工搞出一套省力扳手，尽管该扳手已有专利产品，但对这位职工来说仍是一种创造，但不够申请专利保护条件。在企事业单位中，诸如多数的合理化建议和通过技术改进所取得的成果，都属广义创造。

狭义的创造是指产生的成果对于整个人类社会来说都是独创的和具有社会价值的。人们通常所说的创造多指狭义创造，如爱因斯坦的相对论和袁隆平的籼型杂交稻种等，是指那些大科学家、大发明家和大艺术家所作出的创造性成果。从企事业单位来讲，具备申请专利条件的创造发明和属于知识产权范畴的成果，通常也都属于狭义创造。

广义创造和狭义创造的共同特点是：第一，两者都属于创造，因为它们的成果都具有新颖的意义；第二，它们都需要通过创造者自身的努力才能得以展示；第三，它们都可能或可以对社会和经济发展起到推动作用。两者的不同在于，除新颖程度外，主要要看产生成果是否具有经济价值和社会价值。创造不必也不可能一步登高，没有广义创造也就没有狭义创造，从一定意义上讲，广义创造是狭义创造的沃土和基础。

就技术创造而言，按创造水平分类有所谓突破型创造、开发型创造、改进型创造和完善型创造之分。

第一，突破型创造。是指具有开创性的，起着划时代作用的技术成就，如晶体管、激光器和电子计算机的问世等。

第二，开发型创造。是指把突破型的技术成果向深度（技术性能的完善提高）或广度（转移到其他技术领域）推进的创新成果，如数控机床、收音机和录音机的出现。

第三，改进型创造。是指在开发型创造的基础上，通过移植和组合改进所完成的创新成果，如企业的技术革新。

第四，完善型创造。是指对已有事物进行局部的小改小革，在企事业单位广泛开展的合理化建议活动多属此类创造。

三、创造力

创造力这一概念通常包含两层含义：一是指人类特有的创造潜能，即人的创造性。它是人之为人的本质属性，是人与一般动物的本质区别所在，这一点已为现代生命科学、脑科学和医学科学的研究所证实。也正是从这个意义上讲，创造力人人都有，是人的一种自然属性。创造力的第二层含义是指人们在创新活动和创造实践中所表现出来的、生产创造性成果的一种能力。创造能力是对创造潜能的外化和显性表现，正是由于创造力的作用，人们才得以在创新活动和创造实践中产生具有新颖性的创造成果。将创造力的两层含义统一起来理解，创造力既是人所具有的一种潜在的、天赋的自然属性，同时又是必须通过后天的学习、训练和开发才可得以发挥和显露出来的一种社会属性。前者属于创造力的生理机制范畴，主要是属脑科学的研究内容；后者属于能力范畴，主要是属心理科学和思维科学的研究内容。

（一）创造力的生理机制

现代脑科学的研究证实，创造力主要蕴藏在人的右脑之中，是人类亿万年来智力进化的结果。

早在19世纪，生理学家和外科医生就已发现，人的大脑的各个部位具有不同的功能。大脑皮层中央沟前回区域称为“运动区”，刺激该区可以引起四肢的运动；视觉区域分布在枕叶距状裂两侧；身体右侧的感觉通过神经传递给大脑的左半球等，由此逐渐形成与此相关的“特殊定位说”。根据这一看法，人们认为大脑左半球上集中了占主导地位的逻辑和语言中枢，它管理人的右侧身体与右手活动，因而被称为优势半球；相反，大脑的右半球一直被认为缺乏高级活动功能，它只管理身体左侧及左手的运动，故称为劣势半球。

20世纪80年代，美国加州理工学院心理学教授斯佩里(R. W. Sperry)通过研究发现，人脑的左半球除具有抽象思维、数学运算及逻辑语言等各项重要机能外，还可以在关系很远的资料间建立想象联系。在控制神经系统方面，人脑的左半球也很积极，起着主要作用。同时，他发现并纠正了过去对人脑右半球的低估。他发现人脑右半球同样具有许多高级功能，如对复杂关系的理解能力、整体的综合能力、直觉能力、想象能力等。此外，它被证实是音乐、美术和空间知觉的辨识系统。人的右脑蕴藏着巨大潜力。

斯佩里利用“分割术”发现，大脑左、右半球间有大约20亿根神经，神经的冲动传递信息。并且，两半球之间具有“转移机能”效应，即当某一半球机能受损时，其机能可转移到另一侧去，这就动摇了“特殊定位说”和“优势半球”观念。据此斯佩里认为，大脑两半球虽然在功能上有一定分工，但这些功能又是互补的。两半球相辅相成，紧密配合，构成一个统一的控制系统。斯佩里因该项成果获得1981年诺贝尔医学奖。

根据斯佩里的研究，大脑右半球承担着形象思维和直观思维功能，具有掌握空间关系和艺术认知的能力，因此右脑被认为是创造脑。它主要通过直观思维和想象思维进行创造性思维和创造活动。后来，在运用放射性示踪原子研究确定大脑区域血流量多少时发现，当遇到新问题时，放射性示踪原子密集的区域就是创造性解决问题的右脑区。在大脑工作状况的照片上清楚表明，创造性工作主要由右脑承担。然而，过去人们一直注意左脑的使用和训练，而右脑的使用很少，尚处于待开发状态。因此，现在有人提出“开发右脑”是提高人的创造能力的一项重要措施。人们的右脑尚未开发或较少开发，这是每个人都具有的巨大潜力。据此，人们编制了各种开发右脑的健脑体操，重视如何恢复和启用左手的各项活动，从而锻炼右脑，以增强创造能力。

（二）创造能力

创造能力是人们在进行创造性活动，即具有新颖性的、非重复性的活动中所表现出来的一种能力。创造能力可使人们活动的成果具有新颖性。基于对“新颖性”中“新”的含义的理解差异，美国心理学家马斯洛（A. H. Maslow）把创造能力分为两类：特殊才能的创造能力和自我实现的创造能力。为研究方便，又分别称为A型创造能力和B型创造能力。两者区分的依据，是看其所产生的成果属于广义创造还是狭义创造。若产生成果属于狭义创造，即对整个人类社会来说是前所未有的，那么这种创造能力就是A型创造能力（特殊才能的创造能力）。若产生成果属于广义创造，即仅仅对于创造者本人来说是一种新颖的事物，那么这种创造能力就是B型创造能力（自我实现的创造能力）。

需要指出的是，有不少人认为A型创造能力是指科学家、发明家、作家、艺术家等杰出人物的创造能力，或者叫做少数天才的创造能力，而B型创造能力是指一般人、普通人的创造能力。这样的区分是不妥当的，它不仅不符合客观实际，同时也有碍人们对创造力的开发，有碍创造学的发展。A型创造能力和B型创造能力都属于创新能力的范畴，其活动成果都具有新颖性。两者都需要通过一定的启发、培养、教育和训练，经过创造者自身的努力才能够得到提高，它们都可以对科学技术的发展起到重要作用。比如，我国在研制原子弹时国外早就有了，虽然我国的原子弹难以划入A型创造能力的成果，但其意义却是非常深远的。又如，一个新的设想、方案、措施或产品，即使不属于A型创造能力，也往往会振兴一个企业，救活一家工厂，带来显著的经济效益。这样的例子很多，因此人们不应随意贬低B型创造能力。两者并没有本质上的差异，只是在创造层次上有些不同，有时在两者之间很难划出一条严格的界限。就创造力开发而言，只要不断地开发B型创造能力，就必然会向A型创造能力进行发展、提高。如若不然，一心只想开发A型创造能力，则可能欲速而不达。

（三）创造力开发模式

戴维斯研究认为，实现创造力由创造潜能到创造能力的转化，通常需要经历意识（Awareness）、理解（Understanding）、技法（Techniques）和实现（Actualization）四个环节，这一理论简称戴维斯AUTA模式理论。该理论抓住强化创造意识、提高创造性思维能力和掌握创造技法三个关键环节，完整概括创造力开发的基本步骤，可为创造力开发提供合理安排教学内容和教学活动的基本框架。

1. 意识

强化创造意识是创造力开发的第一步，目的是要了解创造发明对人类社会发展的巨大推动作用和创造力在个人成长中的重要地位，克服“创造神秘”、“与我无关”等心理障碍。讲授内容主要有科技史和创造人物等。

2. 理解

增进人们对创造力的特点、性质和创造活动过程规律的认知、理解与掌握，使人们增加创造学知识，澄清模糊认识。教学内容包括创造性人才的特点、创造活动过程、创造力的构成和测试等，构成创造力开发的知识准备阶段。

3. 技法

讲授各种创造技法，包括通用技法和适合自身、易见成效的技法。在讲授中要以轻松、活跃的气氛，辅之以相应练习，充分调动学习的主动性和积极性。这一阶段是AUTA模式的核心环节。

4. 实现

自我实现是AUTA模式的最后阶段和理想结果。自我实现是最高层次的需要，是一种积极、健康的心理状态。

（四）产生创造力的要素

按照1991年美国心理学家斯腾伯格提出的创造力多维投资模型理论，智力、知识、思维风格、人格特征、动机和环境因素协同作用产生创造力。

1. 智力因素

智力因素贯穿创造活动过程的始终。从新想法的构思（综合智力——再定义问题的能力和顿悟能力）到较成熟产品的加工（分析智力——对新想法进行分析加工的能力），再到把创造产品推向社会并吸收反馈信息以完善创造产品（实践智力——向社会“推销”自己的想法或产品的能力），都有着智力过程的参与。

2. 知识因素

包括正式知识和非正式知识。前者是与专业领域相关的知识，后者指常识、意会知识等非书本知识。就创造力开发而言，关键是在如何灵活运用非正式知识。

3. 思维风格因素

是指人们如何运用自己的知识和智力的倾向性。具有较强创造能力的人往往在思维风格上倾向于以新的方式看待问题，并乐于面对新的挑战，倾向于从全局而不是局部来思考问题。

4. 人格特征因素

斯腾伯格提出创造性人格具有六项基本特征：一是面对困难时的坚韧性；二是敢冒风险；三是不断地想要超越自我；四是在理论未形成时，能够忍受模棱状态；五是要有自信心；六是对新经验保持开放性。

5. 动机因素

在从事创造性工作时，人们的动机是任务中心，而不是目标中心。也就是说，他们最关心的是自己正在做什么，而不是将从中得到什么。如果过于关注功利性目标，往往会失去超越自我的动力。

6. 环境因素

创造力需要支持性的环境，但是过于一帆风顺、毫无阻力，也会阻碍创造力的开发。只有在创造力与环境之间保持适度关系，才有利于创造力的发展。

四、创新、创造与创造力的关系

通过以上对创新、创造和创造力概念的理解，我们可以进一步概括得出三者之间的关系。

1. 创新与创造

首先，从字义上分析，两者都有破旧立新的含义。《现代汉语词典》对“创造”的解释是“想出新方法、建立新理论、做出新的成绩或东西”，其含义与创新是完全一致的。如果要说有差异，那就是创新强调的是“新”，即产生结果的新颖性，而创造更强调的是“造”，即产生新颖性结果的活动过程。但两者并没有本质区别，都是指通过革新、发明，产生出新的思想、技术和产品。因此，创新与创造有时可以作为同义词互相代用。

其次，从词义上看，创造可解释为“首创前所未有的事物”，其含义是原来没有，通过创造产生出新的，可以说是“无中生有”。与这种解释相对，创新可以是对现有事物的改进、完善、扩展与延伸，使其更新成为新的东西，即“有中生新”。因此，两者在实践活动的起点和对事物的造化程度上有所区别。创造处于零起点，具有破旧立新、重新构建的含义，而创新则是对已有事物的某种改进。创新和创造是量变与质变的关系，创新成果的水平、层次一般不及创造。在事物发展中，创新是大量的、比较大众化的，适合更多人的参与，倡导创新对开发人力资源具有更普遍的意义。

第三，按照创新的经济学定义，它在概念外延上要比“首创前所未有”的创造指称更宽泛。创新既包含前所未有的创造，也包含着对原有的重新组合、再次发现和引入、改进、完善(并非前所未有)等含义。从这个意义上讲,创新包含创造,创造是属于最高层次的创新。但另一方面,对创造的广义理解也包含了发现、改进等“并非前所未有”的含义。两者的区别在于,创新侧重于成果转化,把创新成功定位在经济效益、社会效益和个人利益上;而现代创造观尽管也强调成果的效益转化,但它更侧重于通过创造活动过程获得成果,其评价标准是专利和首创权。

概括而言,创造和创新都是应用已有的创造素材(知识、技术、经验、心身能量)生产新成果、推动事物发展的创造性活动,它们的关键都是创造性人才,核心是人的创造力,理论基础是创造学。创新反映事物发展的连续性,表现为纵向创造性活动;创造反映事物发展的间断性,表现为横向创造性活动。两种活动交替进行,共同推动事物发展。

2. 创新、创造与创造力

创新、创造与创造力的关系表现在以下两个方面:

第一,创造力是创新、创造活动中最积极、最活跃的因素,它贯穿于创造性活动的始终。创造力既是推动创造活动的动力,又是开展创造活动的基础。没有创造力的参与,创新、创造活动就没有生机和活力。

第二,创造成果是创造力作用的结果。没有创造力的作用,就不会有新事物的创生,创造力通过创造活动和创造成果显示出来。在创造活动中,创造力得到激发和加强,并以获取创造成果为归宿。

因此,创造力与创新、创造活动有着不可分割的联系,创造力对创造性成果的生产具有重要作用。一个人的创造力越强,创造能级越高,创造性发挥得越好,则生产的创造性成果越多,生产速度越快,创造效率越高,创造价值越大,带来的影响也越深远。创造成果与创造力的大小呈正相关。

3. 创造力开发与创造学

创造性成果的生产必须具备三个要素,即创造力(素质)、知识经济和环境条件。从某种意义上讲,创造力比知识更重要。在现实生活中,经常有一些学历不高、书本知识少,却成果累累的人。而有的人学历高、书本知识多,却一辈子没有搞出属于自己的成果。例如,科技史记载着电灯发明的案例。英国斯旺和美国爱迪生都研究电灯。斯旺先着手搞,经过三十二年的奋斗,发明具有实验价值的电灯,获得1项专利。美国爱迪生后着手搞,用了四年多时间,发明出有实用价值的电灯,获得有关电灯的专利100多项。论学历,斯旺比爱迪生高;论书本知识,爱迪生没有斯旺多。但在生产创造性成果的能力上,爱迪生却远远超过斯旺。造成逆差的原因何在?就在于爱迪生在创造力方面比斯旺高出一筹。

自20世纪30年代以来,人们越来越多地认识到创造力开发的重要性,积极研究开发、应用创造力的对策。实践表明,创造力可以通过开发而得以提高。那么,创造力开发究竟有哪些规律可循呢?这就构成了创造学所要研究和回答的问题。

创造学是研究、指导创造力开发的重要理论基础。

思考与训练

1. 什么是创新？请联系人类创新与创造历史列举1～2个创新事例。
2. 什么是创造？什么是创造力？创造能力和创造活动的主要类型有哪些？
3. 创造学有哪些研究内容？请举例说明对自己有用和感兴趣的内容。
4. 联系实际谈谈学习、宣传和应用创造学的目的、意义。

第二章 创造性思维

创造性思维是创造过程的基本环节，是创造学研究的核心内容。人类所创造的一切成果，都是创造性思维的外现和物化。学习和掌握创造性思维的有关原理，对于开发创造潜能具有十分重要的意义。本章将围绕什么是创造性思维、创造性思维的特点和形成机制、创造性思维的方向和过程以及创造性思维的基本形式和创造性思维的激励与训练等内容进行阐述。实践证明，创造性思维的能力是可以通过专门训练而得到提高的。

第一节 创造性思维概述

一、思维及其分类

（一）关于思维的基本概念

思维是人脑的属性，是人类特有的精神活动。人们常说："让我想一想"，"思考一下再说"。想与思考就是思维，想与思考的过程就是思维活动的过程。日常生活的常识告诉我们，思维尤其是创造性思维对于工作、学习和生活具有十分重要的作用。有鉴于此，一些国家非常重视思维能力的培养和训练。日本普遍对中小学生进行思维训练。英国有80%的大学开设思维训练课程。委内瑞拉政府已明文规定，每一个小学生每周都必须花2个小时来训练自己的思维技能。我国由钱学森倡导，于20世纪80年代开始思维科学研究。思维科学被并列为与自然科学和社会科学相对应的一大学科门类。

那么，究竟什么是思维呢？由于人类思维活动极其复杂，这就成为多个学科共同研究的问题。

1. 脑科学

脑科学的研究结果显示，思维是发生于脑内的物理运动、化学运动和生物细胞的运动。也就是说，思维是发生在人脑内的一种物质运动。

2. 心理学及神经生理学

其研究表明，思维还是一种意识活动，或者说是一种可派生意识活动，并且是高级意识活动的物质运动。虽然脑内的物质运动如何派生意识活动至今还是科学之谜，这个谜也不是单纯心理学能够破解的，但是意识活动是脑内物质运动派生出来的，这一点却已经得到心理学、神经生理学、脑科学和医学的大量观察和实验证明。

3. 认知科学

其成果表明,思维还是一种可表现为意识活动的物质运动。人脑可派生出意识活动,电脑则至今也不能派生意识活动(将来能否另说),但是电脑却可以在某些方面和某种程度上表现出意识活动。或者说,电脑可以通过技术手段以某种形式复制人脑的某些意识活动。例如,计算机可以在和国际级的棋手比赛中获胜。如果把思维的概念扩大,它不仅包括人脑思维,而且包括电脑思维。

4. 信息科学

信息科学的研究认为,思维是人与环境客体进行信息交换的产物。思维不仅是人接受信息、存贮信息、加工信息及输出信息的全部活动过程,而且是概括地反映客观现实的过程。在思维过程中,有两种东西在对信息进行加工。一方面是神经组织,在电脑中则是具有类似于神经组织功能的装置的加工,把外界信息交换为神经系统不同部位的信息;另一方面是脑内原有信息对后入信息的加工。先入人脑内的信息经过多次变换,变成参照数据、结论性描述和前提意识,具备了对后入脑内的外界信息的加工能力。信息加工的结果就是信息的加工与改造。在电脑中,则是先装入其中的软件对后输入的信息和数据进行加工。

对思维问题的多学科研究,有助于深入认识思维的本质。综合这些学科的研究成果,可从词义和哲学层面上得出通俗性、概括性的理解。在字面上作通俗理解,思即思考或想,维即方向或序。两字含义,思维就是沿着某一方向、围绕某一目的、按照一定的程序进行思考的过程。作为哲学意义上的概括性理解,思维即是具有意识的人脑,对于客观现实的本质属性和内部规律的自觉的、间接的和概括性的反映。

(二) 思维的分类

1. 按照接受信息的类型分类

(1) 形象思维。是指对形象信息的接受、存贮和加工的思维活动过程。即借助于具体形象,从整体上综合反映和认识客观世界的思维。输出时,既可以是形象信息,也可以是抽象信息。

(2) 抽象思维。是指对抽象信息的接受、存贮和加工的思维活动过程。输出时,既可是抽象信息,也可以是形象信息。

2. 按照加工信息的方式分类

(1)逻辑思维。是指在信息加工过程中,按照形式逻辑的规律所进行的思维活动过程。它首先把思维对象概括反映为概念,由概念构成判断,判断通过逻辑规律形成推理,构建推理系统,从而构成一个思维活动体系。

(2) 非逻辑思维包括辩证思维和灵感思维等。辩证思维指的是按照唯物辩证法的辩证逻辑规律所进行的思维活动过程。辩证思维注重从普遍联系的观点、矛盾转化的观点和事物发生、发展、变化的观点考察对象,从多样性、统一性的角度把握对象。

灵感思维是指人们在求解某一疑难问题过程中，突然茅塞顿开，豁然开朗，获得解决问题的新思路、新方法的一种思维活动过程。它是凭借直觉而进行的快速、顿悟性的思维。

3. 按照输出信息是否具有创造性分类

(1) 重复性思维，或称再现性思维、常规性思维。即思维的结果不具有新颖性。它是利用已有知识或使用现成方案和程序所进行的一种重复性思维。

(2) 创造性思维。是指思维的结果具有新颖性和创造性的思维。在人们接受、存贮、加工和输出信息的过程中，能产生新颖性成果的思维即是创造性思维。

二、创造性思维的含义

早在爱迪生之前几十年，就有许多科学家研究电灯，但都未能成功，原因是没能找到一种理想的灯丝材料。爱迪生在攻克这个课题时，首先了解前人试验时用了哪些材料而导致失败，然后计划自己该用什么材料做试验。经过多次失败和经验、教训的总结，他找到了“避免灯丝氧化和选用合适材料”的新的解题思路，从而发明具有实用价值的电灯，开创了电气照明新时代。这种针对所要解决的问题，收集有关信息资料，然后进行思考，想出具有独特性、新颖性的好方案的过程就是创造性思维。

创造性思维是与重复性思维相对应的。判定创造性思维与重复性思维的标准有两个：一是就思维过程而言，是否有现成的规律和方法可以遵循。凡是有现成规律和方法可以遵循的思维都是重复性思维。只有无现成规律和方法可遵循的思维才能算是创造性思维。二是就思维结果而言，是不是前所未有的。只有思维成果是前所未有的才能算是创造性思维。

对创造性思维的含义有广义和狭义两种理解。广义的理解是一切创造活动都有一个从提出问题到解决问题的发生、发展和完成的过程。广义理解的创造性思维，就是指在这个过程中发挥作用的一切形式的思维活动。它既包括直接提出新设想或新的解决办法的思维形式，也包括与直接提出创新思想有关的其他思维形式，是逻辑思维和非逻辑思维的有机融合。狭义理解的创造性思维，是指在创造过程中提出创新思想的思维活动形式，主要是指非逻辑思维。非逻辑思维是创造性思维的精髓。因此在创造学领域所说的创造性思维，主要是指狭义理解的创造性思维。

三、创造性思维的特点

创造性思维具有独立性、想象性、灵感性、潜在性、敏锐性等诸多特点。其中，尤为显著的特点是表现在其思维过程的求异性、思维结果的新颖性和思维主体的主动性与进取性方面。

(一) 思维过程的求异性

创造性思维是有创见的思维,其特点是富于创造性。思维方法的求异性是与创造性活动紧密联系在一起的。思维的求异性,即分析问题、解决问题过程中不满足于传统的或一般答案或方法,而是寻找与众不同的方法,提出与众不同的设想。只有对某问题的认识持独特见解,才能构成创造性思维的内涵。只有突破常规的方法,通过标新立异,甚至异想天开,才能产生新见解、新方法,才能产生独创性的结果和方法。

(二) 思维结果的新颖性

没有新颖性的思维结果,就无所谓创新思维。思维无论是接受、存贮、加工还是输出信息,判断其是否具有创造性的关键是看思维结果是否具有新颖性。

(三) 思维主体的主动性和进取性

创造性思维的主动性和进取性表现为思维主体的心理状态处于主动进取之中。不仅具有极强的创新意识,碰到问题勤于思考,善于思考,而且看准目标,即使千难万苦,屡遭挫折,也不灰心丧气。英国医生琴纳历经 30 年反复试验,终于获得将牛痘接种到动物身上,使其获得免疫能力的成果。其后,他又冒着极大的风险,在自己孩子身上进一步做人身接种试验。最终确证牛痘可以预防天花,战胜了被称为"死神的帮凶"的天花。

四、创造性思维的形成机制

从认识论的角度来看。对创造性思维的形成机制可从激发其产生的内在动因和外在动因两方面进行分析。

(一) 创造性思维形成的内在动因

在接受、存贮、加工和输出信息的思维各环节中,加工信息属于创造性思维形成的内在动因。它主要包括以下原理:

1. 整合原理

创造性思维的独特性和新颖性,是由多种思维方式,包括逻辑思维、非逻辑思维、辩证思维和联想思维等长期综合交融、有机结合的结果。

2. 流动原理

人们接受、存贮、加工和输出信息的过程,具有循环往复的特点,且呈现逐步提高的状态。输出信息往往也总是同时作为输入信息而反馈回大脑,作为经验知识存贮,并作为下次思考相关问题的依据之一。人的思维只有在这样不停顿的流动中,才能呈现出一级高于一级的能级结构,充分展示自己更高的创造力。

思维一般按以下三种机理进行流动:一是按兴趣和爱好流动。强烈的兴趣和爱好可以使人的精力和注意力高度集中,使人专心致志,废寝忘食,深入钻研,从而产生创造性思维成果。二是按创造力和智能结构层次流动。即由低到高、由浅入深、由弱到强进行流动,直至产生创造成果。三是按社会价值取向流动。一项发明创造，对社会的贡献越大，就越能体现创造的社会价值、越能激起人们的创造动力。

3. 调节原理

即创造性思维往往产生于适当的目标调节的原理。创造应有明确的目标，但创造性思维的成功又不是随心所欲、无条件的，它不仅受主观兴趣、个人创造力和知识的影响与制约，而且受到各种客观条件的推动或限制。因此，创造者应根据自身的能力、社会环境和社会需要等种种条件的变化，随时注意对原有目标进行适当的调节。一旦发现自身能力及客观条件与原定目标不符合时，就应及时调整，寻求更为合适的目标，这是使其创造获得成功的明智之举。

（二）创造性思维形成的外在动因

1. 信息“轰击”原理

思维必须有信息的接受和存贮。创造主体只有在大量的、真实的信息传递场中，才能提出问题，提出发明设想，开发自己的创造力，激发产生创造性思维。创造性思维的形成必须设法增加信息量，提高信息质量，加快信息传递速度，让创造主体置身于广阔的信息交流场中，多看、多听、多想、多写，主动接受大量高质量信息的“轰击”。

2. 压力原理

创造性思维的形成不能没有压力，这种压力包括社会压力、自然压力、经济压力、业务压力和自我压力等。适当的压力可使创造主体保持一种激昂、适度的紧张和兴奋状态，克服惰性，激发强烈的事业心，增长求知欲，培养永不枯竭的探索精神。

3. 群体激智原理

创造性思维的形成常常依赖于群体的互相激励、启发和帮助。发明创造中的“头脑风暴”法正是体现了这一原理。“头脑风暴”的过程就是对与你的基本设想有关的所有应用问题进行透彻、快速的思考。这个过程最好由 5～7 名创造性强的人共同进行。“头脑风暴”法的特点就是用组织起来的方法，群策群力，集思广益，充分发挥群体智慧，是形成创造性思维的有效手段。上海无线电四厂曾有 10 位青年组成创造力开发小组，经常聚会切磋，探索新路，仅在 5 个月内就搞成 16 项革新。

五、创造性思维的方向和过程

（一）创造性思维的方向

如前所述，逻辑思维是由概念到判断，经过推理而得出结论的思维，其目的是为寻找某一固定的正确答案。逻辑思维具有思维过程的单向性和思维答案的单解性、正确性特点。而创造性思维除广义地包含逻辑思维外，还包括很多没有固定延伸方向的思维。它既可以是同一或相反方向上的直线思维，也可以是在平面内的二维思维，还可以是三维空间中的立体思维，创造性思维的方向主要有发散与收敛、纵向与横向以及逆向思维等。

1. 发散思维与收敛思维

(1) 发散思维。发散思维是指在寻求解决问题的思考过程，不拘泥于一点或一条线索，而是从仅有的信息中尽可能扩展开去，不受已经确定的方式、方法、规则或范围的约束，并且从这种扩散或辐射式的思考中，求得多种不同的解决办法，衍生出多种不同结果。这种思路好比是一个自行车的车轮，以车轴为中心，许多辐条辐射开去。也就是说，它是一种多向、立体、开放式的思维。因此，人们也把发散思维称为“扩散思维”、“辐射思维”、“分散思维”和“求异思维”等。

发散思维具有三个显著特点：一是流畅性。就是在思维表达上反应敏捷，少有阻滞，能在较短时间内表达出较多的方案。它反映了发散思维的速度，可用一定时间内的数量指标来表示流畅性水平。二是灵活性。它指发散思维改变思维方向的属性。即一个人的思维能够举一反三，触类旁通，随机应变，不受消极的心理定势的阻碍，因而有可能提出不同于一般人的新构思、新办法。三是独特性。是指发散思维产生于不同寻常念头的思维属性。即提出的解决方案或方法，不与他人雷同或大同小异，而是有自己的独特见解。这三个特点是相互关联的。思维流畅往往是思维灵活、独特的前提，思维灵活则是提出创新思路的关键。灵活转换的能力越强，产生独特想法的可能性就越大。

(2) 收敛思维。收敛思维是指在寻求解决问题的过程中尽可能地利用已有的知识和经验，对众多的信息进行分析、综合、判断和推理，以得出合乎逻辑规范的结论。如果用图示来表示，正好与发散思维图示的箭头相反，车轮上散开的辐条都汇集到中心轴上来。所以，收敛思维是一种单一目标的、闭合式的思维，也常被称为“会聚思维”、“辐合思维”、“求同思维”或“集中思维”。

收敛思维主要是运用逻辑思维规律对信息进分析、综合、判断和推理，因此从本质上说它属于逻辑思维。

一般来说，发散思维使想象力自由飞翔，收敛思维则使想象回到地面，归于现实。没有发散，就没有思维的新颖性和独特性；没有收敛，独特的设想就难以具有现实性。发散思维的基本形式有联想思维、想象思维、灵感思维、直觉思维、逆向思维等。

2. 横向思维与纵向思维

(1) 横向思维。横向思维也常被称为侧向思维，是相对于垂直的向纵深发展、呈直线式思维的纵向思维而言的。横向思维一方面是向四面八方、向横向空间扩散的思维，另一方面强调它是背景固有的、惯用的正面进攻，或者违反看上去很有“理性”的思路，去探求各种可能的思维。横向思维具有启发性和跳跃性。这种思维往往是通过横向渗透的方式，通过联想的作用而达到目的的。我国古代《诗经》中的“他山之石，可以攻玉”，即是这种思维的生动写照。

例如：英国的邓普禄是位苏格兰医生。他的儿子每天在卵石路上骑自行车，因为当时还没有充气式的内胎，所以自行车颠簸得很厉害。他一直担心儿子会受伤。一次在园里浇水，手里橡胶水管的弹性一下子触发了他的灵感。于是，他便利用浇花草的水管制成了第一个轮胎。

在创造中，横向思维往往体现在吸取、借用某一研究对象的概念、原理、方法及其他方面的成果，作为研究另一个研究对象的基本思维、基本方法和基本手段，从而获得成功。

(2) 纵向思维。纵向思维是指遵循逻辑规则，沿着纵的方向发展、延伸，依照各个步骤和发展阶段，从上一步想到下一步，从而设想、推断出下一步的发展趋向，确定研究内容和目标。例如从蓬草随风滚动到磁悬浮列车，就是沿着纵向思维的逻辑规则发展的。

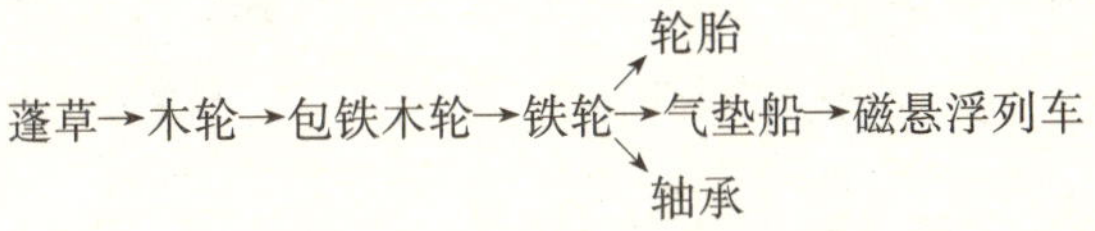

蓬草→木轮→包铁木轮→铁轮→轮胎 / 气垫船→磁悬浮列车 / 轴承

(二) 创造性思维的过程

国内外的有关学者，就创造性思维的过程提出过多种模式，有将其划分为三阶段、四阶段、五阶段，甚至更多阶段的，但基本框架仍是一致的。英国心理学家沃勒斯在其1926年出版的《思考的艺术》一书中，提出创造性思维的“四阶段理论”，这是一种影响最大、传播最广，而且具有较大实用性的过程理论。该过程理论把创造性思维划分为准备期、酝酿期、明朗期和验证期四个阶段。

1. 准备期

准备期是准备和提出问题阶段，包括发现问题、收集资料以及从前人的经验中获取知识和得到启示。

一切创造都是从发现问题、提出问题开始的。问题的本质是现有状况与理想状况的差距。爱因斯坦认为：“形成问题通常比解决问题还要重要，因为解决问题不过牵涉到数学上的或实验上的技能而已，然而明确问题并非易事，需要有创造性的想象力。”他还认为，对问题的感受性是人的重要资质，然而有些人偏偏缺乏这种资质。

创造性思维的准备包括三方面的具体工作：一是知识和经验的积累及整理；二是搜集必要的事实和资料；三是了解提出问题的社会价值，能满足社会的何种需要及价值前景。通过这三方面的工作，可力求使问题概念化、形象化和具有可行性。

2. 酝酿期

酝酿期也称沉思和多方思维发散阶段。在酝酿期要对收集的资料、信息进行加工处理，探索解决问题的关键，因此常常需要耗费很长时间，花费巨大精力，是大脑高强度活动时间。这一时期，需要从各个方面，如按纵横、正反等方向进行思维发散，让各种设想在头脑中反复组合、交叉、撞击和渗透，按照新的方式进行加工。加工时，应主动地使用各种创造技法，力求形成新的创意。创造性思维的酝酿通常是漫长而又艰巨的，也很有可能归于失败，但只要坚持下去，方法得当，仍然是充满希望的。

3. 明朗期

明朗期即寻找到解决问题办法的顿悟或突破期，它是经过酝酿期的反复思考，在充分酝酿的基础上，突然出现灵感或产生顿悟，使创造性思想脱颖而出、豁然开朗的时期。

明朗期往往短促而又突然，呈猛烈爆发状态，久盼的创造性突破在瞬间实现。人们通常所说的"脱颖而出"、"豁然开朗"、"众里寻他千百度，蓦然回首，那人却在灯火阑珊处"等都是描述这种状态的。如果说"踏破铁鞋无觅处"描绘的是酝酿期的话，"得来全不费功夫"则是明朗期的形象刻画。在明朗期，灵感思维起着决定作用。

这一阶段的心理状态可能是高度兴奋甚至感到惊愕。像阿基米德那样，因在入浴时获得灵感而裸身狂奔，欣喜呼喊："我发现了！我发现了！"这样的情形虽不多见，但完全可以理解。

4. 验证期

验证期是对创造性思维的评价、完善和作充分论证阶段。由灵感闪现得到的想法，还需要进行理论推敲和用实验来检验，证明其是否正确，是否完备，是否可行，并不断加以修正和完善。创造性思维所取得的突破，假如不经过这个阶段，就不可能真正取得创造性成果。

通过对上述四个阶段的考察可以看到，逻辑思维在创造性思维的第一和第四阶段中发挥着重要作用，在第二阶段中发挥着一定的作用。同时，需要特别强调创造者的灵感、顿悟等非逻辑思维和复杂的心理活动，在第三阶段产生超常的新理念、新思想时具有特殊重要的意义。从后来所作的一系列研究来看，沃勒斯的这个思想是完全符合客观事实的，因而至今受到重视。

第二节　创造性思维的基本形式

创造性思维的形式通常可分为非逻辑思维、逻辑创造思维和两面神思维三大类。非逻辑思维是创造性思维的精髓，其形式主要有联想、想象、类比、灵感、直觉和顿悟。逻辑创造思维的形式主要有比较、归纳、演绎和推理等。两面神思维是辩证法在思维领域的一种具体运用，是在违反逻辑或各自然法则的情况下，从对立之中去把握新的、更高级的、统一的辩证思维方法，如逆向思维、"以毒攻毒"等。需要指出的是，利用创造性思维所产生的结果并不都是新颖的，同时没有哪一种思维形式是“专门生产”或“完全不能生产”创造性思维的。在此，仅介绍形成创造性思维的最一般的思维形式。

一、非逻辑思维

（一）直觉思维

直觉思维简称直觉，是一种在解决问题过程中，不经过一步一步的严密分析和推理，而迅速地对问题答案做出合理猜测、设想或突然领悟的思维形式。古希腊科学家阿基米德在澡盆里沐浴时，看到身体入水后水面位置上升并缓缓向外溢出的现象。他凭直觉感悟到揭穿“金冠之谜”的方法，并进而深入到问题的实质，发现著名的浮力定律。从哲学上说，偶然的现象是难以预料的，因而也是难以用逻辑思维解释和判断的。但直觉思维却可发挥作用，其结果常常产生突破、形成飞跃、导致创造。

直觉思维至少有以下三方面的基本特征：第一，整体把握，撇开事物的细枝末节，从整体、从全局去把握事物的思维。第二，直观透视与空间整合，直觉思维只考虑事物之间的关系，而不考虑每个事物的具体性，直觉思维所用的方法是“直观透视”和“空间整合”，而不是靠逻辑的分析与综合。第三，快速判断，直觉思维要求在瞬间对空间结构关系作出判断，所以是一种快速的、跳跃的空间立体思维。

直觉虽是一种瞬间内省和直接感悟，却并非无源之水、无本之木，它建立在人的意识与无意识之上，其基础是人们的社会经验和体验。如果没有实践，没有经验、知识及认识手段的积累，没有对各种信息的反复筛选、分类与整合训练，就不会形成那种遇条件即产生可行且具有创造性的“直觉认识模式”。直觉毕竟还只是一种感觉，在认识上有局限性。只有深入全面的理性分析，才能提供给我们关于事实真相、关于事物规律的确切答案。如物理学中的自由落体说。人们凭自己的直觉，长期信奉亚里士多德的观点，即认为大、小两个球体从同一高度垂落，其落地所用时间不同，“理所当然”地是大球落地在前，小球落地在后。但后来伽利略所做的著名的斜塔实验证明，这种直觉是错误的。

（二）联想思维

联想思维是人们因一件事的触发而联想到另一件事物的思维。它是根据事物之间都是具有相似或相对的特点，进行由此及彼、由近及远、由表及里的一种思考问题的方法，是通过对两种或两种以上事物之间存在的关联性与可比性，去扩展人脑中固有的思维，使其由旧见新，由已知推未知，从而获得更多的设想、预见和推测的思维。例如，听气象预报说要下雨，就会联想到穿雨衣或打雨伞。人们把前一件事物称为刺激物或触发物，后一件事物则称为联想物。根据联想物与触发物之间的关系，联想思维包括相似联想、对比联想、接近联想和溯因求果联想等多种形式。

1. 相似联想

即根据相类似的特征把不同的事物或现象联系起来，是对某一事物的感知，而引发对在性质上或形态上类似的事物的联想描写。如李白《静夜思》中“床前明月光，疑是地上霜”，“月光”与“霜” 都是白色，颜色上相似，由“光”联想到“霜”。“霜”给人的感觉是冰冷，气氛是凄凉的。

2. 对比联想

对比联想是指由某一思维对象，想到与它具有相反性质的另一思维对象。即指联想物和触发物之间具有相反性质的联想。例如，遇到冷时想到暖，看到白色想到黑色。与对比联想直接相关的创造原理是逆反原理。

3. 接近联想

接近联想是指由某一思维对象想到与它有某种接近关系的思维对象的联想思维。即指联想物和触发物之间存在很大关联或关系极为密切的联想。例如，看到工厂就想到与工厂有关的事物，看到学生就想到教室、实验室及课本、课桌等相关事物。

4. 溯因求果联想

溯因求果联想是指触发物和联想物之间存在一定的因果关系的联想。溯因联想，即由一思维对象想到与它有因果关系的另一思维对象的联想思维。例如，看到一支坏的钢笔就想到这笔是怎么坏的等问题。求果联想，即从某一思维对象想到由此产生后果的联想。例如，单缸洗衣机经过一段时间使用后，用户觉得拧干衣物的过程太麻烦，太费事。究其原因是这种洗衣机缺少拧干功能。由此可以预料，如果增加具有拧干功能的一个缸，将会更受欢迎。于是，人们就开发出了新一代的双缸洗衣机。

（三）想象思维

有人说：“没有想象就没有科学，就没有发明创造。”爱因斯坦曾说：“想象力比知识更重要，因为知识是有限的，而想象力概括着世界上的一切，推动着进步，并且是知识进化的源泉。严格地说，想象力是科学研究的实在因素。”发明家取得的发明成果，在很大程度上归功于想象思维能力。因此，应当对想象思维给予足够的重视，自觉地训练自己的想象思维能力。

1. 想象思维和想象力

想象思维是指在信息加工中，摒弃常规习见的约束，摆脱严格逻辑思维推理的桎梏，舍弃需要充分依据的要求，理想地对思维对象进行任意改造和重新组合的思维活动过程。想象力则是指运用想象思维构想出事物的新联系、新形象，从而提出新问题、新设想和新方案的思维活动能力。在发明创造活动中，要做出有效的推理，可用的知识往往不足，因而逻辑推理的通道往往不通。这时，人们只能依靠想象思维去开拓发明创造的意向和前进的道路。

想象思维通常表现为幻想和猜想两种主要形式。幻想是指与某种愿望相结合，并且指向未来的一种想象思维。猜想是指与求解问题相结合，并且指向解决问题的设想的一种想象思维。在发明创造活动中，幻想往往是与构想发明课题相结合，猜想则常和发明课题的方案相结合。然而在具体的思维过程中，幻想与猜想往往又相互交融。幻想中有猜想，猜想中也有幻想。

例如湖北省沙市香料厂工人张书林发明的“康宝洗衣粉”。他是在“妻子天天用消毒药水泡手，又用肥皂洗手，既费事又伤皮肤”的信息激励下，迸发出发明“既能消毒杀菌，又能去污的洗衣粉”的愿望。幻想思维提出了发明课题，开拓了研究方向。张书林从1980年到1984年，经过4年的努力，学习了许多相关专业技术知识，做了大量试验，终于发明具有高效杀菌且有去污作用的“康宝洗衣粉”。这一发明使张书林由工人成为企业家。他的产品不仅行销国内，还打入国际市场，为振兴我国经济作出了贡献。

2. 想象思维的特点

想象思维具有理想性、任意组合性和开拓性等特点。所谓理想性，是指想象作为一种心理活动，可不按常规习俗、逻辑推理和事实去思考；可超越现实，在理想层面上展开思维；可无拘无束、自由自在、轻松愉快地按照自己的意志去操作。排除干扰和约束，敢于想象，往往能作出创造性成果。所谓任意组合性，是指想象可调用一切知识和经验进行任意重组，思维天地宽广，就容易作出创新成果。所谓开拓性，是指想象把分散、孤立并且表面上看来毫无关系的知识和经验贯穿、沟通起来，建立新联系，推出新的知识组合，起着开路先锋的作用。

想象思维难免包含一些不科学、不切实际的因素，需要不断修改、完善和创新。但只要我们张开想象的翅膀，并切实地去做，那么被常人认为不可能的事，终究会变为现实。飞机的发明就是一个例证。早在19世纪末期，就有许多人在研究、试制飞机。当时，科技界就有名人认为这是“纯粹脱离实际”、“毫无科学根据”的幻想。如法国天文学家勒让德认为，要制造一种比空气重的装置去飞行是不可能的。德国大发明家西门子也发表过类似的看法。随后，能量守恒定律发现者之一德国著名物理学家赫尔姆霍茨，又从物理学的角度出发，论证机械装置要飞上天空，这纯属“空想”。然而，美国两个自行车修理工威柏·莱特和奥维尔·莱特兄弟，却在想象思维的指导下发明飞机，实现了人们幻想飞上天空的愿望。

（四）灵感思维

哪里有人类的创造活动，哪里就会出现灵感。灵感是在创造活动中，经过长期紧张思索和足够的知识积累，在触发条件激发下，意识中突然闪现出的疑难被突破的思维形式。周恩来总理认为灵感来自于“长期积累，偶然得之”。钱学森曾说，人不求灵感，灵感也不会来，得灵感的人总是要经过一长段苦苦思索来做其准备的。无数事实证明，通过长期积累，思想处于高度集中、紧张和专注的状态，这是产生灵感的必要条件。而且一般来说，灵感都是在紧张思考后转入某种精神松弛状态时出现的。即在紧张的思考后，使自己的心境处于宁静、愉快和轻松的状态，如散步、听音乐、轻松交谈等，有助于激发灵感。

1. 灵感的特点

灵感思维则是在无意识的情况下使原先想要解决的问题突然得到领悟，是一种潜意识与显意识之间相互作用、相互贯通的思维。它往往是在人们求解某一疑难问题过程中，突然感到茅塞顿开，豁然开朗，获得解决问题的新思路、新方法的一种思维活动。灵感具有非预测性，即灵感出现前毫无预感，是突如其来的、飞跃式的。它转瞬即逝，捕捉不及时便难以再现。具体而言，主要有以下三个特点：

(1) 问题性。灵感思维的出现，必须是在求解问题的过程中产生。而且，该问题一般属疑难问题，解决方法也不是常规方法。

(2) 自我感觉性。灵感的出现是一种自我感觉，是自己感觉到获得了一个解决问题的新思路、新方法，并由此使问题求解得到突破性进展，从而为取得创造性成果铺平道路。

(3) 瞬态性。灵感的出现往往是在一个短暂的时间内产生。在自我感觉中，总是觉得灵感的出现非常突然。

2. 灵感思维的主要性质

(1) 引发的偶然性。灵感思维是一种突然发生的思维活动，什么时间灵感会来临，任何人无法进行估计。一个问题会使自己魂牵梦绕，百思不得其解，也许受某种偶然因素的激发而豁然开朗。这正是因为长期深度思考时，大脑处于兴奋状态，思考的问题挥之不去，由于大脑的极度兴奋与紧张，也可能抑制了思维的正常运转，当受到某种不可预测的外部因素的刺激时，就可能一下子唤醒潜意识中的积极因素，从而引发灵感。所以说，灵感是人们长期进行创造性活动的产物。钱学森说："如果把非逻辑思维视为形象思维，那么灵感思维就是顿悟，实际上是形象思维的特例。灵感的出现常常带给人们渴求已久的智慧之光。"数学家高斯在回忆他对数学的发现时说："像闪电一样，谜一下就解开了。我自己也说不清楚是什么导线把我原先的知识和使我成功的东西连接了起来。"

(2) 出现的瞬时性。灵感在人的大脑里一闪即逝，它绝不同于人大脑里反复思考成熟的某种方案，可以凭记忆而较长时间地得到保存。灵感稍纵即逝，想到时就应该及时记下来。比如，法国物理学家安培有一次正行走在法国巴黎的大街上，走着走着，突然来了灵感，找遍全身的口袋却找不到记事本和笔，于是他捡起地上的小石块，在一辆马车的后板上演算起来，最后总算及时地抓住了灵感，完成了他思考很长时间的推导。因此，灵感的把握和利用，必须依靠迅速及时的记录，方可实现。

(3) 内容的模糊性。灵感在发生过程中，要受知觉经验信息、课题信息，潜意识同显意识不时出现的交流信息，以及神经细胞的物理化学过程的影响。只要其中的某一项信息失准，其结果就难以精确。要精确，就必须由形象思维和抽象思维辅佐。灵感属于非理性认识的范围，非理性是指那种不自觉的、不必通过理性思考,无固定秩序和固定的操作步骤就能迅速获得关于特定过程(事物)的本质或规律的认识。

(4) 结果的独创性。从灵感思维的结果来看,灵感思维打破了人们的常规思维,把人的知识提高到一个新的有时是不可测的高度。独创性是定义灵感思维的必要特征。不具有独创性,就不能叫灵感思维。灵感的出现解决了正在探索而未能解开的问题,因此常伴随无法形容的喜悦和激动。失去创造性功能的"灵感思维"不是我们所说的灵感思维。这一点,钱学森已在《关于形象思维问题的一封信》中讲到:"凡有创造经验的同志都知道光靠形象思维不能创造,不能突破了要创造要突破就得有灵感。"

(5) 目标的专一性。灵感是人们在为解决问题的思维过程中,在久思某个问题不得其解时,由于受到某种外来信息的刺激或诱导,忽然想出了办法的思维过程。灵感思维产生的前提和条件就有一个有待解决的问题,同时,灵感是一个解决问题的办法,没有问题,就不可能产生灵感。

3. 产生灵感的条件和过程

一般认为,灵感产生的条件和过程大致如下:

(1) 对一个问题长时间的思考。灵感的产生必须有一个对问题反复的思考过程,而且经过过量的思考,在脑海中储存大量信息材料,百思不得其解,这时才有可能产生灵感。正如科学家巴斯德所说:"灵感只偏爱那些有准备的头脑。"爱因斯坦在创立狭义相对论之前,就已经对这个问题思考了十年。

(2) 有一定的知识积累。知识和信息是创造活动中不可缺少的因素,积累的过程是量变,灵感的到来是质变,知识是灵感的根基,只有具备各种各样的知识,了解当今科学技术发展的新信息,才能在创造中取得新的成就。灵感是人脑储存大量信息材料后的积淀和升华。因此,灵感是以一定信息积累作为基础的。柴可夫斯基说:"灵感,这是一个不喜欢拜访懒汉的客人。"诺贝尔就是因为对炸药原理和性质的熟知,在看到硝化甘油渗入硅藻土的时候才灵机一动发明了安全炸药。

(3) 放松自己的思维。长时间紧张的思考会使身心疲惫、思维迟钝,这时应转移注意,在长期思考竟日不就的情况下,暂将课题搁置,转而进行与该研究无关的活动。放下问题去做一些其他的事情,比如散步、听音乐、赏花或与人讨论、交谈或睡一觉等,放松自己的思维,这样才能激发灵感思维。恰好是在这个"不思索"的过程中,无意中找到答案或线索,完成久思未决的研究项目。

(4) 灵感必须捕捉。灵感来去匆匆,转瞬即逝,在许多情况下,有多个灵感先后出现,伴随着主客观情势的急促变化,使灵感的捕捉带有明显的机遇成分。

(5) 灵感必须经过加工。虽然灵感是一把解决问题的钥匙,但是捕捉到灵感不等于一蹴而就地解决了所有问题,还必须回到细密的逻辑性思维程序,对灵感进行再加工。

二、逻辑创造思维

（一）逻辑思维的内涵

逻辑思维是以思维方式为依据划分的一类思维，它以一定的逻辑规律和逻辑判断方式进行思维。这里的逻辑规律包括逻辑学中的同一律、排中律和矛盾律等，逻辑判断则包括其中的假言判断、选言判断、联言判断以及若干定律、公理和公式等。著名化学家门捷列夫在创立化学元素周期表后，继而根据元素周期律，并按逻辑思维进行严密推断，得出当时不知晓的新元素的存在，甚至对新元素的原子量都做出了精确预测。这种具有新颖性思维结果的逻辑思维也属于创造性思维。逻辑思维与创造性思维是一种交叉逻辑关系。

（二）逻辑思维与创造性思维的区别

逻辑思维与创造性思维是一种交叉关系，它们之间既有区别也有联系，其区别主要表现在思维形式、思维方法、思维方向和思维基础等方面。

1. 在思维形式方面

逻辑思维的表现形式，常常是从概念出发，通过比较、分析、判断和推理等形式得出逻辑的结论。逻辑思维一般都是在现有知识和经验范围内进行的。只要概念正确，判断推理无误，结论一般也都正确。而创造性思维一般没有固定的程序，其思维形式大多是直观、联想和灵感等，其结果不一定正确。

2. 在思维方法方面

逻辑思维的思维方法，一般是指逻辑中的比较和分类、分析和综合、抽象和概括、归纳和演绎等。而创造性思维方法，则主要是一种猜测、想象或顿悟，不论其是否符合逻辑，是否有依据，是否符合情理等。

3. 在思维方向方面

逻辑思维一般是单向性的思维，即由概念到判断，由判断到推理，最后得出结论。创造性思维方向则不局限于单向，它包括逆向思维、横向思维、发散思维等，从而导致创造性思维结果的多样性。

4. 在思维基础方面

逻辑思维的思维基础主要是建立在现成知识和已有经验之上的。离开现成知识和已有经验，逻辑思维便无法进行。而创造性思维则往往是从猜测、想象出发，同时也没有固定的思维方式。所以它虽然也需要有一定的知识作为基础，但并不完全依赖于知识。

鉴于以上方面的区别，在发明创造中不宜过于强调遵循所谓的逻辑思维规律。逻辑思维在很多情况下反而是对发明创造起阻碍作用。正如英国热学家席勒(F. C. S. Schiler)所说："对于科学行动步骤进行逻辑分析，实在是科学发展的一大障碍。"

（三）逻辑思维和创造性思维在思维活动中的联系

一个完整的创造活动包含多种思维形式，一个正确的思维结论必然要有逻辑思维的介入。逻辑思维与创造性思维之间也存在某些密切的联系。

（1）人类的认识和经验是不断发展的。当人类的知识和经验积累到一定程度，就会导致原有概念的修正和结论的更新，即导致原有逻辑的矛盾。要解决这些矛盾，就需要非逻辑思维，特别是创造性思维发挥作用。

（2）创造性思维一旦突破原有的逻辑，必然会在更高层次上上升为新的逻辑思维，并把新的知识和发现纳入到已知体系之中，继而作为已有知识形式保留下来。

三、两面神思维

两面神思维由美国行为科学家 A. 卢森堡最早提出。传说古罗马的门神努雅斯有两个面孔，一个哭一个笑，能同时转向两个相反的方向。卢森堡在研究创造性人才时，借用两面神隐喻创造性思维规律。因此，两面神思维也称“努雅斯思维”，它是一种高级形态的创造性思维。列宁曾指出：“世界上一切事物都有两面。”这是因为自然界充满辩证法，矛盾对立事物的转化无时无刻不在发生。人们根据某种需要，有意识地把对立矛盾着的事物（概念、形象）联结统一起来，促成矛盾转化，创造出协调统一的新事物，这种思维方法就称为两面神思维。

科技史上有许多惊人的创造性发现，就是采用两面神思维的结果。如表面活性剂是一种亲水性物质，与其对立的疏水性物特结合起来生产出一种特殊物质。随着两者的配比不同，创造出满足不同需要的润湿剂、增溶剂、分散剂、发泡剂、抗静电剂、消泡剂、洗涤剂、杀菌剂及乳化剂等。再如将热胀冷缩的物质和特殊的冷胀热缩的物质结合起来，可制成“不知冷热”、“麻木不仁”的零膨胀系数的新物质。这种物质既“不怕”热又“不怕”冷，可应用于航空航天工业的精密仪器上。有一位疑难病人，每晚睡觉右腿发冷，不能弯曲，左腿则发热难受。医生诊断认为这是整个身体阴阳不平衡所致，于是应用两面神思维方法制定医疗方案——寒者热之，热者寒之，进行整体治疗。右腿施行“烧山火”针刺治疗，左脚施行“透天凉”针刺治疗，同时配以头针疗法，经过 6～7 次辩证施治得到康复。此外如“一国两制”构想，也是居于两面神思维。资本主义制度和社会主义制度是两种对立的制度，矛盾双方在特定条件下统一于一个国家中，这一划时代的创造性思维，对于促进香港、澳门回归祖国起到重要作用。

两面神思维的主要形式有：

（一）逆向思维

逆向思维是指思考已知因果关系的逆命题，或朝着习惯思维相反的方向去思考，或对常规习见、约定俗成的见解持否定态度的思维方式。它是从对立、颠倒和相反的角度去思考问题。逆向思维在科学研究中就是反向求索。著名物理学家瑞利在测量氮气密度时采用了两种方法——哈考特法和雷尼奥法，结果得出的氮气密度相差千分之一。如何在此基础上作进一步的深入研究呢？按照一般人的思路，或是进一步设计实验减少误差，或是不再测了。瑞利却采用相反的做法，他不是减少误差，反而是扩大误差，结果发现了惰性气体氖，并因此获诺贝尔物理学奖。

数学上的反证法、逻辑上的归谬法、物理化学用的条件劣化法和技术发明中的反向法等都是逆向思维在各学科中的具体运用。

例 1 法拉第发现电磁感应定律

法拉第是伦敦一家装订书店的学徒工。他勤奋学习，力求上进，一有时间就看装订好的新书。通过学习《百科全书》，学到了英国人吉尔伯特等人的电学知识。有一次皇家学会主席戴维作关于电与磁的学术报告。戴维在报告中谈到，如果在一块铁上绕上导线圈并通电后，铁就会变成磁铁，这就是电能生磁。法拉第运用逆向思维，提出“磁要生电”的设想，从而开拓了一个全新的科研课题。他经过反复试验，终于在 1831 年 8 月 29 日获得成功。

例 2 充气灯泡的发明

在钨丝灯泡使用的初期，灯泡是抽真空的。但当时还存在着一个重大缺点，就是钨丝通电后容易变脆，使用时间不长灯泡壁就易变黑。多数人认为，产生这一缺点的原因是所抽真空不够高的缘故。按照习惯思维，理所当然应该研究继续提高抽真空度的办法。然而，兰米尔却反其道而行之。他想，真空度是相对的，灯泡内总会有一些气体，因此还不如去研究灯泡内有哪种气体时可克服上述缺点。在这一逆向思维的指导下，兰米尔开始了他的实验工作。他分别将氢气、氮气、氧气、二硫化碳、水蒸气等充入灯泡，分别研究它们在高温低压下与钨丝的作用，从而发明了充气灯泡。由于这一突出贡献，兰米尔获得了美国化学工学会颁发的帕金奖章。

例 3 氟利昂制冷剂的发明(对事物持否定态度)

以前人们一直认为氟元素有毒，因此其化合物也有毒。但美国通用汽车公司工程师托马斯·米奇利却认为，“氟元素有毒，可不见得氟的化合物就一定有毒”。他和他的助手合成二氯二氟甲烷。这种物质在-20℃时沸腾，用土拨鼠进行动物实验证明其无毒，从而发明了氟利昂制冷剂。

(二) 相反相成

相反相成是指有意将对方的事物联结在一起转化，使对立面得以转化，形成有互补作用的新事物的思维方法。

光学上将镜像的失真叫做像畸变。畸变可分为正畸变和负畸变。正畸变使物像变宽，负畸变使物像变窄。正、负畸变是互相对立的，正畸变可破坏负畸变，负畸变可影响正畸变。把它们联结在一起，使之相互补充，就成为宽银幕电影的原理。拍片时用正畸变，把宽大的场景缩成窄条；放映时用负畸变镜头，使细窄条还原成大场景。

电路中的开关，服装缝制中的剪开与缝合，技术上的加热与冷却、焊接与切割，数学中的微分和积分、开方和乘方，物理上的凝固和熔化、吸引和排斥等，都体现了事物的相反相成。

（三）相辅相成

对立事物或属性不仅可相互转化，而且还可互相渗透、补充，这就是相辅相成。

一种新型房子，屋顶夏天呈白色，能反射太阳光线，以降低空调成本；冬天呈黑色，能吸收热量，减少采暖费用。

这种房子有两个对立面：白色—黑色，反射太阳光—吸收太阳光。

科学家从自然界寻找把对立性质集于一体的原型，构想出一种解题方案。他们制成一种埋有无数热膨胀系数较大的白色小球的黑色屋顶材料。当阳光照得屋顶灼热时，小球依波义耳定律发生膨胀，使屋顶呈白色；反之，在屋顶变冷时，小白球冷缩，屋顶又呈黑色。这样，黑与白，热膨与冷缩，两个矛盾对立面共存于一体，适时地相互转化，相继地发挥作用，满足人们夏凉冬暖的需要。

第三节 创造性思维的激励

一、创造性思维的激励

在创造活动和创造力的开发过程中，离不开创造性思维。创造性思维是人在创造过程中产生的前所未有的思维成果的思维活动。创造活动的结果，无论是产生新思想，还是产生新事物、新产品，都是思维的结果。因此，开发创造力的关键是激发创造性思维。

（一）采取积极态度，激发创造设想

很难想象一个打算创造一种新构想的人，在通向成功的道路上却采取消极的心态。这种人是不会成功的。对自己设立的目标要取得最终结果必须有信心，这样才能继续不断地做下去，而不论遭到什么样的痛苦，产生多少错误。实际上，消极心态常常出现在大多数人群中，甚至于一项发明已经取得成功，并得到恰如其分的论证以后还会如此。所以，创造者在发明创造中应采取积极的态度。

同时，要努力激发自己的创造欲望，要坚信自己具有创造力。创造学中的创造欲望即创欲，是人们心理上的一种强烈的发现问题和解决问题的意识。人们有了创造欲望，就会强化训练自己的创造性思维，从而找出具体的思考方法，产生出创造成果。实际上，不少人对自己具有创造力缺乏信心。认为自己从小到大从来没搞过什么发明创造，也没有什么好发明创造的，认为创造发明是科学家、发明家的事，自己只会按部就班地做一些事。

要培养创造欲望，必须使头脑经常处于活动状态。比如，应该经常地、反复地问自己："我能创造些什么？""什么东西需要我去创造？""我怎样进行创造？"等等。只有这样，一旦遇到机遇或可能，有些问题就自然而然地会进入脑海而不会轻易溜掉。同样情况，有的人善于抓住机会，并大有成效，步步成功。有的人却坐失良机，节节败退。究其原因，有无创造欲望便是关键所在。如果没有强烈的创造欲望，即使知识很渊博的人最多也只能起到一个知识库的作用，很难会有什么创造成果。有的人把强烈的创造欲望看成创造所必需的"催化剂"和强大的驱动力，这是很有道理的。

（二）打破陈规俗套，有意"忘掉"一些已知东西

相信旧的模式可以被打破，花样可以翻新，相信一个在思想、生活方式和技术等方面全新的世界可能出现，这在理论上很多人都能接受。但在实际上，大部分人都不愿改变，不愿为学习和采用新方法去付出必要的劳动。大多人从幼年起就已形成满足现状的心态，新思想常常被看成是过激的、有破坏性的。我们往往不会受到鼓励去创造新设想，因为它们可能破坏现有事物的规矩。

为发挥你最大的创造潜力，你必须要：发展一个敞开的、放松的头脑。让所有的设想都能自由进入；愿意去考虑不寻常的、不为人知的设想；对新设想在没有做调查研究之前，能做到不急于下结论，不武断地拒绝它；愿意去探求无意中产生的想法，接受它，并在此基础上形成设想。

知识是激发创造力的前提，但有的人虽然知识很多，思想却很僵化，不能充分利用已有的知识展开自己想象的翅膀，结果却变成了知识的奴隶。法国生物学家克劳德·贝尔纳说："构成我们学习最大障碍的是已知的东西，而不是未知的东西。"就是说，人们不能被已有的东西或知识所束缚，要善于忘记已有知识，大胆想象，才能提出有突破性的新见解。

创造需要以已有的知识为基础，灵活运用已有知识，创造更需要突破已有的知识，否定原有的结论，只有破旧才能立新，因此，在创造过程中忘记已有知识的条条框框显得十分重要。

（三）经常提出"假如"思考，进行精神兴奋练习

提出"假如"思考是提出问题的较好的方法。发现问题和提出问题是创造思维、创造活动的起点，只有发现和提出问题，才有可能有目的地解决问题。发明创造实质上就是一个由发现新问题为起点到解决新问题为终点的过程。爱因斯坦说："提出一个问题往往比解决一个问题更重要，因为解决一个问题也许是一个科学上的实验技巧而已。而提出新的问题，新的可能性，以及从新的角度看旧的问题，都需要有创造性的想象力，而且标志着科学的真正进步。"因此，我们要使自己有所发现、有所发明、有所创造，最首要的是学会提出问题。

提出问题，进行假如性思考，能引导我们深入地理解事物，主动探究，增强求知兴趣，激活创造性思维，提高创造能力。亚里士多德说过："创造性思维从疑问

和惊奇开始。”巴尔扎克说过：“打开一切科学的金钥匙，毫无疑问是问号。我们大部分的发现都应归功于‘如果’，而生活的智慧大概就在于逢事都问个为什么。”

几年前，荷兰一个城市发生了垃圾问题，由于人们不愿使用垃圾桶，使得垃圾遍于四处。卫生机关对此极为关切。他们提出许多解决的办法，希望能使城市清洁。第一个方法是：把乱丢垃圾的人的罚金从25元提高到50元。实施后，收效甚微。第二个方法是：增加街道巡逻员的人数，然而实施成效亦不明显。于是，有人提出了这样一个问题：假如人们把垃圾丢入垃圾桶时，可以从桶里拿到钱呢？我们可以在每一个垃圾桶上装上电子感应的退币机器，在人们倒垃圾入桶内时，就可以拿到10元奖金。但是，这个点子明显难以实施，因为假若市政府采用这个办法，那么过不了多久就会使财政拮据或发生危机。上述建议虽因不切实际未被采用，但可以被用作垫脚石。他们思考：“是否有其他奖励大家用垃圾桶的办法呢?”这个问题有了答案。卫生部门设计出了电动垃圾桶，桶上装有一个感应器，每当垃圾丢进桶内，感应器就有反应而启动录音机，播出一则故事或笑话，其内容还每两个星期换一次。这个设计大受欢迎。结果所有的人不论距离远近，都把垃圾丢进垃圾桶里，城市清洁了。

（四）克服从众心理，不盲从于群体思维

大多数人都有一种从众心理。某电视台记者曾在上海豫园做过一个实验：先由一人突然抬头注视天空的某一点，片刻就会发现有数人跟着观看，随后就有数十、数百人抬头寻找。尽管天空中根本没有什么值得特别注意的东西，但仰视的人却越来越多。有的人甚至还用手指指点点，彼此讨论着什么。当记者问观看者在看什么东西时，人们异口同声地回答：“不知道!”当问及“不知道为什么还要看”时，人们答道：“我看到别人都在看，我也就看了”。从众心理在一般情况下对于完成普通的工作、执行常规的任务、解决一般的问题都是有利的。但是在创造性思维活动中，一个创造者如果不由自主地赞同或屈从于某个群体成员最初的想法，就会无形中使自己的思路沿着他人的轨道运行，从而落入俗套，限制自己的思路，减少新“主意”产生的概率。因此，创造者应当独立自主地把握创造契机，尽量减少“模仿他人”，避免与众人“雷同”的思想和活动，以克服群体思维束缚自己的创造性思维。古今中外，伟大的发明者可以说没有一个是盲从于群体思维的。

（五）消除对大脑的压抑，使大脑放松

一个人如果连续工作的时间太长，就会减少头脑思考的清晰程度。长时间对大脑的压抑，会降低头脑的工作效率，极大影响创造性思维的发挥。通过游玩、聊天、听音乐、漫不经心地绘画等，不仅可使人浑身轻松，精神舒畅，同时往往还会诱发灵感，导致新的创意，激发潜意识思维，产生创造性设想。有人在研究游玩对于创造的作用后发现，游玩有时也会激发创造性思维的产生。因此，人们在游玩中不必注意实事求是和墨守成规，使思想常处于自由奔放状态，这种情况往往十分有利于创造性思维的开展。

（六）诱发设身处地的感觉

大多数父母都有这种经验，当他们的孩子幼小的时候，他们觉得自己又重新按照孩子们发现这个世界的方式来看它了。当然，我们当中也有不少人会这样说："我感到奇怪，他为什么是这样呢？"如果你能保持这种开放的态度，对生活的各个方面都能不断探究，感到惊奇，你就会用完全不同的方式看待事物，这有助于产生新的初始构思，改变自己习以为常的思维模式和方法。

还有一个诱导设身处地的感觉，打开新设想源泉的方法。设想你自己处在一切技术进步尚未出现的地方，这个世界还处于原始状态之中。想想它过去可能是什么样子，如果它仍维持原样又会怎么样。这时候各种各样的问题就会蜂拥而至，一个不同于我们现在的世界呈现在你的脑海中。

把我们的思想参照系变换到以前很少涉及的领域，可能激发创造性很高的思想。这些思想不需要直接导致任何产品设想。这时，只要放松思考过程，以便接受一切形式的新设想。

二、创造性思维的训练

创造性思维的训练又称为软化头脑的柔软操。它可使人们摆脱各种思维障碍，从而产生许多创造性设想。再经过一定的操作而获得创造的成功。这种训练是经过一定量的训练题操作而完成的。训练题的种类较多，其中较为典型的有以下几种：

（一）扩散思维训练

这种训练的关键是找到扩散点，然后再进行思维扩散。一般情况下，扩散点是：

1. 材料扩散

例如"报纸"，它的用途有多少种？经过思考可知，它可以传播信息和知识，包东西，叠玩具，糊信封，擦桌椅，擦钢笔，做道具等。

题目：牛奶、塑料袋、石头、旧牙膏皮有多少用途？

2. 功能扩散

例如"照明"，有多少种方法？我们可以想到油灯、电灯、蜡烛、手电筒、反射镜、火柴、火把、萤火虫等。

题目：为了达到取暖、降温、除尘、隔音、防震、健身等目的，可以有多少种方法？

3. 结构扩散

例如"半圆结构"能列举出多少种？名称为何？参考答案：拱形桥、房顶、降落伞、铁锅、灯罩等。

题目："○"、"△"结构有多少种？名称为何？

4. 形态扩散

例如“红色”，它可做什么事？可做信号灯、旗、墨水、纸张、铅笔、领带、本子封面、衣服、五角星、印泥、指甲油、口红、油漆、灯笼等。

题目：“香味”、“影子”、“噪声”可干什么？

5. 组合扩散

例如“汽车”，可与喷药机、冷冻机、垃圾箱、集装箱、通信设备、油罐、X光机、手术室等组合。

题目：圆珠笔、木梳、温度计、电视机、水壶、书、灯等可与其他哪些东西组合？

6. 方法扩散

例如“吹”，可办哪些事或解决哪些问题？思考后可知，利用“吹”的方法可以除尘、降温、演奏乐器、传递信息、制作产品、挑选废品等。

题目：利用敲、提、踩、压、拉、拔、翻、摇、摩擦、爆炸等方法可办哪些事或解决哪些问题？

7. 因果扩散

例如“玻璃板破碎”，有哪些原因？经过思考后可知，原因有撞击、敲打、棒打、重压、震裂、炸裂等。

题目：举出桌子、灯、砖、碗、杯、楼房、机床、汽车、变压器、河堤损坏的原因有哪些。

8. 关系扩散

例如“人与蛇”的关系有哪些？蛇皮可制乐器，蛇肝、蛇毒可制成药，蛇肉可为美食；蛇既可供观赏和玩耍，也可灭鼠除害；毒蛇咬人可致伤也可致死。

题目：太阳、鸟粪、黄金、计算机、信息管理、细菌等与人的关系。

（二）异同转化思维训练

例如“一分和五分的硬币”有相同点也有不同点，都是哪些？通过观察可知，它们的相同点是银色铝制品，圆形，有国徽图案，有汉字和阿拉伯数字，侧视呈扁形，有齿形边缘，流通后带有细菌等；它们的不同点是厚薄不同，直径、重量、图案、数字大小和齿形边缘条纹数不同等。

题目：举出钟和表、工人和知识分子、软件和硬件、发电机和电动机、两片树叶的相同点和不同点。

（三）想象思维训练

1. 图像想象

例如对“○”图形，能否尽可能多地举出与其相似的东西？如盘香、发条、圆形电炉盘、盘山公路俯视图、录音带、盘着的蛇、女人头发、指纹、卷尺、草帽、水旋涡等。

题目：举出与图形“○”、“△”、“S”相似的各种东西。

2. 假设想象

假设想象是通过对某种事物的回忆、推理和猜测，来想象将会出现的结果。

例如"老鼠",如果世界上一个也没有,将会怎样?可减少粮食和其他物品的消耗,不需制造捕鼠器和鼠药,不会发生鼠疫和儿童被鼠咬伤或咬死的现象,食鼠动物无食将破坏生态平衡等。

题目:若世界上没有太阳、水、空气、石油、植物、动物将会怎样?人类长生不老将会怎样?

(四) 联想思维训练

1. 相似联想

例如从"警察"想到"士兵",从"太阳"想到"月亮"。

题目:猫________,人________,鸟________,汽车________。

2. 矛盾联想

例如从"大"想到"小",从"白"想到"黑",从"上"想到"下"等。

题目:胖________,美________,冷________,聪明________,加强________,无控________。

3. 接近联想

例如"钢笔"—放在桌子上—桌子摆在窗户附近—人开窗可见晴朗夜晚天上的星星。可简写为:钢笔—桌子—窗—人—星星。

题目:土—纸,树—球,老虎—鲜花,姑娘—罪犯等。

(五) 思维定势弱化训练

1. 5只猫用5分钟捉5只老鼠。请问,需多少只猫,才能在100分钟内捉100只老鼠?(限1分钟)

2. 你能用四根火柴摆5个正方形吗?(限3分钟)

3. 四个人打赌,谁输了就做十道菜请客。结果一个聪明人输了,但只做了一道菜,其他三人有口难辩。请问,聪明人做的什么菜?

4. 把10个硬币分装到3个杯子里,每个杯子里的硬币都是奇数。(限3分钟)

5. 6根火柴如何组成4个三角形?(限3分钟)

6. 急行军想过河,如何快速而准确地测出河宽?(限3分钟)

7. 燃着20支蜡烛,风吹灭了3支,又吹灭了2支。把窗关好再也没被吹灭,还余几支?

思考与训练

1. 什么是创造性思维?创造性思维有哪些特点?

2. 简述创造性思维的过程、形成机制、方向性和基本形式。

3. 简述灵感产生的基本过程。

4. 如何理解联想思维、想象思维、逆向思维、灵感思维和逻辑思维,请分别指出它们的功能、作用和特点。

第三章 创造原理与方法

人的创造活动除去其思维过程外，依照创造的实现方式和手段，可从科学发现、技术发明和艺术创作等不同类型对其实践过程进行考察。本章所讲创造原理和方法与创造性思维的原理和方法相对，是指在创造活动的实践过程中须遵循的规律、原则、程序和步骤，是对人们无数创造活动的经验总结。人的创造活动是一种高度复杂的思维和实践过程，在创造活动过程中必须以正确的原理和方法为指导，才不致陷入茫无头绪、无所适从的境地。学习、掌握创造原理和方法，可以帮助人们深入认识创造活动的规律、程序和步骤，指导人们有效开展创造实践，提高创造效率。

第一节 科学发现的原理与方法

一、科学发现的基本类型

科学发现通常被理解为发现新的科学事实和创立新的科学理论的过程。根据发现新的科学事实的不同情形，科学发现可划分为预见型科学发现和偶然型科学发现等不同类型。预见型科学发现是有目的、有计划的科学发现活动，它依靠科学实验观察到新的事实，并从理论上给出科学的解释乃至建立起新的科学理论。例如 1900 年，希尔伯特站在当时数学研究的前沿，提出数学上未曾解决的 23 个难题，后来的数学家们以此为研究方向解决了一个又一个难题，发现了一个又一个数学分支，这便属于预见型科学发现。

与预见型科学发现不同，偶然型科学发现并不是按事先计划好的方案进行的，而是在偶尔观察到某种现象时抓住机遇而获得的科学发现。青霉素的发现就是如此。英国细菌学家 A. 弗莱明研究葡萄球菌时发现，在一只培养球菌的器皿里原来生长很好的葡萄球菌忽然消失。后经仔细观察发现，是一些偶然落在培养基上的菌类在繁殖并杀死了葡萄球菌。弗莱明突发奇想，能否将这种霉菌用于人体来杀死致病的葡萄球菌呢？他开始了实验研究并将实验报告发表，在实验报告中他称新发现的霉菌为青霉素。后来再经过一些科学家的努力，终于使青霉素用于医疗，拯救了千百万人的生命，开创了抗菌素生产的新技术。

发现新的科学事实却缺乏创造性的思考，并不能成为完整意义上的科学发现。例如，化学史上舍勒和普里斯特都曾独立发现并制得氧气，但由于他们被传统的燃素说所束缚，认为实验发现的气体只是一种比普通空气更纯净的空气而已，因而这个事实在他们手中并没有结出科学发现的创造果实。后来法国化学家拉瓦锡在重复普里斯特的实验时不仅制得氧气，而且在这种新的科学事实基础上形成了正确的氧气燃烧学说，获得了科学发现的重大成果。

与发现新的事实并作出科学解释的事实型科学发现相区别，理论型科学发现是指提出新的科学概念、创立新的学说或理论。从科学概念的提出到科学理论的建立是一个复杂的思维过程，需要多种科学方法的综合运用。其中，假说验证是科学发现最为普遍的过程模式。所谓假说验证，就是在发现用已知的科学原理无法解释的新事实时，通过提出假设，形成科学假说，经理论和实践验证，最终创建科学理论的过程。例如大陆漂移学说的创立，就是这种模式的典型事例。

有的科学事实的发现虽然并不一定导致建立新的科学理论，但经过进一步的研究，却能创造出直接造福于人类的成果。例如法国波尔多大学教授米勒德特发现，石灰水和硫酸铜混合液能防止葡萄露菌病。尽管通过这一发现没有形成新的理论，但后来人们在此基础上找到了用来防止植物病虫害的“波尔多”液。

科学发现是科学知识积累和增加的手段。没有科学发现，便没有科学的生命。依靠科学发现的成果，人类在认识和改造世界方面才能取得持续进步。

二、科学发现方法简史

科学研究的方法是人类科学实践的产物，它随着科学实践的发展而不断得到充实、丰富和提高。从古至今，科学研究的方法先后经历从观察方法、实验方法、逻辑方法到移植方法和系统科学方法的历史发展。

（一）观察方法的产生和运用

观察方法是人们通过感觉器官或借助于科学仪器，有目的、有计划地感知研究对象并获得科学事实的一种方法。在我国古代，天文学的发展之所以居世界前列，主要是由于观测手段的先进和观测仪器的发达。在我国的天文观测史上，记载着 1 000 多次日食的出现，记录着 100 多次太阳黑子的变化，描述了 29 次哈雷彗星出现的详细情况等。在大量天文观测的基础上，形成了丰富的宇宙理论，如盖天说和浑天说等。其中，浑天说影响深、实用价值大，它不仅是一种宇宙学说，而且是测量天体运动的计算体系。这些都为人们从整体上对自然界进行直观考察，并勾画自然界的总画面提供了理论依据。观察方法不仅在古代科学方法论中占有重要地位，而且也是近、现代科学研究不可缺少的重要方法。

（二）实验方法的萌发与确立

实验方法由观察方法发展而来，它是人们根据一定的目的和计划，利用仪器、设备等物质手段，在人为控制、变革或模拟自然现象的条件下获取科学事实的方法。实验方法的确立经历了漫长的历史过程，它是在中世纪后期开始萌发，经过文艺复兴时期的发展，在近代由伽利略和培根等人实现的。

英国进步思想家罗吉尔·培根于中世纪末期最早提出“实验科学”的名称。他所说的实验科学，是指运用实验方法的科学。他通过光学实验，描述光的反射和折射现象,研究凹面镜的焦点和球面像差。他自己动手解剖尸体并写出了解剖学的书籍。在那个时代,他是唯一如此鲜明地主张科学实验的人,正是这种强调实践的精神使他成为宗教神学的叛逆者,同时也成为发展自然科学的伟大先驱者。

伽利略作为近代实验科学的奠基人和主要代表人物,在天文学、力学、物理学和数学等方面的重要建树都是与重视实验方法分不开的。以他设计斜面实验,发现自由落体定律和惯性原理为例,伽利略斜面实验方法的基本程序是:根据直观现象和已有理论,提出推测来解释某种事实,然后设计并进行实验。若实验与推断不符,就根据实验事实修正推测,提出补充或更正,再设计并进行实验。观察—推测—实验循环往复,直至得到比较符合事实的结论。伽利略在实验中非常重视仪器的作用,他制造了小天平、摆钟、温度计和天文望远镜等。伽利略的研究工作使实验方法达到比较成熟的阶段,因而获得了"经验科学之父"的赞誉。

弗兰西斯·培根作为近代实验科学的哲学代言人,他在唯物主义认识论的基础上,第一个为近代自然科学建立了系统的科学方法论。他在专著《新工具》一书中提出,科学方法包括两个方面:一是要坚决扫除扰乱人心的偏见,"使理智完全得到解放和刷新",才能进入科学的大门。二是要改善人们在科学研究上的手段,采用实验归纳法,即在获得知识的方法上,主要靠观察和实验;在整理经验材料、发展知识的方法上,主要靠归纳。弗兰西斯·培根对实验科学方法进行的总结和概括,被马克思誉为"英国唯物主义和整个现代实验科学的真正始祖"。

(三)逻辑方法的建立与发展

无论是对科学事实的获取和描述,还是对科学事实进行理论思维的整理加工,都离不开逻辑方法。正如爱因斯坦所说:"知识不能单从经验中得出,而只能从理智的发明同观察到的事实两者的比较中得到。"这里所说的"理智的发明",就是逻辑思维的结论。

早在古希腊时期,从亚里士多德到欧几里得,从毕达哥拉斯到阿基米德,都将逻辑方法、公理方法和数学与力学方法等发展到成功运用阶段。进入近代社会后,分别以弗兰西斯·培根和笛卡尔为代表,逻辑方法主要沿着归纳逻辑和演绎逻辑两条路线进行发展。弗兰西斯·培根认为,科学知识总是从经验事实开始,通过逻辑思维对经验事实的加工过渡到规律和理论,而对经验事实进行分析、整理的方法主要是归纳。弗兰西斯·培根的归纳逻辑方法对近代科学的发展产生重大影响。例如,瑞典生物学家林奈对收集到的大量生物材料进行归纳和分类,使植物学和动物学"达到了一种近似的完成"。还有在化学方面,波义耳将定性实验归纳为一个系统,初次引进化学分析的概念,开始了分析化学的研究。至今弗兰西斯·培根的归纳逻辑方法依然在科学研究中得到广泛应用。

与弗兰西斯·培根的归纳逻辑方法相对立,笛卡尔创立了以数学为基础、演绎法为核心的科学方法。他用代数的方法研究几何性质,创立了解析几何。解析几何的发现为微积分的创立提供了初步的内容准备和直观的表现形式。后来牛顿也是因为受到笛卡尔演绎逻辑方法的深刻影响，把当时的力学原理整理成了一个演绎的体系，写成了经典力学的重要巨著《自然哲学的数学原理》。随着现代科学的发展，数学方法的应用更是日趋普遍，成为通向一切科学大门的钥匙。现代数学不仅能刻划力学及物理学中大量宏观现象的运动规律，而且已发展到用来刻划物理、化学、生物学中一些极其复杂的微观领域的运动规律，如基本粒子物理学、量子化学和分子生物学等都离不开数学方法的运用。尤其是随着计算机和自动控制技术以及各种系统工程的发展，数学方法正在渗透到科学和社会生活的各个方面。

（四）移植方法和系统科学方法的产生与发展

随着现代科学发展整体化趋势的增强，科学方法之间的渗透与移植日益突出。移植包括科学概念、原理、方法和技术手段等从一个领域到另一个领域的移植，是发挥“杂交优势”促进科学发展的重要方法。例如，把物理学方法、化学方法向生物学领域移植，在生物学中取得了包括 DNA 结构的发现和生物遗传机制方面的重大突破等一系列科学成就。再如量子力学的诞生为处理描述微观客体运动及其规律提供了方法，这种方法几乎在其产生之日就被化学移植使用，对化学的发展起到了积极的推动作用。

所谓系统科学方法，是指从系统观点出发，依照事物本身的系统性特点，注重从整体与部分、整体与外部环境的相互联系、相互作用和相互制约关系中综合考察研究对象，以达到优化处理问题的一种方法。现代科学的发展大量是采用系统合成的方法进行的，即注重将已有科学原理与技术加以系统组合，以形成与原有技术完全不同的新技术。如创造新能源、海水淡化和宇宙飞船等，都是综合不同部门的科学方法和手段实现的。美国阿波罗登月计划总指挥韦伯指出，在阿波罗飞船计划中没有一项新技术，都是现成的技术，关键在于综合和组织。

三、科学发现中的实验方法

（一）实验方法的特点与原则

运用实验方法获取经验材料、明确科学事实，是科学研究中最基本、最实在的方法，是体现科学本质特征的方法。实验方法的特点是它可以模拟、简化、纯化以至强化自然过程。在工程技术的开发研究中，所做的实验大都是模拟实验，是生产过程在实验室的间接研究，这样既有利于控制自然过程，又可以避免直接实验中的巨大耗费与危险。此外，对于地球和生命起源等研究，也都是通过模拟实验再现自然过程的，其中最著名的例子就是美国物理学家 1953 年做的生命起源模拟实验。

在物理学中发现负质子的过程，是很好地简化和纯化自然过程的例子。当安得森发现正电子后，物理学家根据对称原理推测，可能存在负质子（在此之前一般只有负电子和正质子被人所知），于是制造了几十亿电子伏特的回旋加速器。但是要想观测到负质子，还必须能够把同负质子伴随产生的其他粒子过滤掉。美国物理学家张伯伦和西格雷等人借助一种由复杂的电磁场和狭缝等构成的“迷宫”，使得当物质遭到轰击时，只有负质子才能穿过“迷宫”到达观察端。这两位科学家通过发明这种纯化实验装置发现了负质子，于1959年获得诺贝尔物理学奖。

在运用实验方法强化自然过程时，人们可以发现常态所不能发现的东西。例如，千百年来人们对物质状态的认识只局限于日常所能感知的“固、液、气”三态上。后来，人们在超高温条件下发现了“等离子态”，这主要是因为在超高温情况下，原子的电子核能量增大，以致脱离轨道变成自由电子，于是原子变成离子，物质处于电离子、电子和未电离的中性离子共有的“等离子态”。同样，在高压情况下电子被压到原子核中，形成“超固态”。可见，实验中的简化、纯化和强化，可以给科学研究带来许多新的发现。

在科学研究中运用实验方法必须遵循可重复性原则，即要求能够在相同实验条件下再现实验结果。这是因为科学研究不是去发现一些支离破碎的偶然现象，而是探索自然界必然的运动规律。自然界的规律是其自身所固有的，绝不因研究者的不同而变化。因此，不论是什么时候，由谁来做实验，只要基本实验条件相同，就应该得到同样的实验结果。只有满足可重复性原则的实验，才能确保实验结果的客观规律性，并得到学术界承认而进入科学认识活动，充当科学研究的事实材料。科学史上的大量经验表明，在科学研究中对于一项新的实验发现的确认，往往需要通过许多人成千上百次的重复实验。不满足可重复性原则的实验充其量只能给人们一种启发，而不能堂堂正正地登上科学的殿堂。

科学实验虽然是人们有目的、有计划的研究活动，但它毕竟是对未知自然现象的探索，因此不可能预先把一切过程囊括无遗，总会不时遇到一些意外现象，而这些意外现象又往往导致重大科学发现。因此，在实验过程中要善于捕捉机遇。正如法国生物学家路易·巴士德所说：“机遇只偏爱那些有准备的头脑。”根据科学家的经验，有准备的头脑应具备四项主观条件：一是敏锐的科学洞察力；二是高度的判断力；三是科学的想象力；四是丰富的知识和经验。尤其在我们强调科学实验客观性的同时，绝不能忽视科学实验中理论或概念的指导作用。

（二）确定实验类型

在运用实验方法时首先要正确选择实验类型。如根据揭示实验对象质和量的不同特征，可以分别选择定性实验和定量实验等类型；根据实验者的直接目的不同，可分别选择析因实验和对照实验等类型；根据实验对象的原型或模型，可分别选择原型实验和模拟实验等类型。

1. 定性实验和定量实验

所谓定性实验，是通过实验判明研究对象是否具有某种特征的实验方法，它要求对实验研究对象的性质作出回答。比如，水是否能变成土？拉瓦锡的“培里肯”实验做出了否定回答；电磁波是否存在？赫兹的实验给出了肯定回答。所谓定量实验，是用来测量研究对象的性质、组成和其他影响因素的数量值的一种实验方法。例如，物理学中焦耳测定热功当量的实验，汤姆逊测定电子荷质比的实验，以及化学上的定量分析实验和机械上的效率测定等，都是定量实验。由于任何事物都是由其特殊性质和一定的数量关系组成的，因此人们在科学研究中通常先考虑做定性实验，在对事物的性质作出初步鉴别后再进一步安排定量实验，以获取对研究对象比较全面、深入的认识。有时通过定量实验，可以得到相应的经验定律或经验公式。

2. 析因实验

析因实验是根据已知结果去寻找未知原因的实验方法。进行析因实验，首先要对研究问题做周密的调查研究和理论分析，找出主要因素；其次根据研究对象的具体情况灵活进行实验设计，安排不同的实验方法，通过实验分清起主要影响和次要影响的因素后，明确进一步实验研究的方向，如进行验证实验以寻求解决问题的方法。例如，牛奶为什么会变酸？法国化学家和生物学家巴斯德通过实验找到原因，牛奶变酸等食物腐败现象是由于空气中的微生物侵入并大量繁殖的结果。巴斯德发现牛奶变酸的原因和处理方法后不久，法国一些葡萄酒厂因酒变酸而惊呼要破产。巴斯德认为这可能是酵母菌在作怪，而酵母菌用加温方法可以抑制或杀死，于是他做了验证实验，结果与猜测一致。该方法经过推广，挽救了整个法国酿酒业。在企业生产中常常会出现这样或那样的问题，如设备机件出现裂纹或机器运转发生故障、生产工艺流程不稳定和产品质量波动等，在暂时无法断定造成后果的原因时，往注需要安排析因实验，以便查明原因。

3. 对照实验

对照实验是通过比较来研究、揭示研究对象某种特征的实验方法。它的具体做法是，把研究对象分成两个或两个以上的相似组群，其中一个作为试验组，另一个作为对照组，然后通过一定的实验步骤，在对照中判定试验组具有某种性质或受某种影响。如生物学上的比较解剖实验、工业上的新工艺试验、农业上的良种试验和医药上的药效试验等，都离不开对照实验。对照实验的基本要求是对照组和试验组的条件要尽可能一致。如果条件不一致，就无法找出实验对象的特征。以某种新研制的晕船药为例，如用船员作试验，再与船上乘客作对照，双方的条件就不一致。这是因为船员已习惯航行，不吃药也可能不晕船，因此这个实验是不正确的。

4. 模型实验

对于某些不允许或不便于直接进行实验的研究对象，需要建立与之相似的模型，通过对模型的实验间接达到对它们的认识，这种实验方法被称为模型实验。在模型实验中，被研究的对象称为原型，模仿原型制成的某种直接用以进行实验的实物装置称为模型。模型与原型之间存在物理相似关系，即所有同名物理量相似，或者说所有矢量在方向上相应一致，在数值上成相应比例。在这种情况下，模型和原型的物理本质过程一致，只有大小比例的不同。根据这一相似性要求，在许多科学领域都出现了模型实验。例如，李四光就常用泥巴做构造模型实验，其目的是用模拟方法在实验室再现自然界发生的各种各样的构造体系和构造型式。由于物理相似模型实验是以同质现象之间和同一物质运动形式的系统之间的相似关系为基础的，而且建立模型往往周期长，有的模型价格昂贵、不够准确，这就使广泛运用模型实验的可能性受到限制。

5. 数学模拟实验

为突破物理模型的局限性，数学模拟实验方法于 20 世纪 60 年代得到迅速发展。数学模拟实验是以模型和原型之间数学形式的相似性为基础的实验方法。与模型实验不同的是，模型和原型的材料、结构和物理过程可以完全不同，但只要它们所遵循的规律在数学上具有相同形式，就可以用数学模拟的方法进行研究。数学模拟实验在研究事物的主要性能和规律时，具有使用简单和通用性强的特点。随着计算机技术的广泛应用，数学模拟实验愈来愈显示出它的巨大优越性。

（三）制订实验计划

1. 深入分析实验对象

实验的目的是从实验对象中获取科学事实。为此，在实验前要事先进行深入分析，设想可能得到什么科学事实，做到心中有数，这是进行实验设计的重要前提。深入分析实验对象往往要通过现场调研或查阅文献，了解他人对有关项目或研究做了哪些工作、开展了哪些实验、取得了哪些数据资料、存在什么问题以及所用方法有何优、缺点等，以便在安排实验时参考，避免重复实验造成的浪费。对于复杂项目，如一台机器中几个相对独立的部件分别采用不同的新技术，可考虑同时进行多项实验。

2. 明确实验任务

明确实验任务首先要确定实验指标和因素。所谓实验指标，是指实验需要考察的结果，因素是指对实验指标有影响的作用条件。例如，在零件强度实验中，强度是要考察的指标，影响强度的条件如材料成分和加工工艺等是实验因素。因素或作用条件所选取的不同状态或数值称为因素的水平。实验的功能正是认识因素、水平对指标有无影响及影响程度大小。因此，实验究竟要考察哪些指标，对指标可能发生影响的有哪些因素，这些因素中哪些应予优先考虑以及各取什么水平等，都必须十分明确。

3. 选择实验方法

实验设计必须讲究方法。目前，已有许多科学的实验设计方法可供使用，包括 0.618 法、降维法和正交设计法等。使用这些方法，可以用少量的实验反映出大量实验的种种情况，取得与大量实验相同的效果。比如一项实验需要考虑三个水平时，每一种情况都做实验一共要安排 29 次，而采用正交设计法安排实验只要做 9 次就能取得与做 29 次实验相同的效果，而且可以明确：第一，哪些因素是影响指标的主要因素,哪些是次要因素;第二,因素与指标之间的定性、定量关系;第三,较好的研制实施条件;第四,进一步实验的方向。

4. 选取和制备实验器材

方案设计工作完成后,要根据实验内容考虑设计什么样的实验装置,选择和制备哪些实验器材,只有当这些条件齐备时才能有条不紊地进行实验。选择实验测试手段或仪器是实验器材准备的重要内容。科学仪器可以克服人类感官的局限性,它与测试对象发生特定的相互作用,可以将感官无法感知的信息变成可感知的形式或放大到可感知的范围,使分辨不清的事物变得清晰,使观测结果客观化、定量化、精确化,从而极大地增强人的认识能力。选取和制备实验器材应力求经济、简便。

5. 采集、分析实验数据

为使实验工作顺利进行,取得系统完整、准确可靠的实验数据,在制订实验计划时应事先准备好相应的记录表格,在实验过程中认真记录和采集实验数据,实验结束时对实验数据和结果进行分析、处理。通常情况下,一堆未经加工的实验数据是不能说明问题的,必须经过分析、处理才能得出有价值的结论。因此,实验计划应当给出相应的计算公式和数据处理方法。这要求研究者了解有关的数理统计方法,熟悉有关的数学工具,以便在制订实验计划时做出相应选择。

需要特别指出的是,制订试验计划不能满足于以因素和水平的组合形式表述实验方案,同时还要对方案的实施步骤给出明确叙述,并尽可能用框图和符号表示,使之一目了然。对实验操作可能出现的种种情况也应有初步估测,特别是要考虑出现意外情况的处置办法。无论如何,实验中意外情况总是有可能发生的,或者由于指导实验的某种理论或设想不够正确,或者由于实验条件控制得不够严密,或者由于忽略了某些因素的影响,都可能导致意外现象的出现。在实验过程中必须仔细观察,多疑善思,警觉意外变化,搜寻各种有价值的线索,并不断改进实验。

四、构造科学理论的方法

科学的最高成果是概念。对于自然科学往往用公式、方程等数学手段,定量或半定量去描述其基本概念,或者形成一些定理、定律和基本规律等,但这些形式的核心是概念。科学理论本身主要由概念和范畴等,按着一定的隶属关系、包涵关系和并列关系等彼此组织起来,先形成有序的“概念群”,再由各种概念群组成概念系统,从而形成科学理论。到目前为止,一切构造科学理论的方法,都离不开科学理论的这一实质。

(一) 基本概念的形成

提出基本概念是进行科学研究最重要的一环。只有有了基本概念,才能进一步形成概念群和核念系统,从而构造出科学理论。一门科学的基本概念是该学科的核心和基础。

从认识论上讲,观察、实验等科学实践和生产实践活动,是产生概念的基础和源泉,但并不是从事实践的人都能创造概念。同样的材料有人能加工出概念,有人就加工不出概念,这如同玉石一般,它在灵巧的工匠手中可以精雕细琢成美妙的艺术品,在一般人手中则什么都做不成。因此,同样的材料能否产生概念,和认识主体的思维能力特别是抽象思维的能力有直接关系。假定认识主体是富有抽象思维能力的人,他就可能从大量的实践素材中提炼出概念。这种刚刚抽象出来的概念还是初步的、不丰富也不具体的原始概念,就如同刚刚孵化出来的鸡雏七窍不敏、羽毛未丰、四肢不健,需要随着认识的深化,进一步生长发育、丰富发展,使其规定性和所包含的内容越来越明确、具体,最终形成既包含历史内容、又反映现实多种属性的清晰明朗、丰富具体的概念,这种概念就会作为一种新的科学概念提出。

科学概念提出以后,还需要经历由认识群体共同努力促进发展的历程。这一群体可能是新概念提出者同时代的学者,也可能是后来的研究者。例如,原子概念在古希腊时期就已提出,但在当时还只是作为一个自然哲学概念而存在。直到1803年,道尔顿在化学当量定律、定比定律(定组成定律)和信比定律的基础上,才提出科学的原子论概念,使古老的原子概念得到了新生与复活。以后随着天然放射性的发现、电子的发现、同位素的发现、原子人工蜕变的完成、裂变反应和聚变反应的实现,以及周期表、核素图的完成,超铀元素研究的深入,量子力学和量子化学的建立等,经过无数专家、学者的共同努力,原子概念越来越丰富、具体。

对科学研究来说,只是形成一般的外围概念还不能开拓新的领域或创造新的学科,只有那些最基本、最核心的概念才能给科学研究创造一个中心、打下一个基础。这些基本概念一经形成,不仅会导致新学科的创立,还会促进相邻学科乃至整个学科的发展。在科学发展史上,如原子、分子、量子、系统、耗散和协同等概念的提出与丰富、发展,都曾给科学创造过中心,这些概念就是基本概念或范畴。

形成基本概念除了要占有丰富资料外,还应进行深入研究和反复思考,在此过程中可以采取借用、移植、类比和联想等方法。如原子的概念就是借用古希腊自然哲学的古老概念,协同学中"协同"的概念借用和移植生物学和社会学的概念,并通过类比和联想加以丰富和发展。

对自然科学来说,其基本概念不能只是从概念到概念的简单描述,还应用数学方法进行准确、定量描述,这样才严密,才具有强大的逻辑力量。如牛顿方程对"力"的描述,薛定谔方程对"量子"的描述,相对论方程对运动"相对性"的描述,协同学中主方程对"协同"过程的描述等。被视为"科学王冠"的数学,用独特的符号语言描述和展开它的基本概念,当它作为工具用于其他科学时,就为描述其他科学的概念和概念推演服务。数学作为科学的辩证辅助工具,可以帮助其他科学精密、完善起来。

（二）概念群的构成

所谓“群”，是指各种要素的集合。概念群并不是一些概念的简单堆积，而是以基本概念为核心形成的相关概念的有机组织。在科学研究中，当形成和提出基本概念以后，应着手以基本概念为核心，将外围概念、相关概念和隶属概念等建立起来，并使它们形成一个组织，构造科学的概念群。如果与生命个体的产生和发育相类比，基本概念的产生如同小生命的呱呱落地，而概念群的形成则意味着这个生命个体各种组织的完善，他的思维系统、神经系统、骨骼系统、肌肉系统、皮肤系统、血液循环系统、运动系统和消化系统等，都随着以后的发育逐步完善起来。

不同学科概念群的建立，要根据不同的问题确定，各有各的具体方法。它需要研究者具有丰富的历史知识和现实材料，发挥思维的能动性与创造性，综合运用逻辑方法和非逻辑方法、理性思维和悟性思维，以及形象思维等多种方法与思维形式，共同完成这一创造过程。构造概念群的一般方法主要有：

1. 拓展法（亦称“滚雪球”法）

即以基本概念为中心向四周展开，形成细胞式的有硬核的概念组织。例如，化学上“氧化—还原”概念提出以后，研究者们以此为核心进一步拓展，出现了氧化数、氧化还原电位、价升高、价降低、氧化剂、还原剂和电子转移等一系列概念，从而以“氧化—还原”为中心形成一个概念群。

2. 推演法

即以基本概念为起点，按着逻辑顺序向纵深推演，形成一个链条式的概念群。例如，相对论是以相对性原理和光速不变为逻辑起点，经过推演得到接近光速运动的物体会出现长度缩短（尺缩）、时间增长（钟慢）、质量增大（质增）等结论和相应的概念。欧几里德几何学的公理体系和量子力学的展开方式等，也都采用了这种方法。

3. 连接法

即将基本概念和有关概念横向连接起来，从而形成一个组织，这种组织往往能揭示科学的统一性与一致性，对科学发展产生重要突破。例如，N. 玻尔曾试图把量子力学概念与经典力学概念加以连接，从而得出“对应原理”；当代协同学与耗散结构概念互相连接，丰富了“自组织”概念，并得出一些新的概念群。

一种科学理论的概念群往往不止一个。在各种类别和层次的概念群形成以后，还应进一步把概念群彼此组织起来，连接成一个协调的概念系统或概念之网，从而形成完整的科学理论。在科学研究中，如果只提出一个基本概念，而不自觉地向着形成概念群去努力，那就不能把这种研究引向深入。这好比一个农夫开垦了一块土地，却不去认真地播种、耕耘、除草、施肥，因而收获也必然是极有限的。

（三）概念系统的建立

构造科学理论体系时，要在基本概念和概念群的基础上，进一步将该理论所涉及的所有概念组织起来形成一个整体，使所有概念或概念群按着固有的隶属关系、包含关系、并列关系和联结关系等，形成反映客观真理的概念网络。这个整体性的概念网络，就是这门学科的概念系统。

在构造概念体系时，首先要对自己研究的概念进行逻辑分类，将基本概念与一般概念、基本概念群与一般概念群、基本概念与借用概念等彼此区分出来，然后按照从简单到复杂、从个别到一般的顺序进行排列，构成逻辑严谨、结构紧凑的概念体系。如马克思撰写《资本论》时所采用了从抽象到具体的概念展开方式。他从最简单的商品概念入手，进一步探讨商品价值与价格的关系，以及商品中所包含的劳动及其二重性等，步步深入地揭示资本主义被社会主义所代替的历史必然性。这种严密的逻辑方法，就连反对他的人也不得不承认《资本论》为科学巨著。

自然科学也是如此。以经典力学为例，它从"力"这个最简单的概念入手，研究力的合成与分解、力的方向等，再进一步探索力与质量、能量、运动速度和加速度等概念的关系，最后导出牛顿三定律和万有引力定律，形成经典力学的理论大厦。其他如声学、光学、电学和热学等理论的构造，以及地学、天文学、化学和生物学理论的构造等，也大体如此。

在构造概念系统的过程中，驾驭语言文字的能力十分重要。这里所指的驾驭语言文字的能力，包括自然科学上的符号语言，如数学、化学符号和各种公式、方程等。有了驾驭语言符号的能力之后，还应当选择既行之有效、又适合已研究的各种概念关系的方式来构造系统。这种方式大体有以下几种：

1. 链条式结构

构造概念系统时，把各种概念和概念群一步接一步、一环扣一环地彼此连接起来，形成一个概念的链条，使各种概念和概念群由简单到复杂、由低级到高级，按着隶属关系与推演关系构成一个整体。

2. 树式结构

把各种概念和概念群，从最基本、最初的概念开始逐级推演，包括它们的各种推论从一到多、逐级展开，形成一个树枝状的结构(如图 3-1 所示)。图 3-1 中 B_1—B_2、C_1—C_4 和 D_1—D_8 代表不同级别、不同层次的概念或概念群，经过这样逐级展开形成概念系统。

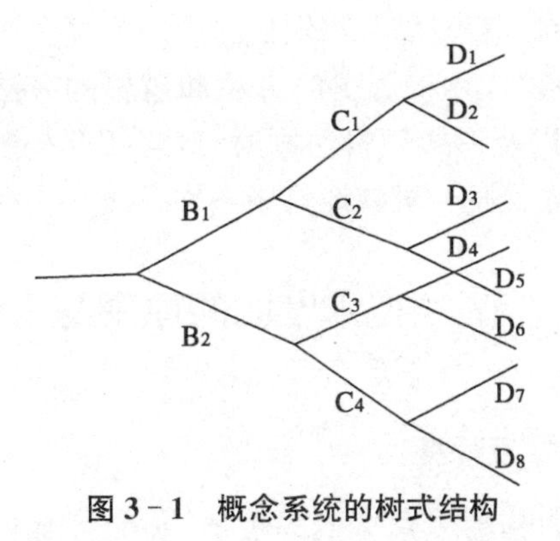

图 3-1 概念系统的树式结构

3. 网状概念系统

这是比较复杂的概念系统，当代一些交叉学科和综合学科大多采用这种概念系统。在这些学科中概念和概念群复杂纷芸，相互连接、互相交织，形成网状结构。事实上，人类认识的全部成果就是一个反映客观世界之网的概念之网。概念之网相互连接，因此隔行不隔理，科学是相通的。

此外，还有其他一些构造概念系统的方法，如循环结构和黑格尔的正、反、合结构等。在构造概念系统时，没有固定的模式可循，它需要人们从实际出发，根据所研究的成果灵活机动进行。

（四）构造概念系统时应注意的问题

在构造概念系统或理论体系时，应当注意以下问题：

第一，构造体系应当是研究的结束，而不是它的开始。在没有深入研究前就胡乱构造体系必将是失败的，因为那样构造的体系往往都是思辨的产物。

第二，当有了研究（得到概念和概念群）后，就应当勇敢地去构造体系，不要怕权威指责或出现失误。因为这时你已有深入研究，理所当然就应当把你的研究成果联结成一个整体。那种认为科学不需要构造体系的说法是没有根据的，因为这不符合自然、社会乃至人自身具有组织结构的客观事实。

第三，你所构造的体系应当是开放的，要为今后的发展留下余地，千万不要把它说成是永恒的绝对真理。因为人的认识是不断深化、不断前进的，没有永恒不变的终极真理。我们的研究尽管取得了成功，哪怕是取得了出色的成就，也只是人类认识长河中的一个小小浪花，所以不应过分夸大它。

第四，在构造体系后不能盲目外推，不能随意扩大它的使用范围。历史上曾有不少将科学理论体系不加限制地外推，从而得出许多荒谬结论的例子，影响了体系的声誉，这种教训应当记取。当年克劳晋斯将热力学第二定律外推到整个宇宙，引出热死的结论；现在天文学将大爆炸假说加以外推，得出宇宙始于无的哲学结论，受到很多批评，这些都是由不慎重所造成的。

第五，在构造体系时，如引入、借用或移植概念，应当对这些概念做出明确规定或新的说明，不能互相矛盾或简单用旧概念套新问题。

第六，构造理论体系时，要将历史的方法和逻辑的方法统一起来。在采用分析与综合、归纳和演绎以及形式逻辑法则时，应当相互搭配、互相协调，综合运用各种方法，而不应当孤立、静止、机械地只用一种方法。

第二节　技术发明的原理与方法

一、技术发明的类型与特点

通常来讲，技术发明是为满足人们的需要，为实现某种特定的技术目标而利用自然规律和技术原理所进行的具有新颖性、实用性和先进性的技术创造。根据技术发明的先进性，技术发明可以分为三种类型：一是基本发明。即将最新科学理论应用于产业发展，这种技术发明常常具有划时代的意义。二是应用发明。即以基本发明为基础，向其他各专业领域进行转移、派生所形成的技术成果。三是一般改良发明。它是应用已有技术的组合或对已有技术发明进行改良而创造和发展形成的技术成果。

技术发明和科学发现是人类创造活动的两个不同阶段，它们相互联系、互相促进。技术发明是对科学发现的创造性实施和延续，是在科学发现基础上产生的具有社会用途的技术成果。与科学发现相比较，技术发明主要具有以下特点：

1. 技术发明的目的和结果是为改造自然、造福人类，是在改造世界的生产实践过程中进行的科学成果向直接生产力的转化与应用。技术发明的成果主要表现在技术设计和产品制造等方面，即为新的设计或制造提出新构思、新方案，开发新产品、新工艺和作出新改革等。而科学发现一般表现为发现新事物、新现象、新特性，得出新概念、新原理、新定律，提出新假说、新观点、新理论等。它以探索未知为目的，是对自然界本身的研究，其成果是对自然界固有规律的认识和描述。

2. 技术发明在方法上偏重经验和试验，它不要求十分精确和严密，但必须十分实用、有效，所用方法一般是由抽象到具体。而科学发现是通过观察、实验发现新事物、新现象、新特性，进而上升到理性概括的过程，一般采用由具体到抽象的方法。

3. 任何科学发现和技术发明能否成立，都要看它能否产生有益于人类社会的实际效果。对于科学发现来说，就是要看它是否为人们提供认识自然规律的新知识，这种新知识有时能够引发人们在观念以至整个理论体系上的革命性变革。而对于技术发明来说，则要看它是否有益于社会生产或改善人们的生活，满足人们生产或生活中的实际需要。

二、技术发明中的规划、设计与试验方法

（一）工程技术的规划方法

工程技术规划是对工程技术的发展从总体方向、目标、重点和措施上所作的远景设想与蓝图。工程技术规划在方法上应由以下步骤组成：

一是情况调查和背景研究。主要涉及两类基本因素：一类是科技因素。主要包括国内外在科学、技术、生产和规划编制与组织实施等方面的情况调查与经验总结，可以为工程技术规划提供科学背景、技术水平和由基础研究、应用研究成果所显示出的适应社会需要的潜在能力。另一类是非科技性因素。包括社会因素、经济因素和自然因素三个方面，可以为工程技术规划指明现实的社会需要和实现这些需要的社会资源、社会条件等有关因素。社会资源主要是指自然资源、智力资源和经济资源。社会条件主要是指与规划对象有关联的各种条件和关系的总

和。情况调查和背景研究是编制规划的前提和基础,必须扎扎实实地做好。一般应既有定性的描述,又有定量的表现。对调查的情况和数字要进行去伪存真、去粗取精,科学系统地归纳整理,用文字、数字、图表等方式完整地表达出来。调查掌握的情况和背景材料必须真实、系统、全面、可靠。

二是分析构思。即通过对调查材料的分析、比较,构思出工程技术规划的初步战略设想。这一步骤主要包括以下内容:一是发现技术问题。主要应着眼科学技术的研究成果与社会需要的交叉点,即到现有技术和社会需要不相适应的矛盾关系中寻找线索、发现问题。二是提出技术发展目标和水平。根据发现的技术问题进行集思广益的周密研究,从实际出发提出可能的发展方向和达到的水平。三是进行技术选择。技术选择不能只单纯考虑技术的先进程度,还必须把技术与经济、社会的各种因素综合起来,加以比较选择。衡量的主要标准是综合的经济效益和社会效益。四是确定工程技术项目。通过技术选择,就可以把技术问题和技术目标确定为工程技术项目或课题,在此过程中应注意区分客观需要和主观要求、特定需求和一般要求以及近期要求和长远需要之间的关系。

三是科学预测。科学预测是在分析构思的基础上,对既定工程技术项目的发展方向、发展趋势、总体目标和各项具体指标所作的预测。科学预测的主要内容包括:第一,发展方向和趋势预测。即对确定的工程技术项目运用各种科学技术方法进行发展方向、发展趋势以及可能达到的成就和最终效果的预测。第二,系统目标的预测。即工程技术项目所规定的技术系统应该达到的总体目标和各项具体指标。第三,提出实现目标的主要措施。即达到目标所采取的途径、措施、政策,包括需要投入的资金保证、智力开发方面的需要和打算,以及在领导体制和组织管理上需要采取的重大措施等。第四,初步拟定各种备选方案。其中,系统目标的分析和辨识首先要分析和明确组成总体目标的各层次或子系统目标之间的相互关系和相互作用,然后进行充分的技术经济论证,即达到系统目标必须具备的各种技术条件及其具体的功能要求,包括对需要和可能、技术性能和适用性以及经济性等进行反复论证和研究,最后进行系统功能的总体合成,以合理确定总体目标。在科学预测中,系统目标的预测至关重要。它使我们能够有的放矢地提出各种类型的技术原理或技术概念,为各种备选的总体方案的提出作好准备。

四是论证评价。即在各种可能的备选方案提出后,要通过工程技术项目的可行性研究与论证、评价,从中选择最佳方案。科学论证的过程是将规划草案(备选方案)由更多专家、更多方面参与的集思广益的过程。论证的重点在于方向和目标是否明确,任务和项目是否重点、关键,措施是否有力可行。论证的方式可以是开座谈会或个别征求意见。在论证过程中需要从以下方面进行综合评价,以检验规划是否合理、是否先进和是否优化:第一,系统性。要看整体系统是否最优化,整体目标是否明确,整体布局是否合理平衡、配套齐全。第二,先进性。即技术上是否有一定水平,是否具有适用性。第三,经济性。即经济上是否合理,这其中不仅包括微观经济效果，而且包括宏观经济效果；不仅要分析方案的开发成本，而且要看整个生命周期成本。第四，现实性。要从影响规划实现的各种技术性因素、社会心理因素、经济性因素和安全性因素等方面，综合考虑规划方案是否有实现的可能和适用意义。由于以上方面的因素相互联系、互相制约，因此在评价时要坚持系统综合评价和发展观点，以选取整体上的最优方案。

五是决策。决策是在充分论证和综合评价的基础上，对各种方案的选择所作的总体权衡和合理判断。决策按其目标性质可分成确定型决策和不确定型决策，不确定型决策中又包括风险型决策和竞争型决策。对于各种类型的决策，在最后决断时一定要区别情况，具体分析，给予不同考虑。对于确定型决策，由于它经过论证评价证实是确有把握的，决策就是根据论证评价的结果选择最佳方案。对于不确定型决策，要认真考虑决策可能发生的各种后果，按其严重性和影响程度加以全面衡量，要多种方案反复比较，甚至在进行多方案试点之后再进行决策。决策不仅取决于论证评价的准确性.而且直接与决策者的决策素养有关。因此，注意决策者的决策修养，包括工作经验、知识水平、创新精神、科技素养、民主作风和决断魄力的培养，是非常重要的。

（二）工程技术的设计方法

工程技术设计是根据规划方案的要求，运用科学理论、技术原理和工作经验使规划方案具体化的过程。工程技术设计的基本类型有：第一，开发性设计。是指在没有可参照的设计方案和设计原理的情况下，从对设计对象的抽象要求出发，进行满足各项质和量方面要求的设计。如最初蒸汽机的设计就属于开发性设计。第二，适应性设计。即对已有的设计方案和原理在总体方面保持不变，只进行局部的变更，使设计对象适应于某种特殊的质和量的要求。如在汽油发动机中以新的汽油喷射装置代替传统的汽化器，以达到节约燃料的设计，就属于适应性设计。第三，变异性设计。在保持已有的设计方案和原理以及设计对象功能、结构的情况下，进行结构配置和规模尺寸的改变，使设计对象适应于量的方面所要求的变化。如为达到改变传动扭矩或速比的要求，重新设计减速器的传动系统和尺寸就属于变异性设计。工程技术设计具有将技术原理转变和物化为技术实体的桥梁作用以及生产组织作用。

工程技术设计的一般步骤可分为概略设计、技术设计和施工图设计三个阶段。一是概略设计，也称初步设计。它是概括工程技术规划提出的目标和技术原理，进行工作原理和基本布局等方面的初步设计，并画出概略草图。二是技术设计。这一阶段的任务主要是将通过概略设计初步确定的基本结构和主要参数具体化，对关键零部件进行技术分析，并在整体上进行协调。三是施工图设计。要求将通过技术设计得到的方案进一步具体化，最后绘制出总装图、部件图和零件图等全套图纸及说明书、计算书和预算书等全部设计文件，为制造、装配提供确切依据。

在工程技术设计中常用的现代设计方法主要有：

1. 动态分析设计法

动态分析设计法是从动态情况出发，通过研究在各种信号输入与干扰情况下系统保持正常工作、处于最佳状态的条件，从而使设计达到高可靠性、高速度和自动化等现代化要求的设计方法。例如，对于起重机的起重和制动，过去只考虑一个动载系数，只计算运动时的惯性力。但事实上在整个机器运动过程中，随时随地都有各种信号输入，在起重作业时吊臂与钢丝绳的长度、吊臂倾角和额定起重量等数值经常变化，作业人员、机器状况和环境等也复杂多变，处于动态过程中。这就要求我们在设计时要综合考虑整机各个部分的动态特性，使设计更为科学、合理。

2. 最优化设计法

最优化设计是以数学最优化理论为基础，以计算机技术为手段，在保证满足设计要求的前提下合理选择设计变量数值，以获得一定意义上的最佳方案的设计方法。最优化设计的基本步骤可以概括为两个方面：

一是建立数学模型。即通过建立一个能够正确反映设计问题，由设计变量、约束条件和目标函数组成的数学模型，从而将工程技术设计问题转化为可以通过计算求解的数学问题。在数学模型中，设计变量是指在设计参数中数值可以改变，需要加以优选的独立参数；约束条件是指设计必须满足的，限制设计变量取值的条件；目标函数是指使设计最优化的设计变量的函数，它们表示设计所追求的各种指标。

二是求解数学模型。求解数学模型是在保证满足约束条件的前提下，寻找使目标函数数值最小的那组设计变量值。这一步骤主要通过计算机进行，具体可分为制定目标要求、选择最优化计算方法、编制运算程序和由计算机自动优选设计方案等更多步骤。

目前，最优化设计法已广泛应用于机械、化工、电气、造船、航空和制造工艺等工业部门的设计中，并且在提高设计质量、降低投资和成本、减轻重量、延长寿命、改进产品性能等方面起到重要作用。

3. 计算机辅助设计法

这种方法将人所具有的逻辑、推理、判断和图形识别、联想、表达、自我控制等能力和特点，与计算机所具有的计算迅速、精确、差错少、存储量大，能迅速显示数据、曲线和图形，能自动绘制产品图纸，可以直接对图形进行设计修改等功能结合起来，通过人和计算机之间进行信息交流，相互取长补短，建立最好的特性联系，以取得最佳设计方案。

计算机辅助设计的工作方式有：一是信息检索式。即首先把已有的产品及部件图纸进行整理并制成信息输入计算机存储器内，建立庞大的数据库。当提出设计对象的规格和性能要求后，利用计算机自动检索和计算，给出设计方案。二是最佳计算式。主要用于新产品开发过程中的工程技术分析，其特点是可以通过对多参数、大工作量的数据处理，达到技术分析和优选方案的目的。三是逐步逼近式。有些项目设计的技术要求和设计目标不能完全量化，这就需要设计者给计算机下达指示，对于计算机输出的草图或布置图，凭借设计经验进行修改，并指令计算机返工重算，直至获得令人满意的图形。

4. 系统设计法

系统设计法是运用系统工程原理和系统方法进行工程技术设计，以求得整体最优设计方案的综合性现代设计方法。系统设计法可分成两个步骤：一是系统分析阶段，也称要素设计阶段。在此阶段首先将设计系统分解为若干相互联系的子系统或要素，然后分析各个要素或子系统的特性以及它们之间的相互关系，从而进行要素或子系统的最佳设计。二是系统综合阶段，也称结构设计阶段。在此阶段主要是把对各个子系统或要素的分析设计进行综合，以形成整个系统的技术方案，通过结构设计达到结构最优化。

在上述两个阶段，子系统或要素分解既是系统分析阶段的关键，同时也是系统综合阶段的前提和基础，掌握适当极为重要。“适当”表现为两种情况，一是分解过细虽然便于分析，但不利于下一步的综合，反之利于综合，但又不利于分析，所以要分得适当。二是分解边界要适当，要尽可能减少干涉，以便使子系统比较独立，便于进行单独处理。

（三）工程技术的试验方法

如果说实验方法是科学研究最基本的方法，那么从一定意义上讲试验方法就是工程技术方法的中心环节。这是因为在科学理论和技术构思转化为技术成果过程中必须经过试验，同样技术成果要转化为生产能力也离不开试验，试验是工程技术研究的必然通道。试验方法是在工程技术研究和生产实践活动中，运用一定手段对科学理论和技术构思的物化成果进行探索和验证的方法。

与科学发现中的实验方法类似，试验方法从人的认识过程出发，可以分为经验试验和理性试验；从试验的功能和作用出发，可以分为探索性试验和验证性试验；从试验的目的出发，可以分为性能试验（定量试验、定性试验）、对照试验和析因试验；从试验将技术原理转化成生产过程的顺序出发，可以分为前试验（包括实验室试验、模型试验、中间试验）和生产试验（包括产前试验、半生产试验和全生产试验）。一个完整的试验过程，通常包括制订试验方案、进行试验操作和编写试验报告三个主要步骤。

1. 制订试验方案

试验活动技术性强、涉及面广，为使试验能够顺利进行并取得预想结果，必须在试验前对试验过程进行全面的总体规划。制订试验方案一般要进行以下几方面的工作：

一是确定课题。确定课题即明确试验的对象和范围。课题一般来自科学理论和技术原理的推广应用、工程技术项目的实施和生产过程中有待解决的难题。为使课题的确定准确无误，应当围绕课题内容进行一定的调查研究。

二是制订初步方案。在课题确定之后，一般应在查阅有关资料和文献，弄懂、弄通课题的性质、基本要素和工艺原理的基础上制订试验的初步方案。围绕初步方案进行大量考察，研究与试验课题有关的经济技术指标和国内外有关的技术情况，研究与试验有关的仪器、设备、原材料及其他环境条件，以进一步加工、补充和修改初步方案。

三是形成试验方案。试验方案通常包括以下内容：第一，试验内容。即通过试验要解决的问题和取得的结果与目标。第二，试验手段。即试验要选用哪些设备和仪器、运用哪些技术资料，以及采取哪些具体的实施措施等。第三，试验程序。应符合“在方法上最简、在时间上最省”的原则，做到需要性与可行性、经济性和适用性相统一的原则。第四，试验数据资料的处理和分析方法，以及试验现场和试验对象等条件的准备。

2. 进行试验操作

试验操作是在试验方案确定和试验条件准备完毕之后，对试验方案的实施过程。试验操作要严格按照试验方案的规定程序进行。在试验进行过程中，应当认真、准确地记录试验中得到的所有数据和全面情况，包括各种意外情况，并力求清晰、明确、客观、完整。

3. 编写试验报告

试验结束以后，无论成功还是失败，都要对试验进行全面完整总结，写出试验研究报告。试验报告是对试验中所获得的数据和情况通过加工、分析、处理之后，从感性认识上升到理性认识的结论性的资料。它对于找出和解决试验课题中提出的技术问题具有重要作用。

试验报告的内容通常包括：第一，问题的提出和简要的试验经过；第二，试验条件；第三，试验手段和方法；第四，数据处理方法；第五，试验结果分析；第六，结论；第七，存在问题及今后打算；第八，附录。包括典型而重要的试验记录曲线、数据处理结果表、试验规律曲线和典型试验现场情况照片等。

三、技术发明的原理

创造原理是依据创造性思维的特点，对人们所进行的无数创造活动的经验性总结，是对创造发明活动过程中各种规律的综合性归纳。

（一）组合原理

组合是将两个及两个以上的技术因素，或按不同技术制成的不同物质，通过巧妙的组合或重组，获得具有统一整体功能的新产品、新材料、新工艺等新技术的一种创造原理。组合的思维基础是联想思维，因此通常又称为联想组合。

由于组合的广泛性和普遍性，许多卓有成就的发明家和创造学者都非常重视组合，通常认为组合是“创造性的动力源泉”。美国学者基文森在他所归纳的七类发明中，把组合发明列为第一类。据统计，在现代技术中组合型成果占全部发明的60%～70%。可以说，在现代技术中组合反映了时代的潮流。

1. 主体附加

主体附加是指通过在原有的技术思想中补充新内容，或在原有的物质产品上增加新附件，以达到革新创造；或者是以某事物为主体，添加另外的附属事物以实现组合创造。例如，在自行车上安装里程表、后视镜、风扇、雨罩、折叠式货物架，以及用自行车带动小型磨面机、播种器、水泵等设计，都是主体附加性的组合。

主体附加的具体实施一般按以下步骤进行：

(1) 有目的、有选择地确定一个主体。

(2) 运用缺点列举法，按照适应多功能的需要，全面分析主体的缺点。

(3) 运用希望点列举法，对主体提出种种希望。

(4) 在主体不变或略变的前提下，通过增加附属物，克服或弥补主体的缺陷。

(5) 通过增加附属物，实现对主体的希望。

(6) 利用或借助主体的某种功能，附加一种别的东西，使其发挥作用。

2. 异类组合

异类组合是指将两种或两种以上的不同种类的事物“珠联璧合”，以获得某种创造性成果。

例如，电视电话是电话与电视的组合。计数器本来与刮脸刀毫不相干，但是一位日本人在安全刮脸刀的头部和握把之间加装了一个手动环状计数器。每刮一次脸，计数器就转动一格，这样就知道刀片用过几次，是否该换了。

异类组合的主要特点是：

(1) 组合对象(设想或物品)来自不同的方面，一般无所谓主次关系。

(2) 通过组合，参与组合的对象在意义、原理、构造、成分和功能等任一方面或多方面互相渗透，使整体发生显著变化。

(3) 异类组合属于异类求同，因此具有很强的创造性。

3. 同物组合

同物组合也称同物自组，是指若干相同事物之间的一种组合。即把两个或两个以上的同一事物进行组合，以获取创造性成果。例如，把笔杆上分别雕龙、刻凤的两支钢笔，装在一只精致、考究的笔盒里，取名“龙凤”笔，可做为馈赠新婚朋友的好礼物，这就是一种简单的同物组合。同样的组合还有情侣表、鸳鸯雪糕等。再如，把几个听诊器组合在起来，设计成多头听诊器，这样几位医生可同时听诊，既缩短了听诊的时间，又能提高会诊的准确性。

善于思考、勤于思考是同物组合的重要前提。思考的方面主要有：(1) 在我们的周围，哪些事物是单独的，或处于单独状态(如门锁)；(2) 原来单独的事物经过组合，其功能是否更好或能带来新的功能；(3) 原来单独的事物经过组合，是否能产生新的意义(如对笔);(4) 两个以上的相同事物组合在一起,有何新功能或新意义。

4. 重组组合

重组组合是指在事物的不同层次上分解原来的组合,然后再以新的方式重新组合起来。

重组作为一种创造手段,可有效发挥现成技术的潜力。以螺旋桨飞机为例。这种飞机自发明后几十年,其结构形式都是把螺旋桨设计在机首,两翼从机身伸出,尾部安装稳定翼。后来美国飞机设计专家卡里格·卡图按照空气的浮力和气流推动原理,将此进行重组。他把螺旋桨放在机尾,仿如轮船一样推动飞机飞行,而把稳定翼则安装在机夹处,设计出一种头尾倒置的飞机。这种重组后的螺旋桨飞机具有尖端悬浮系统及更合理的流线型机身,因此不但减少了空气阻力,使飞行速度得到提高,而且排除了失速和旋冲的可能性,使飞行的安全性更有保障。

(二) 综合原理

综合与组合不同。它不是把研究对象进行简单的叠加或初级的组合,而是在分析各个构成要素基本性质的基础上,综合其可取的部分,使综合后所形成的整体具有优化的特点和创新的特征。大量的事实足以说明,综合也是创造。

综合创造的主要情形有:

(1) 综合已有的不同学科原理创造出新的原理。如综合万有引力理论和狭义相对论,形成广义相对论。

(2) 综合已有的事实材料发现新规律。如门捷列夫发现化学元素周期律。

(3) 综合已有的科学方法创造出新的方法。如将几何学与代数方法综合,产生新的解析几何方法。

(4) 综合不同学科创造出新的学科。如由中国矿业大学庄寿强教授创立的地质创造学。

(5) 综合已有不同产品的优点建造新的先进产品。如日本松下公司综合世界先进国家不同机电产品的400多项技术特长,创造出誉满全球的松下电器。

此外,综合还可以是高新技术与传统技术的综合、自然科学与社会科学的综合以及多学科科学成果的综合等。如美国“阿波罗”登月计划即是当代最大型的各种行业、学科、技术、方法和思想的综合创造。该计划历时10年,耗资250亿美元。参加研究的有120多所大学,2万多家公司和科研机构,合计投入45万科技人员,制作各种零件700多万个,完成科研课题5万多项,堪称人类综合创造的光辉典范。

(三) 分离原理

分离原理是指把某一创造对象进行科学的分散或离散,使主要问题从复杂现象中暴露出来,从而理清创造发明的思路,便于人们抓住主要矛盾。分离原理是与综合原理完全相反的另一个创造原理。如,隐形眼镜是眼镜架和镜片分离后的新产品;音箱是扬声器与收录机整体分离后的新设计;活字印刷则是整版雕印分离后的新技术。

（四）还原原理

任何创造发明都必定有其创造的起点和原点。这种先还原到原点，再从原点出发解决问题，或者说是回到根本上去找到问题的关键，往往能取得较大成功，产生突出的成果，就是创造的还原原理。根据还原原理，首先需要从中抽象出问题的关键所在，即追索到创造的原点上，或者叫做回到根本上去抓关键，所以有人也将其称为“抽象原理”。

还原原理与分离原理不同。前者强调在创造时，对创造对象进行基本原理的剥离和关键功能的抽取；而后者强调在创造时，对创造对象进行基本内容的分解和主要问题的离析。两者形式不同，都是十分有效的创造原理。

例如，洗衣机的创造成功是还原原理具体应用的突出事例。洗衣的本质是“洗”，即还原衣物。而衣物变脏的原因是灰尘、油污、汗渍等对衣物的吸附和渗透。所以，洗净衣物的关键是使污物与衣物分离。只要能做到这一点，并不限制其具体的分离形式。这样我们就可以突破传统的洗衣方式，包括手搓、脚踩、板揉、槌打等形式的局限，广泛考虑各种各样的分离方法，如机械法、物理法、化学法等，从而创造出不同工作原理的各种洗衣机。

（五）移植原理

创造学中的移植，就是把一个已知对象中的概念、原理、方法、内容或部件等运用或迁移到另一个待研究的对象之中，促进事物间的渗透、交叉与综合，使研究对象产生新的突破而导致创造。“他山之石，可以攻玉”即是对该原理的真实写照。

移植原理的实质是借用已有的创造成果进行创新目标下的再创造，使现有成果在新的条件下进一步延续、发挥和拓展。从原理上看，它可以是沿着不同物质层次的“纵向移植”，也可以是在同一物质层次内不同形态间的“横向移植”，还可以是把多种物质层次的概念、原理和方法综合引入同一创造领域中的“综合移植”。移植大多是以类比为前提的。所类比的属性越接近待研究事物的本质，移植成功的可能性也就越大。

由此可见，在使用移植原理时应当做到以下三点：一是仔细观察和分析已知事物的属性；二是找出关键性属性；三是研究怎样将关键属性应用于欲研究的对象之中。

（六）换元原理

1. 换元创造的涵义

换元创造，就是把创造对象的诸多因素看成是可以改变的变量，从而针对每一个因素进行改进思考，使问题得到解决。

2. 换元创造的一般步骤

应用换元原理进行发明创造，可分为两大步：

(1) 排列出一切因素,并把这些因素视作是可以改变的变量。

(2) 采用一切手段对每一个因素进行改进,直到取得满意效果为止。

(七) 迂回原理

创造发明活动并不是一帆风顺的。在创造活动中受阻时,不妨暂停在某个疑难问题的僵持状态上,或者转入下一步行动,或从事另外的活动,带着未知问题继续前进;或者试着改变一下观点,不在该问题上钻牛角尖,走入死胡同,而是注意下一个或另一个与该问题有关的侧面或外围问题。当其他问题解决后,该难题或许就迎刃而解了。这就是创造中的迂回。

(八) 逆反原理

创造学中的逆反原理,即是要求人们敢于并善于打破头脑中陈旧、常规的思维模式的束缚,对已有的理论方法、科学技术、产品实物持怀疑态度,从相反的思维方向去分析和思索,以探求新的创造发明。如20世纪70年代初,世界上很多科学家都在忙于提炼纯锗。而日本的江崎于奈和宫元百合子却在锗中掺加杂质,从而得到性能优异的电晶体,荣获诺贝尔奖。创造的逆反原理与创造性思维中思维的逆向性密切相关。在实际创造中,逆反原理可进一步区分为原理逆反、属性逆反、方向逆反、大小逆反等。

1. 原理逆反

将事物的基本原理,如机械的工作原理、自然现象规律、事物发展变化的顺序等有意识地颠倒过来,往往会产生新的原理、方法、认识和成果,从而导致创造。如德国青年摄影师莫泽尔·梅蒂乌斯研究电影的原理逆反并在地铁中实行:在与车窗等高处的地铁墙壁上挂一幅连续变化的图画。当车辆运行时,图画正好以每秒24幅的速度映入乘客眼帘。于是,乘客就会看到墙壁上的“活电影”了。这的确是一种在地铁中做广告和艺术宣传的很好方法。

2. 属性逆反

属性是事物具有的性质和特点,这里指创造对象的构造、材质和制造工艺等属性,如:软与硬、干与湿、实心与空心、固体与液体、曲与直、有声与无声、对称与非对称、动与静、冷与热等。研究这一类的变换有可能引起对象功能、性质、状态和成本的变化。

创造的属性逆反原理,就是有意地以与某一属性相反的属性去尝试取代已有的属性,即逆化已有的属性,从而进行创造活动。

3. 方向逆反

完全颠倒已有事物的构成顺序,排列位置或安装、操纵、旋转的方向以及完全颠倒处理问题的方法等,都属于创造的方向逆反。例如,逆反电风扇的安装方向可使电风扇变成“排风扇”。广东万宝集团公司将传统的上冷下热式电冰箱逆向创新为“上热下冷”,即上为冷藏室、下为冷冻室,不但使用方便而且节能省电。

4. 大小逆反

对现有的事物或产品，即使是单纯进行大小尺寸上的扩大或缩小，其结果常常也能导致其性能和用途等发生变化或转移，从而实现某种程度上的创造。如电子计算机从问世以来，其外形尺寸若不是经过逐步缩小的创新，要很快得到发展成如今这样的状况也是不可能的。深圳最先推出的锦绣中华微缩景观，其创意即在于整体尺寸的缩小。

(九) 仿生原理

仿生创造是人们通过观察和模仿生物而进行发明创造的一种原理。考察人类发明史，无数重大发明都是模仿生物的结果。如：人们看到天上的飞鸟，终于发明了飞机；人们看到猫和虎的爪子可以奔跑急停，于是发明了钉子鞋；人们看到鱼在水下潜泳，便发明了潜艇；人们研究血液循环系统的功能，从而发明了高效锅炉。从某种意义上讲，人类是在模仿自然中成长和创造现代文明的。

1. 仿生创造的类型

仿生创造都是基于对生物的模仿。由于模仿的原理、结构和形状不同，仿生创造可分为以下三种：

(1) 原理仿生型

模仿生物生活的某种原理进行发明创造。例如：很久以来，人们就对蝙蝠的夜间飞行本领感到惊讶。意大利的斯帕拉捷把蝙蝠的眼睛刺瞎，进行放飞实验。令人惊奇的是，蝙蝠依然是飞舞得那么敏捷、迅速。蝙蝠是依靠什么进行方向辨别的呢？斯帕拉捷不停地实验，直到将蝙蝠的耳朵堵住，才使其失去辨别方向的能力而处处碰壁，撞得奄奄一息。

经过仔细研究，科学家们发现，蝙蝠是利用超声波来辨别物体位置的。它的喉内能发出频率高达十几万赫兹的超声波脉冲，发射脉冲的密度每秒钟达 50 多次。这些超声波脉冲遇到障碍物或小昆虫后立即反射回来，蝙蝠就是根据回波的时间来确定障碍物或昆虫的距离，根据回波到达左右耳的微小时间差来确定障碍物或昆虫的方位的。蝙蝠的这种超声波探测本领，令科学家们叹为观止。

仿照以上原理，人类发明了超声波探测仪。这种仪器可用在海上测量海深，探测海底、地貌和鱼群，以及寻找潜艇等。

(2) 结构仿生型

模仿生物的结构特点进行发明创造。例如：钢筋混凝土即是模仿树根结构发明的。其发明者莫尼埃原是一位技术高超的园艺师，他培育的花木引来许多人参观，常把花坛踩坏。他一直为此而发愁，总想砌出一种很结实、踩不坏的花坛。他长年和植物打交道，观察到植物根下的泥土非常牢固，雨水冲不走，摔也摔不开，有时竟像石头一样坚固。他想到这是因为植物盘根错节，和泥土混合起来，才使泥土变得如此坚固。于是，他用铁丝交叉在一起做成骨架，再用水泥、砂石砌成花坛的形状，果然坚不可破。由此，他依照植物生长的特点，发明了钢筋混凝土这一伟大杰作，1875 年，莫尼埃主持建造了世界上第一座长 316 米的钢筋混凝土大桥。

（3）外型仿生型

机械手、各种动物玩具是模仿生物的外型进行的发明创造。如：人们从叶子摇动有风这种自然现象中得到启示，把宽大的树叶摘下来，在炎热的夏天用来扇风取凉。扇子由此发展起来，种类繁多，有蒲扇、团扇、折扇、羽扇等等。后来经过人们的改进，将几把蒲扇一样的扇子插在电机轴上，电源接通，这些扇叶同时飞转，产生出更大的风力，这便是电风扇。

当然，仿生创造尚不止以上介绍的这三种类型。一门新兴的学科仿生学正处在不断的研究、发展中。

2. 仿人类自身——拟人创造

在创造发明活动中，人们常常把创造对象拟人化，把它们想象成人，或者更直接地把自身作为创造对象进行联想，从而受到启发，获得灵感。由此发明的拟人创造法，即是把仿生原理应用到人类自身生理结构上的一种创造发明。

例如：把人自身想象成一台吸尘器。这一奇特的想法看起来荒唐可笑，然而不容忽视的一个重要事实是：人有呼吸系统。人的鼻腔中有毛，有黏液，可以吸附尘埃，使吸入的空气被滤清。这些被滤清的空气通过气管时，被气管小壁的黏液再一次过滤，然后才进入肺叶中。人的呼吸系统所具有的这种对空气的滤清作用，能不能应用到吸尘器上去呢？这样一想，我们的思路就打开了。

该原理可分为以下三类：

（1）仿运动结构

如何设计脱排油烟机，如：人们在发明折叠伞时，即是通过观察人体的肘关节和腿关节的曲伸结构，才获得成功的。

（2）仿器官功能

例如，会说话的垃圾桶。在比利时布鲁塞尔的一个公园里，有一些模样逗人发笑的木偶，吸引着许多游人把手中的废物塞进它的大嘴巴里，可以听到它大声地说“谢谢”！会说话的垃圾桶引起游人的极大兴趣，孩子们更是从地上拣起垃圾“喂木偶”，从而使公园非常清洁。

（3）仿思维智力

人类发明出电脑机器人这种神奇的机器，就是运用了拟人创造法。因为人类知道自己具有独特的思维能力，并一直幻想着制造一种能够像人一样具有思维能力的智慧机器人。人们总想：我就是一台机器，具有思维、判断、设计、操作能力，因此机器的这部分应该是这样的……当前世界上有很多科学家都在为实现这一理想和目标而不断努力。

（十）群体原理

人类早期的创造发明大多是依靠个人的智力完成的，19 世纪末人们开始认识到群体创造的威力。如爱迪生在1881年个人投资建立的研究所，其助手多时可达100余人。随着现代科技的发展，创造的层次在深化，发明的难度在增加，离开集体的团结协作仅靠个人的努力，其困难可想而知，甚至可能是一事无成。在创造活动中结成一个研究群体，使彼此间产生积极的相互影响和促进作用，对激发创造性构想是大有助益的。创造学中的智力激励法，就是依据这个原理而产生的。

但是，群体原理并不意味着一个研究课题组越大越好。恰恰相反，苏联学者米宁的一项研究表明，课题组最好控制在尽量小的规模上，这样做有利于发挥每个人的才能。而人数过多，往往会使一些人处于从属和被动地位，降低创造活动的效率。这其中有一个最佳群体数量和结构的问题。

四、技术发明中的创造技法

创造技法是从创造发明的实践中总结出来的一些规则、技巧和方法。19世纪末20世纪初，随着科学技术的发展和社会经济繁荣，专利数量成倍增加，这使得有人可以大量接触到一些发明方案，并由此触发专利审查人员的灵感——总结发明家富有创意的技巧，并加以传授。1906年专利审查人E.J.普林德尔给美国电气工程师协会提交《发明的艺术》论文，不仅用事例说明发明的技巧，还建议对工程师进行训练。1928年至1929年，J.罗斯曼对平均每人获得39项发明专利的710名发明家进行全面调查，写出了《发明家的心理学》一书，其中也谈到用方法训练来促进发明的问题。1946年前苏联一批学者从175万件发明专利文献中选出4万件高水平的专利文献，对其发明思路进行总结，都属于同样的举动。

至今据不完全统计，国内外创造学家已总结归纳出300多种创造技法，其中比较常用的有100多种，最基本、最著名的也有20多种。这些技法大体可以分为三类：一是扩散式发明技法。它是围绕创造发明对象，利用扩散式思维诱发各种创造性设想的发明方法。常见技法如智力激励法、联想发明法和设问列举法等。二是收敛式发明技法。它是通过搜集各种情报信息，针对特定的发明对象，按照一定的顺序进行收敛式思维的一种发明方法。常见技法如检核表法和形态分析法等。三是综合式发明技法。它是将扩散式思维和收敛式思维综合起来交替使用的一种发明方法。通常来讲，一个较为系统完整的技术发明，往往首先要通过发散式思维提出种种创造性设想，然后用收敛式思维进行整理，这样经过多次循环往复才有可能实现。

以下介绍七种常用的创造发明技法：

（一）智力激励法

智力激励法是利用群体思维的互激效应，针对专门问题进行集体创造活动的一种方法。这种方法起源于美国创造学家A.F.奥斯本1939年首创的“头脑风暴法”，是创造学研究提出的第一个创造技法。这一方法最初只用于广告的创意设计，后来很快在技术革新、管理创新和社会问题的处理、预测、规划等领域得到广泛应用。运用智力激励法，能够提出许多创造性设想。日本松下公司能在一年内获得170万条创造性设想，就是因为使用了这种方法。

智力激励法的基本原理是：抓住创造动因和事物联想这两个产生新设想的重要因素，组织众人围绕某一确定的课题或任务，一一提出自己的思考和设想。一般说来，某人提出一种设想，会引起其他人的不同思考，从而产生新的不同设想。由此得出的每一个设想，又成为一系列新的刺激思考的诱因。智力激励法之所以能成为颇具开发作用、倍受人们喜爱的一种创造技法，正是因为它体现和利用了这种互激效应，推动人们在更为广泛、灵活和更为深刻、具体的思考中，引发出更多、更好、更为切实可行的创造设想。

智力激励法通常采取召开一种特殊的小型会议的方式。俗话说："三个臭皮匠，抵个诸葛亮。"这种小型会议，为人们提供互相组合和移植不同知识或技巧的机会。因为参加者各有不同的经历、经验、知识和技艺，思考问题的方法与技巧也各有所异，然而需要解决的问题都是同一的，所以在这种多方位、多角度的"聚光"和"扫描"过程中，很容易"搜索"到理想的目标。同时，当人们置身于一种互相激励的氛围时，大脑皮层高度兴奋，往往会迸发出智慧的火花，闪现出在寻常环流中想象不到的巧办法或妙主意。我们通常所说的"触类旁通"、"情急生智"、"集思广益"就是这个道理。

运用智力激励法一般应遵守以下原则：

一是自由思考原则。要求与会者敞开思想，不受传统逻辑和任何常规性思维的束缚和限制，提倡随心所欲，大胆猎奇。往往由于出现一些不切实际、荒诞可笑的设想，就可以打破人们的思维定势，成为刺激产生新创意的重要诱因。

二是严禁批判原则。在会议上对别人提出的任何想法，包括否定的、肯定的和相互的、自我的想法，都不能批评，不得阻拦，更不允许批驳和"扼杀"、讥笑，抑制他人。要给与会者以心理安全和心理自由的保障。

三是以量求质原则。在召开会议过程中，只鼓励和强调与会者提出设想，所提设想越多越好。会议以谋取设想数量为主要目标。统计调查表明，在同一期限内，一个能比别人更多地提出新设想的人，其中具有实用价值的设想则可能比别人高出10倍。可见，只有所提设想的数量增加，其中好的设想才会更多。

四是综合改善原则。该原则的依据是"综合就是创造"。要求与会者自我反问，自我提醒，努力把别人的设想加以综合和改善，发展成为新设想、新思路。坚持这项原则，是搞好畅谈的重要保障。每个与会者都要充分利用别人的设想，诱发自己的创造性思维，使所有的与会者均可相互诱导、相互启发、相互激励，从而促使所提设想的数量在有限的会议时间内尽可能得到增加。

自20世纪50年代以来，奥斯本的智力激励法受到人们普通重视，并且有许多人对此进行补充、改进和完善，出现了一些类似的发明方法，如默写式智力激励法和卡片式智力激励法等。

1. 智力激励会议程序

(1) 准备

首先要在会前确定好课题。课题的确定越单一越具体越好。

其次,在课题确定后,还要物色好会议主持人。对于主持人,除要求他必须熟悉该技法以外,还要求在具体情境中能够适当启发和引导与会者,并同与会者共同、平等地分析和对待问题。

(2) 召开小型会议

参加会议的人数一般以5~10人为宜。会议除主持人外,可另设1~2名记录员。选择与会成员时,应考虑其专业知识结构,还可适当吸取不同专业人员乃至外行参加。这样做,既能保证所提设想的深度,又有利于突破本专业习惯性思维的束缚,可得到独创性较高的设想。

2. 默写式智力激励法

如有时不具备召开会议的条件,有的人喜欢沉思,对于有些窄而专的科技问题,了解该领域的专家太少等。人们根据这些具体情况,对其智力激励法的形式作多种多样的发展。其中,最为常见的是默写式智力激励法。

默写式智力激励法又称635法,是由德国创造学家荷立肯,根据德国人习惯于沉思的性格特点而发展起来的。它是一种以笔代口的智力激励法。默写式智力激励法的主要程序是:

(1) 准备。选择熟悉"635法"规则的会议主持者,确定会议议题,邀请6名与会者参加。

(2)轮番进行默写激智。组织者给每人发几张卡片,每张卡片上标上1、2、3号,在每两个设想之间留出一定空隙,以便其他人补充填写新的设想。在第一个5分钟内,要求每人针对议题在卡片上填写3个设想,然后将卡片传递给右邻与会者。在第二个5分钟内,要求每个与会者参考他人的设想,再在卡片上填写3个新的设想。这些设想可以是对自己原有设想的修正和补充,也可以是对他人设想的完善,还允许将几种设想进行取长补短式的综合,填写好后再右传给他人。这样,半小时内可传递交流6次,产生108条设想。

(3) 筛选有价值的新设想。

(二) 设问法

设问法就是通过提问,发现事物的症结所在,并进而进行创造发明的技法。设问法的种类较多,主要有:

1. 5W2H法

5W2H法是设问法的一种,由美国陆军首创,可广泛用于改进工作、改善管理和技术开发、价值分析等方面。该技法针对创造对象提出7个问题,其中5个由英语字母W打头,2个由英语字母H打头,故称"5W2H"法。7项提问视问题的性质不同，其发问的内容也不一样，例如：

(1) 为什么(why)？——如：为什么发热？为什么是这样的颜色？为什么要做成这个形状？为什么不用机械代替人力？

(2) 做什么(what)？——如：条件是什么？目的是什么？重点是什么？功能是什么？

(3) 谁去做(who)？——如：谁去做最方便？谁是决策人？谁会受益？谁会反对？谁会消费？

(4) 何时做(when)？——如：何时完成？何时安装？何时启动？何时销售？

(5) 何处做(where)？——如：何处最适宜某物生长？从何处购买？安装在什么地方最适宜？

(6) 怎样做(how to)？——如：怎样做最省力？怎样做最快？怎样做效率最高？怎样避免失败？

(7) 做多少(how much)？——如：功能指标达到多少？成本多少？效率多高？重多少？

5W2H法属于抓住主要矛盾进行分析的方法，实用性强。当然，有些技术问题在进行7个方面的分析后，还要使用具体的技术方法和手段，才能最终解决问题。

2. 奥斯本设问法

奥斯本设问法又称检核表法。它以横向思维为基础，要求思维灵活交换，抓住声音、颜色、气味、形状、材料、大小、轻重、粗细、上下、左右、前后等事物的基本属性，从多角度地考虑问题，探讨解题方案；运用联想、类比、想象等思维技巧，得到各种类型的答案，最后加以综合。这一技法综合多种技法的特点，可由此产生大量的创造性思路，被誉称为“技术发明技法之母”。

奥斯本设问法以提问的方式，对现有产品或发明从九个角度进行审核，从而形成新的创造技法。这九个提问分别是：第一，能否改变。能否将产品的形状、颜色、声音、味道、创造方法等加以改变。第二，能否转移。能否将现有发明应用到其他领域。第三，能否引入。能否在现有发明中引入其他创造性设想。第四，能否改进。能否在现有发明基础上略加改进，使其增加功能，延长使用寿命。第五，能否缩小。能否将现有发明或产品缩小体积、减轻重量或者使之分割化小。第六，能否替代。能否用其他材料、产品、技术、工艺、动力、方法来替代或代用。第七，能否更换。能否将现有发明更换型号或顺序。第八，能否颠倒。能否将现有产品、发明或工艺进行颠倒。第九，能否组合。能否将几种发明或产品组合在一起。

运用奥斯本检核表法，可从以下四个方面导致新的技术发明：

一是由灵活变换导致发明。包括从改变现有产品的形状、颜色、声音、味道、制造方法等五方面入手改变产品，产生新的技术发明；包括对现有产品或事物改小、扩大、延长或改大、减小、缩短，产生新的技术发明等。如：普通牛奶加桔汁、菠萝等，可制成不同味道的牛奶。利用电子音乐发声，可制成不同音响的门铃和汽车转向喇叭等。

二是通过寻找替代物进行发明，设问“把这一个换成那一个如何”、“能否寻找其他替代物”等等。这样的设问对技术发明极为有用。如名叫石川太郎的日本人，他看到妻子戴铜顶针做针线活，手指磨得红肿，于是就发明皮顶针，以皮代铜。这样材料便宜，又省去在顶针上做密密麻麻小坑的繁琐工序，石川太郎因此成为日本首屈一指的顶针业者。

三是通过寻找新用途进行发明。奥斯本认为技术发明有两类：一类是从确定目标着手，按照既定目标去寻找实现目标的方法。比如，要发明一种新的烙饼器，以此为目标去寻找新方法，或用电炉烤烙，或者采用红外线技术。另一类是从方法着手，由方法引向目标。比如，看到一个熨衣服的电熨斗，然后想象它还能有什么新的用途。结果想到还可以烙饼，于是外形稍加改变，就可发明一种新的烙饼器。

四是由颠倒易位导致发明。这包括由正面思考改为反面思考，由顺向思考改为逆向思考，设问“倒一下行不行”、“倒过来想一想会怎样”、“可否改变顺序，重新组合”以及“能否将几种发明或产品组合在一起”等等。此类方法实际也就是“逆向发明法”和“组合法”。当人们的思路局限在某一方面，无法摆脱常规思维的束缚时，用此设问引导思维转换，往往会使你豁然开朗，新的构思接踵而来。比如，日本人中田藤三郎解决圆珠笔漏油的问题。他发现圆珠笔漏油是因为笔珠磨损变小导致的。因此，他首先想到采用坚硬、耐磨的材料做笔珠来解决这个问题。但是，笔芯头部内侧与笔珠接触的部分因磨损变大，使漏油问题仍然未能得到解决。面对困境，中田藤三郎变换思路，发现当圆珠笔写到 25 000 字左右时，笔珠就变小漏油。于是他又想，既是如此，何不减小笔芯容量，使它写到 25 000 字时笔油用完，问题不就解决了吗？通过这番逆向思考，他很快就解决了这一难题。

奥斯本设问法的提问，把寻找问题的目标与解决问题的思路融会贯通，帮助人们对拟改进的事物进行分析、展开和综合，从而明确问题的性质、范围、程度、目的、理由、场所、责任等等。通过明确问题，缩小需要探索和创新的范围，把握技术发明的目标与方向，达到准确、有效地解决问题的目的。

（三）列举法

列举法又叫排列法，是遵照一定规则把研究对象的特性、缺陷以及人们的种种希望列举出来，以寻求技术发明的一种技法。它以列举的方式，将问题展开，寻求发明创造的思路，是改进老产品、开发新产品的常用有效方法。这种技法实用且易于掌握，因此对于想从事创造活动，而又苦于无从下手的人，会有很大的帮助。

列举法根据列举的对象不同，分为缺点列举法、希望点列举法和特性列举法。

1. 缺点列举法

缺点列举法是指对一个事物（产品、工艺等）用挑剔的眼光，找毛病，找问题，找缺点，找差距，找不足，并针对这些毛病、问题、缺点、差距和不足寻找改进或创新方案的方法。

为消除产品缺点，大多数情况下用正面突破法去解决问题，但有时也可用缺点逆转法。如在很多车祸中，驾驶员撞在驾驶盘和仪表上造成伤亡。有人就想发明一种装置，能在车祸发生时，在驾驶员和仪表板之间形成一种气垫，以保护驾驶员。但是，有人提出相反建议，在仪表板上安装倒针，对着驾驶员，让他们不敢任意开快车，以防肇事。这种思考问题的方法，就是缺点逆转法。某毛纺厂由于原材料影响，毛料上出现许多小白花点，在市场上质次价低，想尽各种办法也很难消灭它。某科技人员运用逆向思维，提出既然消灭不了，就干脆把它扩大成大白花点，在市场上换名叫雪花呢。做成大衣后穿在身上，好似身披一层雪花，在市场上十分抢手。

再如雨衣的改进。列举现用雨衣的各项缺点：① 胶布雨衣夏天穿太热、太重；② 塑料雨衣冬天易变硬、变脆；③ 穿雨衣骑自行车上、下不方便；④ 雨大时脸部淋雨睁不开眼，骑自行车容易出事故；⑤ 雨衣下摆贴身，雨大时雨水顺流而下，弄湿裤子和鞋；⑥ 胶布雨衣色彩单调，塑料雨衣式样千篇一律。针对这些缺点，可以提出许多改进方案。如采用新材料改进塑料雨衣易变硬、变脆的缺点；在帽沿上加一副塑料防雨眼镜或眼罩；丰富色彩，分别设计适宜男、女、老、少的各种不同式样的雨衣。北京某小学生针对第五项缺点，发明一种下摆可充气的雨衣，解决了雨大淋湿裤子和鞋的问题，获得国家青少年发明奖。

2. 希望点列举法

希望点列举法是通过列举某物品被希望具有的特征或功能，以寻找技术发明目标的方法。希望点列举法不受任何事物原型的束缚，这便为人们使用这一方法提供了广阔的创造思维空间。例如，有人提出希望发明一种“空时安眠药”，睡上10分钟后马上清醒，恢复精神，从而可以很好地改善学习效果，提高工作效率。这种药的本质是现有安眠药所不具备的。因此，希望点列举法与缺点列举法相比具有更大的创造性。这一技法可较多运用于新产品开发。

实施希望点列举法的关键，是要激发、收集并仔细研究人们的希望点，在此基础上最终创造新产品以满足人们的希望。希望点的激发可运用智力激励法。如美国创造学家艾可夫，曾列举心目中理想的电话系统，希望：① 不需用手即可使用；② 在任何场合都能使用；③ 不会接到错拨号码；④ 听到铃声就能知道从何处打来；⑤ 如果电话占线可不挂机，待对方通话完毕后自动接线；⑥ 当无暇接电话时，可预留口信给他人；⑦ 三人同时通话；⑧ 选择使用声音或画面来通信息的电话。艾可夫请教从事电信业的朋友，这位朋友说上述设想在技术上都是可行的。如把其中任何一项作为创造目标，都会制造出更能满足人们需要的新式电话。

现在市场上许多新产品都是针对人们的各种“希望”研制的。人们希望电风扇能吹出阵风，于是发明模拟自然风的阵风电风扇。人们希望伞可以放进提包，于是发明折叠伞。人们希望夜间开门找钥匙方便，于是发明带电珠的钥匙圈。人们希望洗衣服不需费力拧干，于是发明甩干机。人们希望将重物搬上楼能不费力，于是发明能爬楼梯的小车等等。

3. 特性列举法

特性列举法是通过列举、分析创造对象的特性，把较复杂的事物或问题分解，以便较容易地获得创新设想的一种创造技法。该法由美国内布拉斯加大学教授、创造学家克拉福德首创。特性列举的主要方面包括创造对象的物理特性、化学特性、结构特性、功能特性和经济特性等。这些特性往往决定并影响着事物的整体性能与应用。根据这些特性，对事物的名词、形容词和动词等属性进行分析、提问，可诱发创新方案。

运用特性列举法必须注意两个问题：一是列举特性要详尽，尽可能不遗漏。对列举特性逐个加以分析，深入到事物的方方面面，发现问题，启发思路，探讨改进措施，提出创造性设想。否则，就会降低这种技法的实际效用。二是所选改进课题宜小不宜大，改进的产品越具体越好。这样便于获得成功。

（四）形态分析法

它根据研究对象系统分解与层次组合的情况，把所需要解决的问题（发明对象），首先分解成若干个彼此独立的要素（构成此发明对象的基本组成部分），并分别列出可能实现各要素的所有“形态”（技术手段）。然后采用网络图解的方法，对这些“形态”逐一进行排列组合，从而产生解决问题的系统方案或创造性设想。几个要素用几个坐标轴表示。

形态分析法的具体实施步骤是：

1. 定义发明对象

目的是明确发明课题所要实现的功能属性，并按这种功能属性，确定发明对象属于何类技术系统，以便于进行后几步的要素和形态组合。

2. 要素分析——确定发明对象的主要组成部分即基本要素

所确定的基本要素在功能上应该是相对独立的，数量一般以 3～7 个为宜。

3. 形态分析

即按发明对象要素所具备的功能，列出各要素全部可能的形态（技术手段）。为便于分析和进行下一步的组合，往往需要采取图解矩阵的形式，把各要素及其相对应的各种可能的技术手段列在表格中，以便一目了然。

4. 形态组合

按照对发明对象的总体功能要求，分别把各个要素的各种形态一一加以排列组合，以获得所有可能的组合设想。

5. 评价、筛选组合方案

制定评价标准，通过分析比较，选出少数较好的设想。然后再通过把方案进一步具体化，选出最佳方案。

例如，在为某产品设计一种新的包装时，假定只考虑包装材料和包装形态两个要素，实现这两个要素的形态各有四种。那么，采用图解方式进行排列组合的结果，就可以得出 4×4＝16 种方案以供选择。如果在此基础上再增加一个“色彩”要素，并假定此要素也有四种“形态”，那么就可以得出 4×4×4＝64 种方案可供选择。

（五）输入输出法

输入输出法是指把所期望的结果作为输出，把能产生此输出的一切可以利用的条件作为输入，从输入到输出经历由联想提出设想，再运用限制条件反复评价、筛选这些设想的反复、交替的过程，最后得出理想输出。

输入输出法可采取创新小组集体讨论的方式。其具体做法是：① 主持人宣布“输出”要求，然后与会者根据“输出”要求，提出各种“输入”方案；② 对“输入”方案进行全面、深入分析；③ 与会者提出实现输出的各种联想和设想；④ 主持人宣布限制条件；⑤ 与会者评价各种联想，并按此次序反复进行；⑥给出联想和评价的结果，给出输出。

例如，某公司讨论高层建筑防火问题，提出研制火灾报警器的课题。其解题过程如下：

① 主持人宣布输出要求是火灾报警器。

② 与会者根据输出要求提出各种输入方案，并逐一联想到实现输出的各种办法。包括：如果发生火灾将如何？——产生光、热、气体和烟。如果火灾不大，所产生的光和热有限。气体和烟的多少则由不同的火源决定。光、热、气体和烟这些因素会引起哪些反应？——热会引起各种金属、液体和气体的膨胀，使金属熔化。光和烟可以引起各种物理和化学反应。

③ 这些反应哪些对报警有用？由热引起的金属熔化，可以作用于类似导电保险丝的报警装置；由热引起的液体膨胀，也可作用于报警装置；感光电池可对火光作出敏感反应；化学分析仪器可通过敏感元件，对污浊烟气作出报警。

④ 火灾报警器的限制条件是：发生火灾后几秒钟，能在距火灾中心 10 米范围内，自动向消防队报警。价格在 20 元以下；能够每天 24 小时连续运转，使用简便，故障少。

⑤ 根据这些限制条件，分析以上提出的各种设想，就会看到：易熔的金属保险丝报警器比较符合要求。感光电池虽然价格偏高，但使用性能比较可靠。化学方法测烟手段复杂，造价高，并且烟敏元件的寿命有限，需定期更换，不太适宜。

⑥ 给出输出：易熔金属保险丝火灾报警器和感光电池火灾报警器适用。

（六）类比法

类比法完全来自于移植创造原理。它是指用待发明的创造对象与某一具有共同属性的已知事物进行对照类比，以便从中获得启示进行创造发明。比如，物理学家欧姆在研究电流流动时，将电与热进行类比，把通过导体的电势比作温度，把电流总量比作一定的热量，运用傅立叶热传导理论的基本思想，再引入电阻概念进行研究，提出著名的欧姆定律。

根据类比的对象和方式不同，类比法可进一步区分为拟人类比、直接类比、象征类比、因果类比、对称类比和综合类比等。

类比法的实施大致有以下三个步骤：

第一步，选择类比对象。类比对象的选择应以创造发明的目标为依据，一般选择熟悉的对象为类比对象。类比对象应该是生动直观的事物，以便于进行类比。在这一步中，联想思维很重要，要善于通过联想把表面上毫不相关的事物联系起来。

第二步，将两者进行分析、比较，从中找出共同属性。

第三步，在前两步基础上进行类比联想推理并得出结论。

例如，古埃及人曾用不断转动的链条运送水桶以灌溉农田。1783年英国人埃文斯运用类比法将该方法用于磨坊，以传送谷粒。这一类比发明成果虽然十分简单，但在长达几千年的时间里却一直没有被人发现。加拿大人通过与机关枪的类比，发明能连续扫射播种树种的“种树枪”(其子弹由塑料制成，内装树的种子和肥土)。

(七) 联想组合法

组合原理，水与刀组合构成水刀，做加法。联想组合是一思维对象与另一思维对象的组合。

1. 自由联想组合

自由联想组合可看作是思维的一种自由探索和发散过程。比如一块木头的用途有哪些？自由联想可不受任何限制，想到石头可以盖房，可以铺路，可以雕刻工艺品，铁矿石可以炼铁等。凡想象得到的，都可以联想出来。

科学家德布罗意在了解到有人发现了光波的粒子性质后想到，既然光是一种波，具有粒子性，那么原子、电子等粒子为什么不能有波动性呢？他的大胆猜想很快被实验证实，由此他获得了诺贝尔物理奖。

2. 强制联想组合

把思维固定在某一对事物中，要求围绕这一对事物进行联想，因此思维的联想过程具有强制性。由于创造发明大多是针对某一目标、为解决某一问题而进行的创造活动，因此强制联想的作用显得尤为重要。运用强制联想的方法主要有查阅产品样本法、二元坐标组合法和焦点组合法等。

(1) 查阅产品样本法

查阅产品样本法，是将两个或两个以上的、一般情况下彼此并无关联的产品(或想法)强制联系、组合在一起，从而产生出新颖性成果的方法。

采用查阅产品样本法，人们可以打开某一产品样本、专利说明书等，随意将某些项目、某些产品或某些题目逐个挑选出来，然后用同样的方法将另一项目、产品或题目逐个挑选出来，依次将两者分别进行一一对应的强行组合，从而产生独创性的结果。这时，由于思维随着两件事物的“联系”而产生，跳跃比较大，容易克服经验的束缚，启发人的灵感。例如，深受用户欢迎的保温杯就是将暖水瓶的保温胆与杯子强制联想组合而成的。

（2）二元坐标法

医药用品为一坐标和生活用品为一坐标。二元坐标法也叫“信息交合法”，是异类组合原理的一种具体应用。它从强制联系的练习中受到启发，采用数学的二元坐标图列出各种事物元素，使无数原来不容易和不可能相互联系的事物，通过二元坐标的 x 和 y 两个坐标轴联系起来，形成新构思，创造发明新技术和新事物。

这种技法的最大特点是，利用坐标系统促使人们把无穷的联想元素联系起来，形成广泛的联想天地，其联想点往往就是标新立异的思维点。以小发明为例，音乐与耳环无关，但经组合创造，却发明了能唱歌的耳环。药物与袜子各不相干，却因有了“药袜”而拴在一起。这种技法的优点是形式简捷却不单调，不受任何限制。联想效果不因中断而受影响，可连续进行。这种方法对开展小型的发明、革新和课题研究活动具有重要作用。

（3）焦点组合法

焦点组合法通常也称焦点联想法，是由美国 C. S. 赫瓦德发明的一种创造技法。要求紧紧围绕这个焦点，从多方面进行强制性的联想思维，从而产生创造性设想。

焦点组合法要求创造者紧紧围绕“焦点”进行强制联想。以生产椅子为例，运用焦点组合法的做法和步骤是：

第一步，要生产新型椅子，以椅子作为强制联想的“焦点”。

第二步，另外任选一个物品作为参照物进行联想。联想时该参照物可起到触发思维的作用。例如，可以选取“灯泡”。

第三步，运用发散性思维分析灯泡，将其结果分别与椅子进行强制联想组合。例如：玻璃灯泡——玻璃做的椅子；球形灯——球形椅子；螺旋式灯头的灯泡——螺旋式插入转椅；电灯泡——电动椅；遥控灯——遥控椅；透明的灯泡——透明质料的座椅；发光的灯泡——椅背上带灯可供看书的椅子等。

第四步，对上一步思维发散的结果再次进行联想发散，并将其结果再次与椅子进行强制组合。例如，由球形灯泡——球形椅子进行联想，则有：球形——圆形——辐射对称——花：像花一样的椅子；花有玫瑰花、百合花——类似于玫瑰花、百合花的玫瑰椅、百合椅；花有茎和叶——把椅腿设计成类似花的茎部和叶部形状；花有香味——能散发香味的椅子等。

第五步，从上述众多方案中选出有商业价值的设想予以试制。

五、技术发明原则

技术发明原则是指人们在技术发明的实践活动中必须遵循的法则和判断技术发明构思的标准。在技术发明活动中人们形成的关于技术发明对象的新设想，应当按照技术发明原则对其进行有意识、有目的的酝酿、判断和改善，以使之成为真正的创造性成果。

（一）遵守科学原则

技术发明必须遵循现代科技的发展规律和基本原理，任何违背科技原理的技术发明都是注定不能成功的。例如近百年来，许多才思卓越的人耗费心思，力图发明一种既不消耗任何能量、又可源源不断对外做功的“永动机”。但无论他们的构思如何巧妙，结果都逃不出失败的命运，其原因是他们的技术发明违背了能量守恒的基本原理。为使技术发明取得成功，在进行技术发明构思时，必须做到以下几点：

第一，对技术发明设想进行科学原理相容性检查。如果关于某一创造问题的初步设想，与人们业已发现并得到实践检验证明为正确的科学原理不相容，就注定不会获得最后的创造成果。在这一点上要尊重科学，但不迷信权威。比如，在发明飞机和无线电通讯等技术过程中，又都曾有过貌似科学、却并不科学的错误认识，阻碍了科学技术的发展。因此，只有当任何技术细节和实现方式都不可能影响论证的结果时，科学理论的否定性论证才是有效的。

第二，对技术发明设想进行技术方法可行性检查。任何事情都不能离开现有条件的制约。如果设想所需条件超过现有技术方法的可行性范围，则该设想也就只能是一种空想。比如，有人设计出一种扑翼式人力飞机，其结构有独特之处，但需要弹性超群、质地轻巧、坚固耐用的翼面材料。而目前的技术工艺水平，还制作不出这种超理想的复合材料，所以该设计就只能束之高阁。

第三，对技术发明设想进行功能方案合理性检查。一般说来，任何技术发明的新设想在功能上都有所创新或增强，但一项新设想的功能体系是否合理，关系到该设想是否具有推广应用的价值。例如，一种类似帆船、由风力驱动的运输车辆并非制造不出来，关键问题是使用这种风动车辆会产生许多麻烦。由于风的不稳定性，这种车辆在公路上行驶往往会陷于时快时慢、时走时停的状态。这不仅妨碍交通，而且自身也很不安全，是交通规则所不允许的。

（二）市场评价原则

当某一设想与科学原理相容且技术方法可行时，要将其转化为现实是完全可以的，但仅此并不意味着技术发明的成功。因为技术发明的成果是否具有实用性，能否成为商品，走向市场，必须接受市场的检验和评价。为此，爱迪生曾说：“我不打算发明任何卖不出去的东西，因为不能卖出去的东西都没有达到成功的顶点。能销售出去就证明了它的实用性，而实用性就是成功。”

按照市场评价的原则来分析技术发明设想是否具有实用性，能否经受市场检验实现商品化和市场化，主要应考虑以下方面：

一是该技术发明解决的问题是否迫切。事实表明，一项发明如果解决了人们迫切需要解决的问题，那么其实用价值就比较高。所谓“需要是创造之母”即是指这个道理。比如，当火车与轮船已在世界上广泛应用时，远距离通信就成为迫切需要解决的问题，这时电报的发明具有很大的实用价值。

二是该技术发明是否容易使用。一项能够解决某些问题的技术发明，必须保证其本身使用时很方便，否则常会降低其实用价值。比如，家用手摇绞肉机用起来虽然比菜刀剁肉省力，但由于使用时需要经常清洗，十分麻烦，结果不少人购买后却弃之不用，其实用性也就不大了。一种东西越轻便，占地越少，维修保养和操作越方便，其实用性就越大。

三是是否富有美感。造型美观、赏心悦目也是组成实用价值的重要部分。例如，钟表本来是用于指示时间的，但不能认为只要走得准就必然是受欢迎的。现在生产的各类款式的钟表不仅走时很准，而且也可以满足人们的审美需要。

（三）相对最优原则

“人无我有、人有我优”已成为众多创造者的技术发明理念。技术发明的相对最优是通过相互比较而实现的。所谓比较，就是将新发明的可能效果同那些要解决同样问题的全部已有技术相比较，看其是否更加优越。比如，爱迪生发明的碳阻电话，其话筒与原来贝尔所用的液体变阻器话筒虽属两种不同的技术，但其功能却相同。很明显，前一种技术更为简单、方便、耐用，比后一种要优越一些。

运用相对最优原则判断、选择技术发明设想，主要应考虑以下方面：

一是从技术发明的技术先进上进行比较选择。技术发明的目的之一是促进科技发展，因此可从技术发明设想或成果的技术先进性上进行分析比较。尤其是应将创造设想同解决同样问题的已有技术手段进行比较，看谁更领先、更超前。

二是从技术发明的经济合理性上进行比较选择。仅有先进的技术水平，而其经济性能指标不佳的技术发明，在市场上也是没有多大发展前途的。经济合理性是评价判断一项发明成果有无市场生命力的重要因素。对各种设想的可能经济情况要进行比较，看谁更合理，更节省。

三是从技术发明的整体效果上进行比较选择。技术和经济应该相互支持、相互促进，两者之间的协调统一构成事物的整体效果。任何技术发明的设想和成果，其实用性和创新水平主要就是通过其整体效果体现出来的，因此对整体效果的比较要看谁更全面，更优越。

四要避免轻易否定的倾向。尤其需要注意的是，不同技术之间很难比较优劣。这就造成一些相关技术及其具有完全相同用途的产品在市场上并存的局面，从而为技术发明活动带来更为广阔的空间。比如，市场上常见的钢笔、圆珠笔和铅笔，以及只能写铅笔字的普通木质铅笔、自动铅笔和细芯铅笔等，并不互相排斥。它们各有优缺点,可适应各自的顾客心理,适用各自的特定场合。

(四)机理简单原则

有人认为,一项发明的原理和构造越复杂,就说明其水平越高,其实这是一种错觉或误解。在实际生活中,如果不限制实现方式的复杂性,几乎大多数技术发明目标都是能够实现的。然而,达到这些目标的代价却可能远远超过合理的程度,因而没有什么实际价值。有一些专业技术人员对此不理解,他们常常片面强调一个技术发明中的"知识成分"(或称"科技含量")和"复杂程度",从而扼杀了不少简单的技术发明。显然用这种标准来衡量,指南针恐怕也会因其极为简单而不被列入伟大发明的行列。

为使技术发明的设想或结果更加符合机理简单原则,主要应考虑以下方面:

一是技术发明所依据的原理是否重叠,超出应有范围。开展技术发明活动必须在一定科学原理和思维方法的指导下进行,但这并不意味技术发明设想依据的原理越多,其结果才越有价值。人们常说科学的美在于它的公式的精练。例如在研究行星方面,大量堆积起来的观测数据是最复杂的,然而其水平也是极低的。后来,开普勒概括出行星运动三定律,其水平便大大提高了。而当牛顿用一个精练的万有引力定律及其公式,把行星和其他天体的运动方式全部概括起来时,才表现出更高的科学水平。

二是技术发明所拥有的结构是否复杂,超出应有程度。结构简单、使用方便是人们对技术发明的一种追求。反之,结构过于复杂,超出应有程度,常会断送一项发明。比如,在莫尔斯发明电报的同时,其他人也发明了几种不同的电报机。但由于莫尔斯的电报机只需用一根电线,结构简单,所以独占鳌头。

三是技术发明所具备的功能是否多余,超出应有数量。功能是人们对技术发明最根本的需求,但多余的功能不能增加物品的使用价值进而提高物品的创造水平。比如日本理光公司在开发新型传真机时,特意多布置了三个按键,以增加功能。然而事与愿违,有95%的客户因不需要这些多余的功能而不愿购买这种产品。因此,技术发明的功能并不是多多益善的。对多余的功能要仔细检查,果断删除。

(五)构思独特原则

我国古代军事家孙子在其名著《孙子兵法·势篇》中指出:"凡战者,以正合,以奇胜。故善出奇者,无穷如天地,不竭如江河。"这里所谓"出奇",就是思维超常、构思独特。创造贵在独特,也需要独特。技术发明的最高境界就是要开创独具特色的事物,而不是简单的修缮和改良。构思独特的技术发明,必然会增进其使用价值和应用效果。

在创造活动中衡量关于创造对象的构思是否独特,主要应考虑以下方面:

一是技术发明构思的新颖性。新颖的事物是技术发明所追求的目标。但就其本质来说,还可分为翻新的事物、革新的事物和全新的事物。毫无疑问,全新的事物其技术发明意义最大,新颖性程度也最高。因此,在进行创造性构思时,应尽可能不落俗套,以新取胜。

二是技术发明构思的开创性。美国科学家贝尔曾说:"创造,有时需要离开常走的大道,潜入森林,你就肯定会发现前所未有的东西。"技术发明有时要不趋热点,专走冷门;不依常理,另辟蹊径。开创的程度越高,获取新创造的概率就越大。

三是技术发明构思的特色。特色是事物的生命,其实质是事物在存在和发展过程中形成的一种最优状态。保持构思的特色,据此创造出与众不同的事物,是创造性构思获得成功的体现。比如,享誉世界、经久不衰的牛仔裤就是例证。

第三节　科技创造过程与成果表达

一、科技创造过程

一个完整的科技创造过程,一般要经历选择课题、方案构思、实验研究和课题验证等基本阶段。对各个阶段,又可以划分为若干环节和步骤,使创造者沿着发现问题、分析问题和解决问题的路径,朝着创造发明的目标一步步前进,并最终取得成功。

(一) 选择课题

所谓"千里之行,始于足下"。一切创造活动都是从选择创造发明课题开始的。创造发明课题,即那些尚未被开发的各种新方法和新产品,构成创造发明的对象。它决定创造的具体方向和目标,直接关系创造的效果、效益甚至成败。总结科技创造实践经验,选择课题应遵循需要性、可能性和相对最优三项原则。

选择课题的基本过程包括:

一是调查研究。即调查社会需要,包括生产、生活和技术本身的需要。在思考分析中找出可能构成目标的问题,再围绕这些问题,进一步广泛收集尽可能多的信息,使针对问题的某些模糊设想逐渐明朗。

二是捕捉目标。运用创造者敏锐的观察力、积极的态度和知识经验,并借助良好的方法、技巧,捕捉到创造发明课题。

三是评价筛选。按立题依据、实施条件和后果预计三项准则对选题进行复验。具体来说,立题依据主要看创造发明目标满足需要的程度、课题的科学性和可靠程度,评价课题的必要性、先进性和可靠性。实施条件是看人员、设备、组织、经费概算、进度,评价课题的可靠性、经济性和时间性。后果预计则看课题预期达到目标的意义和效果、市场前景,以及可能产生的对生产、生活、社会、环境、心理等方面的影响,评价课题的价值性、适用性和安全性。

选题在科技创造过程中具有重要地位。宁可多下功夫谨慎从事,反复斟酌,多费点时间,也不可草率行事而遭遇"一步疏、步步输"。拥有 2 360 项发明的日本发明家中松义郎认为,创造发明的三个要素是理论、意念和生命力,其中生命力就是指选题具有实用性,在社会上有生命力。

(二)方案构思

构思方案是创造发明过程中的实质性攻关阶段,其思维特征和过程特点类似沃勒斯的创造过程四阶段的"准备期"、"酝酿期"和"明朗期"。在这个阶段中,创造者的头脑处于最激烈、最紧张的冥思苦想状态,是渐变与突变的辩证统一过程。方案的优劣直接影响创造发明的质量与水平,是对创造者才能的真正检验。

方案构思的基本过程包括:

一是调研、搜集资料。其目的是掌握有关创造课题的信息,了解国内外对这一课题的研究进展情况。世界各国的生产发展进程具有其共同性。当你遇到这个问题时,可能其他人在你之前已经遇到过同样的问题。其他人可能已经解决了一部分,甚至完满地解决了你所遇到的问题。不弄清情况就着手研究,有可能重复,造成浪费。

二是思考酝酿。思考酝酿是在占有大量与课题有关的情报信息和专业知识的基础上,运用创造性思维方法进行的深层次思考。思考酝酿的重点一般放在科技创造的难点或关键点上,如采用怎样的基本原理和结构来实现创造要求等。

三是产生创造性设想。围绕一个目标进行持久不懈的多方位观察,学习消化有关知识,加工处理有关资料,经反复思考酝酿,在头脑中灌输和储存大量与创造目标有直接或间接联系的信息。在想象力的作用下,利用独特的思维方法和创造技巧来加工已知的东西,就会产生飞跃和突变,形成创造性设想。

四是构思建立模型。模型包括数学模型、物理模型、几何模型、结构模型和工艺模型。具体讲要完成三个环节:一是对方案的结构、系统等设计反复构思,给出设计图,写出设计说明书,建立结构模型和几何模型;二是计算设计的可行性,针对所建立的结构、几何模型,建立数学、物理模型,进行全面计算,用计算机进行数值计算和图形仿真等;三是利用计算机实体建模技术建立实体图形模型。

(三)实验研究

实践是检验真理的唯一标准。在提出技术方案后,要通过科学实验和样品试制,验证新技术方法和新产品发明的方案构思的正确性。科学家巴斯德曾说:"实验室和发明是两个相关的名词。"爱迪生从小就热衷于实验,29岁时建起自己的实验室,这是他进行各种创造的"工厂",设备比当时著名大学的都要多,而且昂贵,创造的累累成果都诞生于实验室。

1. 实验研究

实验研究首先要选择是在人为条件控制下对实验对象进行科学观察,还是在研究对象通常所处的环境下进行科学考察。其次是确定实验方法。实验方法按照实验的步骤分为预备性实验、决断性实验和正式实验。预备性实验是一种小规模的预试,以决定是否值得在更大范围和规模中进行实验;决断性实验是指从总的方面做一些实验，以检验假设是否正确，然后再分细节检查，而不是一下子全面铺开；正式实验是在预备实验或决断性实验的基础上，经过周密设计然后进行的实验。此外，按实验中量与质的关系来分，可分为定性实验和定量实验；按实验在认识中的作用，又可分为析因实验、对照实验和模拟实验。

2. 小批量试制

对于产品发明，只有通过小批量试制，才能使设计方案更完善，使新产品达到预期指标。小批量试制必须严格按设计图纸进行，发现缺陷及时采取改进措施。对要大批量生产的产品，还要进行中批量试制，以检验设计是否适应商业性生产要求。

（四）工业化和商品化

科技创造成果的工业化，是指新技术、新工艺、新方法、新材料的发明离开实验室的狭小天地，进入各工业领域的实际应用。科技创造成果的商品化，是指发明变成各种商品，为消费者提供真实的服务。任何发明，只有经过工业化和商品化之后，才能显示出创造的价值。这一阶段是科技创造全过程中至关重要的一环，也是目前我国科技创造实践中较为薄弱的一环。许多专利发明就是因为缺少这一环节而不能转化为现实成果。一般说来，职务发明比较容易实现工业化和商品化，而非职务发明就更难一些。贝尔为推广他发明的电话，东奔西走于美国各大城市巡回表演，经过不屈不挠的奋斗才使电话得以普及。

对于非职务发明者来说，要特别注意选题的需要性原则，善于借助有实验条件的部门进行实验研究，增强市场经济观念，加强与企业之间的联系，正确处理成果转化的相互关系。个人发明者实现成果转化的途径主要有三条：一是将技术转让给企业；二是开展技术咨询服务；三是自己集资或以技术入股方式合作办厂。需要特别提醒的是，在科技创造取得成果后要及时申报专利，使自己的成果得到社会的承认和法律的保护。

二、文献检索与工具书的使用

作为科技创造者常常需要博览群书，查阅大量文献资料。有的人得心应手，很快查到所需文献，有的人却耗时费力，甚至面对书的海洋束手无策。为此，要求科技创造者提高文献检索能力，并正确使用工具书。

（一）文献在科技创造中的作用

科技文献来源于科技创造，又能动地作用于科技创造，成为推动、促进科技发展的重要因素。科技创造往往是从利用现有文献开始，在产生新文献后结束。在科技创造过程的各个阶段，文献都占据重要地位和作用。

首先，科技创造的选题过程从某种意义上讲，就是研究人员针对研究课题所需文献进行检索、阅读、综合、分析、思考、消化、研究的过程。文献资料可使科研人员弄清这一研究课题在国内、外是否进行过？进展的情况、取得的成就和达到的水平如何？从而明确得出这一课题是否有必要进行研究和如何进行研究的结论。科研人员在充分掌握文献资料的基础上所制定的课题研究方案，就会对研究对象了解更全，思考更深刻，提出的设想更符合客观规律。

其次，科技创造的设想必须通过实验和试验进行证实，才能成为科学结论。科学实验和试验是对未知规律的进一步探索，在实验和试验过程中必然会出现意想不到的问题。对在实验和试验中出现的困难和问题能否及时发现、准确解决，既取决于科技人员的专业知识、思想方法和意志，同时也取决于研究人员能否及时获取有关文献资料，在借鉴前人经验中获得发现问题和解决问题的启示。很多事例证明，文献资料往往是促使科研人员从“山穷水尽疑无路”走向“柳暗花明又一村”的转折点。

第三，科技创造成果往往需要通过撰写科技论文进行表达。撰写科技论文需要查阅大量文献，特别是最新发表的文献资料。这是因为科技创造既有创造性的一面，又有继承性的一面。只有以文献资料为依据，才能对自己的研究成果作出恰如其分的评价。研究论文的科学结论必须建立在科学论证的基础之上，而科学论证又必须在充分掌握文献资料的基础上做到言之有理、言之有据。

据美国科学基金委员会统计，一个科研人员在科技创造活动中的时间分配情况大致是：查阅文献资料占整个科研时间 50.9%，进行实验研究占整个科研时间 32.1%，从事编写报告时间占整个科研时间 9.3%，开始思考、计划时间占整个科研时间 7.7%。而据我国有关部门统计，我国的科研工作者在搞科研项目时，从选题到完成仅查找文献资料的时间，要占去整个科研时间的 1/3。

（二）计算机文献检索

随着科学技术在深度和广度上的不断发展，科技文献的数量和类型急剧增大。据国外统计，目前全世界出版的科技期刊达 6 万余种，每天发表科技论文约 40 万篇，每年出版的科技图书约有 15 万种，每年约产生 70 万件科技报告，专利说明书每年约增加 40 万件，科技文献大约每七至八年翻一番。有人因此将科技文献急剧增加的现象称之为“知识爆炸”和“文献的海洋”等。

为适应科技文献的剧增，文献的载体形式向着高密度信息存贮方向发展。如一个卡片大小的面积，可容纳几千页书的文字甚至更多；半个手掌大的磁带可以录下一个人一天讲 8 小时，一共讲 300 多天的信息量。而未来，随着科学技术的进一步发展，文献载体的单位记录面积还可能缩小。有人提出，根据现代科技发展水平，有可能将文献载体的单位记录面积缩小到原子尺寸。上述高密度存贮信息必须采用光电技术，使用计算机进行阅读。

目前计算机文献检索已经历编制书目索引、成批处理、联机检索和网络检索四个发展阶段。所谓编制书目索引，是指用计算机代替手工编制书目索引；成批处理是指定期由专职检索人员处理批量提问，并将结果分别提供给用户；联机检索是指将终端设备用通讯线路和计算机联接起来，并实行“人机对话”，随时提问和立即可得答复的检索过程；网络检索是指将许多计算机检索系统联结成网络，这样就可以从某一台电脑的某一终端，检索任何一台计算机的资料库，使用户大大增加获得全面情报的可能性。这种科技文献自动检索网络的建立，标志着文献检索已进入到“科技文献—计算机—现代通讯技术”三位一体的信息传递新阶段。

（三）工具书的使用

工具书是广泛收集某一范围的知识材料，按一定方式加以编排，供解决疑难问题或提供资料线索的一种图书。随着科学技术的发展，工具书已形成庞大的体系。就工具书的检索功能而论，可分为“向导型”和“教育型”两大类。“向导型”工具书的功能是提供文献资料线索，引导读者在书刊的沧海中查检资料。这类工具书又可分为：第一，书目或目录。这是人类历史上出现较早的一种检索工具书。如出版目录、馆藏目录和联合目录等。第二，报刊索引。这是一种浓缩后的报道文献内容的检索工具书。如期刊索引、报刊索引和期刊文摘等。第三，工具书之工具书。如工具书书目或指南、专科文献指南和报道新版工具书的期刊等。

“教育型”工具书的功能旨在传递信息、排疑解难。通过“教育型”工具书，可以直接、迅速地掌握某些基础文献资料。这类工具书又可分为百科全书、辞书（包括辞海、字典、词典）、年鉴、手册和类书、政书等。百科全书是比较全面、系统地介绍文化科学知识的大型工具书，收录各种专门名词和术语，按词典形式分条编排，解说详细，也有专科的百科全书，如医学百科全书和农业百科全书等。年鉴是汇集截至出版年为止（着重最近一年）的各方面或某方面的情况、统计等资料的参考书，如世界年鉴、经济年鉴。手册是介绍一般性的或某种专业知识的参考书。类书是摘录各种书上有关的材料并依照内容分门别类地编排起来以备检索的书籍，如《太平御览》、《古今图书集成》等。

“工欲善其事，必先利其器。”工具书就是一种治学的利器。为正确使用工具书，除了解工具书的性质、特点和功能外，应当重视使用工具书的一般程序。为省时省力，在使用工具书时至少要遵循三项原则：

一是由大到小。先将查检范围放得大些，然后逐步缩小，避免出现遗漏。最好先翻阅一些有关工具书的工具书，以便对某方面的工具书有一个总体印象，然后再去查阅工具书本身。查阅之前，也不妨将查检范围放得大些，这样有助于了解某类知识的整体结构及其各部分之间的关系。因为相关的其他方面往往会给我们的研究专题带来意外启发。

二是由浅入深。选用工具书收集文献资料，应注意由知识结构的表层逐步过渡到深层中去。为此，不妨从语言词典用起，对词意有一个初步的了解，再用语源词典了解某个词的历史。然后再通过百科全书或百科词典进一步了解基本概念与历史背景，最后通过期刊索引和书目深入到专题文献之中。

三是由近到远。这里包含两层含义：一是先通过期刊索引、专科年鉴以及近期书目，了解有关专题当前的动态资料，然后再通过早期书目回溯历史文献；二是先通过中文工具书收集中文资料（包括译成中文的资料），然后再通过外文工具书收集外文资料。这样就可以利用国语优势在较短时期内获得较多知识，同时为进一步收集、掌握外文资料打下基础。

三、科技论文与著作撰写

科技论文和著作是科技创造成果的重要表达形式。一部好的著作，一篇好的论文，必须具备以下条件：一是逻辑上的一致性。前后概念和观点等都应协调一致，而不能互相矛盾，这就是通常所说"要能自圆其说"。二是对以往理论的概括性。论文或专著中所提出的见解或理论，要对以往理论所能解释的事实都能概括解释，并具有抽象性和简单性的形式。三是能提出自己独立的、但经过充分论证的新见解。这样的论文或专著才具有独创性，能自成一家、独树一帜。四是科学的严谨性。作为一篇好的论文或专著，其科学内容包括公式、计算数据、引用资料和实验等，都不能有丝毫错误，要反复认真核对，做到精益求精。五是形式的优美性。论文、专著的文字、图示和表格等要符合美学原则。前面的提要、后面的后记、参考文献、人名和概念索引都不能有遗漏或差错。

撰写科技论文的结构和内容包括：

（一）论文标题

又称论文题目，它是文章内容的高度概括，是文章内容的"窗口"。拟定论文标题，应达到准确性、简洁性和鲜明性的基本要求。

所谓准确性，就是用词要恰如其分，反映实质，表达出研究的范围和达到的深度。例如，像"不锈钢的机械性质"这类标题就欠准确，过于笼统。因为不锈钢的种类很多，究竟指的是哪一种类，没有反映出来。如果按文章内容将标题改为"Ni、Ti 和 Me 对不锈钢机械性质的影响"，则符合准确性要求。

所谓简洁性，是指在把内容表达清楚的前提下，标题越短越好，以便记忆。如"关于采用变位方法减轻啮合冲击能量以降低齿轮传动噪声的机理研究"，标题字 30 个，语句过长，宜作改动，如用"关于齿轮变位法降低噪声的机理研究"作标题要适合一些。对于过长的标题也可采用主标题加副标题的办法，如"齿轮传动降低噪声研究——采用变位法降噪的机理"。

所谓鲜明性，就是一目了然，不费解，无歧义，便于引证和分类。例如，"关于米勒的维纳斯研究"这样的标题，就很像是美学方面的文章，其实不然，它是人类工程学方面的论文。这个标题的弊病在于缺少反映文章内容的关键词。如果将上述标题改成"关于米勒的维纳斯的人类工程学研究"，就可以使该标题具有鲜明性，而不致引起研究范围的含糊不清。

（二）摘要与关键词

摘要即内容提要，是将文中最重要的内容摘录出来，其作用是使读者看后能了解论文的概貌。摘要虽然放在论文前面，但往往是最后写成的。

衡量一篇摘要是否合乎要求，主要看它是否简短、精粹和完整。所谓简短，是指篇幅短。除另有要求外，一般摘要的字数应为正文的 5%～10%，不要超过 250 个单词。精粹是指摘要中要包含文章的精华。完整是指它可以独立成篇。有一种检索性刊物——文摘杂志，专门刊登摘要，为读者提供线索，可以循此找到原著。

为方便文献标引工作，从科技论文中选取用以表示全文主题内容信息的单词或术语，称为关键词。每篇论文的关键词一般为 3～5 个，通常从标题和摘要中选取。

（三）前言

前言又名引言、序言等，写在正文之前，其作用是引出所论问题的来龙去脉，回答为什么要写该文，以引起读者注意。一般论文的前言在 300 字左右。

前言通常包括以下几方面的具体内容：一是研究的背景和动机。指出前人做了哪些工作，哪些尚未解决，现在进展到何种程度，说明自己研究这一问题的目的；二是简介研究所采用的方法或途径（只写方法的名称即可，无需展开）；三是概述研究成果的理论意义和现实意义，可根据文章内容开门见山、简明扼要，切忌自吹自擂、贬低他人。

（四）正文

正文是文章的主体，是表达作者研究成果的主要部分。对自然科学来说，这一部分主要讨论取得成果所用的实验方法。对于社会科学来说，这一部分主要讨论取得成果所用的论证手段。

如果研究是通过实验达到的，则应包括以下内容：

一是实验所用的原材料及其制备方法、化学成分和物理性能。

二是实验所用的设备、仪器和装置等。如果是通用设备，只需注明规格型号。如果是自制设备，则需给出实验装置结构图，并详细说明测试、计量所用仪器的精度。

三是说明实验所采用的方法及实验的全过程，指出操作上应注意的关键之处。自己设计的新方法应详细介绍，但要突出重点。如果是采用他人的方法，只需说明方法名称，并在右上角注出参考文献的序号，以备读者查找。

以上三点的详略程度，应以读者能再现实验，并得出与文中相符的结果为准。如果是公开发表的文章，凡涉及专利申请和技术保密方面的内容，应使用代号或用轮廓图来表示实验装置的关键部位，也可只提供外观图片。

四是实验结果与分析。实验结果包括实验中测得的数据和观察到的现象。实验结果需要进行整理和加工，从中选出最能反映事物本质的数据或现象，并制成图、表或拍成照片。分析是指从理论（机理）上对实验所取得的结果进行剖析和解释，阐明自己的新发现或新见解。在实验结果与分析中还要说明结果的可信度、再现性、误差、与理论或解析结果的比较、经验公式的建立，指出尚存问题和今后发展的可能性。

对于理论性或解析性文章，正文部分主要是论证，即证明作者所提出的论题。论证不仅可以帮助读者了解结论是怎样得出来的，而且使读者更加相信结论的准确性。在论证中应注意两点：一是要有过渡衔接；二是要有说明，在不易了解或容易产生误会的地方须加以解释。本部分由于内容多，为求眉目清楚，往往要使用不同的序码，有时还要加上小标题。

（五）结尾

结尾是指文章正文之后的结论、结语或总结等。写结论应注意以下几点：一是抓住本质，揭示事物发展的客观规律和内在联系；二是重点突出，观点鲜明；三是评价要恰当，不得超出文章正文所论及的范围；四是文字精炼准确，不要重复前面的结果与分析，不要使用“大概”、“可能”、“大约”之类的模棱两可的词，在得不出明确结论时要指明有待进一步探讨的问题。结尾一般都很短，通常只有300～500字，甚至更少，而且多数是采用条款的形式。

（六）参考文献

参考文献一般均附于篇后，其作用有三：一是分清成果的归属，哪些成果是作者自己取得的，哪些是引用他人的；二是为读者提供查找原作的线索；三是提供科学依据，使读者确信文章内容。凡是文中引用他人的文章、论点、图表和数据等，均应在引用处按先后次序标明数码，并在参考文献项目中列出参考文献的出处。参考文献要注明作者、出版单位及出版时间。

四、科技创造成果的鉴定与评判

对于科技创造成果，无论是学术成果还是技术成果，在进行质量鉴定和评判时都不能只看一个方面或一个参数，而应按系统的观点进行综合评判。综合评判的主要方法有：

（一）解析比较法

这种方法要求在比较时，将成果的主要进展方面都定量地找出来，和同期、同类成果加以比较，从而判定谁优谁劣。如表3-1所示，A成果在a、b、c、d、e等五方面分别为100、90、80、90、80，累计440；B成果在a、b、c、d、e等五方面分别为90、80、70、80、70，累计390。显然，A优于B。

表3-1 解析比较法(一)

项目 \ 分数 \ 性质	a	b	c	d	e	累计
A	100	90	80	90	80	440
B	90	80	70	80	70	390

使用解析比较法应做到：第一，a、b、c、d 等性质项要尽量全面，不能太简单。5 个参数是最低限度，一般要在 6 个以上；第二，打分标准要确定统一，严格掌握，必要时精确到小数点以下几位；第三，单纯列表如不能说明问题，可以画出坐标解析图。如图 3－2 所示，A 的每一参数都比 B 高。如果我们再绘出性质参数的包络曲线，问题就更清楚了，A 的性质包络曲线为 a′，B 的性质包络曲线为 b′。

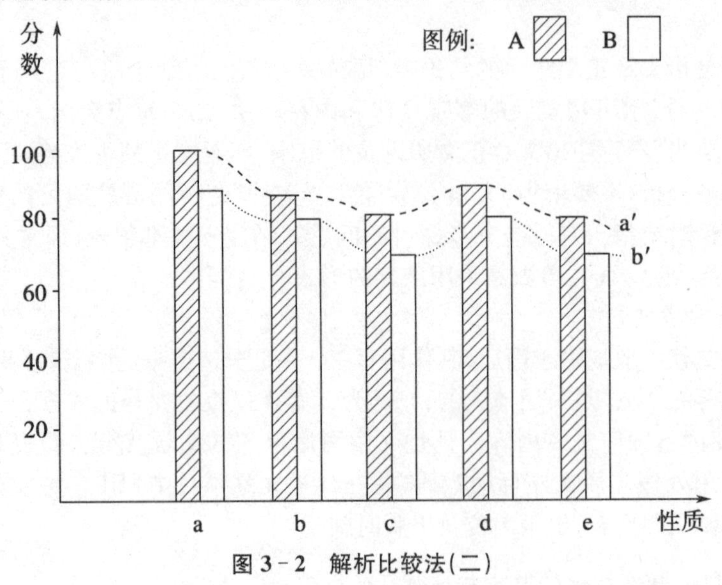

图 3－2 解析比较法(二)

（二）概率统计方法

科技创造成果就其数量关系上的属性而言，大体上可分为：第一，可以严格定量地加以考察和分析的成果；第二，只能半定量地进行考察和分析的成果；第三，只能定性地加以研究的成果。对于第一种成果，我们能严格准确地做出评判，如陈景润对哥德巴赫猜想所做出的创造成果，杨乐、张广厚的数学贡献，以及当代物理学家对超导现象的研究等。对于第二种成果，往往就要用概率统计方法加以评判。如通常所说的治愈率、总有效率、次品率、优质品率和准确率等，都是用概率统计的方法所得到的统计平均结果。对于第三种成果，现代科学的发展为我们提供了一系列新思想、新观念和新方法，这些新的思想、方法如系统分析方法、模糊数学方法和黑箱方法等，可以为软科学的定性成果鉴定提供依据。

需要特别指出的是，对于科技创造成果的鉴定必须从多种性质、多个侧面进行概率统计分析，以求全面反映该成果的品质。在此方面，科技史上有许多经验教训，如无机磷农药、有机磷杀虫剂和麻黄素类药物等，人们曾因只注意它们一种概率统计结果，而忽视对其他多种性能的概率统计分析，因而给人类环境带来了长久危害。

（三）截割评判法

截割评判法通常用于“多中择优”的评判过程。运用截割评判法的主要步骤包括：

第一，确定科技成果的基本硬核。对于科技基础理论成果，在确定硬核时主要应看其最基本的结论，并把有同样结论的多个成果加以比较分析。不同的学者，从不同的角度研究一个系统所得的规律和基本结论可能是一致的，这时在确定硬核时就要根据评判目的进行。如果是对方法进行评判，就以方法来确定硬核；如果是对实验进行评判，就以基本实验确定内核等。对于技术成果，在确定硬核时往往首先把基本结构作为重点，对其各项指标一般都采取统计方法进行研究。

第二，确定隶属度。隶属度的确定往往采取[0—1]或[0—100]。这是因为对于任何一个成果的硬核来说，它都难于做到绝对理想，因此我们在综合分析各种成果硬核的基础上，需要依靠想象的力量从中概括出一个“理想硬核”，并将这种理想硬核作为标准(用 1 或 100 表示)，然后进一步确定各个成果的硬核隶属于理想硬核的程度。例如，A 成果隶属度为 0.9(90)，B 成果为 0.8(80)，C 成果为 0.85(85)，D 成果为 0.9(90)等。

第三，进行截割。截割要根据目的和条件，比如对 A、B、C、D，我们要截割两个成果为优，则取 A、D(隶属度均为 0.9 或 90)，这就初步达到了多种择优的目的。

第四，对截割以后得到的结果，我们尚不能完全肯定地判断是否最优，为此需要进行复审和分析、对比，以判断是否达到多中择优的目的。

(四) 人文科学成果的综合评判

人文科学的成果评价尽管从理论上说应当有它的客观标准，但实际评价起来是十分复杂而困难的。通常在考察和评价人文科学成果时，需要从以下方面大体判断它的价值：

第一，社会影响如何，人们是不是拥护和喜爱。对此评价可采用社会调查和统计分析方法进行，但是我们不应当迷信这种统计结果。如在中世纪了解人们对《圣经》的态度，所得到的拥护和赞赏非常多，但《圣经》并不反映真理，它是依靠信仰来维护的。而人文科学不能依靠信仰维护，而要看它反映客观真理的程度。

第二，分析人文科学成果给人类带来精神财富的多寡。有些世界名著历千年而不衰，得到人民的热爱和称颂。人们读这种书是一种享受，它可以给人以智慧的启迪和深邃的思想。从这个角度，人们可以评价人文科学成果的作用和意义。

第三，分析人文科学成果的社会经济效益。社会科学成果、特别是哲学成果，往往会转化为人们行动的纲领和政策、法令的指南，因而会反作用于经济基础。一种政治思想、法律和哲学观念，如果它非但不能推动经济发展和社会进步，人们信奉它反而会没饭吃、没衣穿、没房住，这样的成果不管它自己打扮得多么公允，都应当在抛弃之列。但是辩证法告诉我们，这种分析不应过于简单，因为人文科学成果一般远离经济基础，它们对经济基础的影响是间接的。

第四，研究人文科学成果的“引用率”和“再版率”。人文科学成果一经发表，就成为人类的共同财富。有价值的东西，人们会反复引用、广泛传播。如马克思的《资本论》和中国的老庄哲学等都是一版再版，各国争相引入。反之，一本书印了一点，以后没人再要，甚至一次绝版，说明它的价值不高。凡是有价值的著作迟早会引起人们的注视。

第四节　科技创造与艺术创作

一、艺术创作过程

18 世纪法国启蒙思想家狄德罗在《论戏剧艺术》中是这样谈到戏剧创作过程的："剧作家完成布局，给予他的提纲以适当的广度……提纲完成，人物性格确定以后，就进入剧情安排。"一般来说，艺术创作的过程正是这样，可划分成四个阶段：积累和搜集素材、构思、拟订计划和提纲、将计划或提纲变成作品。

郭沫若创作历史剧《筑》就是一个生动的例子。战国末期燕国太子丹为报仇雪耻和挽救燕国危亡，派荆轲入秦行刺秦王政，行刺失败，荆轲壮烈牺牲。高渐离为替荆轲报仇，趁给秦王演奏的机会，用乐器"筑"击秦王，没有击中，也惨遭杀害。太子丹在易水河畔为荆轲送行的时候，"前而为歌曰，'风萧萧兮易水寒，壮士一去兮不复还！'"这悲壮的歌词激起了郭沫若的创作欲望，壮烈的故事萦回在他的脑际，这就是构思阶段。六七年后，在 1942 年 5 月 26 日，郭沫若拟订了这个剧本的人物表和分幕表。5 月 28 日至 31 日写成第一幕，6 月 9 日到 17 日将全剧写成。

积累和搜集素材是进行艺术创作的必要前提。苏联教育家、作家马卡连柯在第一篇描写生活趣事的短篇小说被退稿以后，下决心深入生活搜集素材。他到儿童教养院担负教育工作，一干就是十三年。1935 年，四十岁的马卡连柯花了几个月时间，利用这些素材创作了一部长篇小说，这就是在教育史上占有重要地位的著名教育史诗《教育诗》。

构思是艺术创作中最富有创造性的关键阶段。它常常需要灵感这种非逻辑思维。托尔斯泰曾经在给友人的信中，谈到他构思名作《安娜·卡列尼娜》的情景："……我感到悲哀，什么也没有写，痛苦地工作着。您简直想象不到。我在这不得不播种的田野上进行深耕的准备工作，这对于我是多么困难。考虑，反复地考虑我目前这部篇幅巨大的作品的未来人物可能遭遇到的一切。为了选择其中的百万分之一，要考虑几百万个可能的际遇，真是极端困难。我现在做的正是这个……"

第三阶段是拟订计划或者提纲。巴尔扎克在写作他的煌煌巨著《人间喜剧》时，曾经周密地拟订了庞大的写作计划。这部巨著包括九十六部长、中、短篇小说，两千多个人物，划分成"风俗研究"、"哲学研究"和"分析研究"三大部分。主体是"风俗研究"，这部分的计划是"要反映一切社会实况。我要描写每一种生活的情景，每一种姿仪，每一个男性或女性的性格，每一种生活方式，每一种职业，每一种社会地位，法兰西的每个省份……"

第四阶段是把计划变成作品。这一阶段是作品成败的关键所在，作品有无艺术魅力在很大程度上也由这个阶段决定。因名著《包法利夫人》饮誉世界文坛的19世纪法国大作家福楼拜，以写作严谨、文体讲究著称，他对手稿不厌其烦地改了又改。他的作品的艺术感染力曾使少年高尔基为之倾倒。艺术创造的这个阶段是艰辛的，这可以从他致友人书中的一段自白领略一二："我不知道今天为什么生气，也许是为了我的小说。这部书总是写不出来，我觉得比移山更叫人困倦。有时候，我真想哭一场。著书需要有超人的意志，而我却只是一个普通人。我今天弄得头昏脑胀，灰心丧气。我写了四个钟头，却没有写出一个句子来。今天就没有写成一行，可是倒涂去了一百行。这种工作真难！艺术！艺术！你究竟是什么恶魔，要咀嚼我们的心呢？为着什么呢？"

当然，在实际的艺术创作过程中，上述阶段不是截然分开的。我国著名作家柳青从来不搞写作提纲，他把初稿作为详细提纲。他写作《铜墙铁壁》时开始只有一个人物表。此外，创造的各个阶段也是相互渗透、交错的。杨朔在写作著名小说《三千里江山》的时候，后半部的情节脱离了预定计划，而是汲取了后来生活发展所提供的素材。甚至在作品完成以后，作者还常常对原始构想进行修改。如郭沫若的剧作《筑》原来叫《高渐离》，直到全剧写成后的第二天才改成《筑》，作者认为它"虽不通俗"，却"饶有风致"。

二、艺术创作与科技创造的联系

法国小说家福楼拜在创作他的代表作《包法利夫人》时由衷感到，"越往前进，艺术越要科学化，同时科学也要艺术化。两者从山麓分手，回头又在山顶汇合。"艺术创作和科技创造的这种"汇合"主要表现在：

1. 科学是人们认识自然、认识社会和认识人类自身的活动，它把客观世界的规律性和秩序呈现在人们面前。同样，艺术创造活动也有巨大的洞察现实的力量。巴尔扎克的《人间喜剧》就具有很高的认识价值，马克思在《资本论》中曾多次引用。恩格斯也十分赞赏："他在《人间喜剧》里给我们提供了一部法国社会，特别是巴黎'上流社会'的卓越的现实主义历史……我从这里，甚至在经济细节方面（如革命以后动产和不动产的重新分配）所学到的东西，也要比从当时所有职业的历史学家、经济学家和统计学家那里学到的全部东西还要多。"

科学和艺术都在探索真理，只是科学主要是在知识领域里探索，而艺术主要是在情感领域里探索。正因为这样，真正的科学和艺术都造福人类，带来良好的社会效果。19世纪俄国革命民主主义者、唯物主义哲学家、作家和文学评论家车尔尼雪夫斯基曾说："科学并不羞于宣称，它的目的是理解和说明现实，然后应用它的说明以造福于人；但艺术也不羞于承认，它的目的是在人没有机会享受现实所给予的完全的美感的快乐的时候，尽力去再现这个珍贵的现实作为补偿，并且去说明它以造福于人吧。”

2. 正是由于艺术创作具有深刻的洞察现实的力量，所以文艺作品中有时也包含着科学发现，甚至走到了科学前面。高尔基曾经指出：“巴尔扎克这位最伟大的艺术家之一……由于观察人的心理活动的结果，在自己的一部小说中指出，在人的机体中一定有某些强力的、科学上还不知道的液汁在起作用，它们可以从机体的心理和生理特性得到解释。几百年过去以后，科学家在人的机体中发现了先前所不知道的分泌这些液汁——激素——的腺体，并且建立了极为重要的内分泌学说。科学家和大文豪的创造性工作之间的这种吻合是常有的事。”

文学作品中可能包含科学发现这一事实，已经引起科学家的注意。我国物候学的创始人竺可桢就很重视古典文学中包含的物候学材料和知识。例如他发现，宋代吕祖谦的《东莱吕太史文集》里有关于腊梅、桃和李等二十四种植物的物候记载，以及春莺初到、秋虫初鸣的时间记载，这是世界上最早的实测物候记录。他指出，白居易的名篇《赋得古原草送别》“离离原上草，一岁一枯荣。野火烧不尽，春风吹又生”，道出了两条物候学规律，一是草的荣枯有周年的循环，二是这种循环以气候为转移。他还指出，陆游的作品中也包含了丰富的物候知识。例如，他的诗作《初冬》“平生诗句领流光，绝爱初冬万瓦霜。枫叶欲残看愈好，梅花未动意先香”；诗作《鸟啼》“野人无历日，鸟啼知四时；二月闻子规，春耕不可迟；三月闻黄鹂，幼妇闵蚕饥；四月鸣布谷，家家蚕上簇；五月鸣鸦舅，苗稚忧草茂”，写出了四时的变化。

再如，生物学家徐京华指出，李白在诗作《将进酒》中抒发了他对时间的感慨：“君不见黄河之水天上来，奔流到海不复回！君不见高堂明镜悲白发，朝如青丝暮成雪！”实际上，这两句诗揭示了自然过程所体现的时间不可逆的方向性，也就是所谓“时间箭头”。

3. 艺术家的作品首先带有作者世界观的烙印，同时具有浓厚的个人风格。与艺术作品相类似，如果把科学发现的内容和得到这个发现的途径区分开来，那么甚至是作出同一个科学发现，科学家的所循途径也因人而异，同样表现出浓厚的个人风格特色。

对这一点，奥地利物理学家玻尔茨曼曾经有过精彩论述：“既然一个音乐家能从一首乐曲的头几个音符辨认出莫扎特、贝多芬和舒伯特，那么，一个数学家也可以从一本数学著作的头几页，辨认出柯西、高斯、雅可比、赫尔姆霍茨和哥切霍夫。法国作者表现出了非凡的优雅风度，可是英国人，特别是麦克斯韦，却表现出了引人注目的判断力。比如说，谁不知道麦克斯韦在气体动力学理论方面的论文呢？……速度的变量像前奏曲，一开始就严格地展开，后来，出现了两重旋律：从一边杀出了状态方程；从另一边又杀出了中心场的运动方程。公式的混乱有增无减。突然，我们仿佛听到了定音鼓的声音：‘令 n=5’，那不祥的魔鬼 V(两个分子的相对速度)隐去了；同时，低音部的一个原先还是主要的装饰音，忽然沉寂了，似乎不可克服的那些东西都被排除掉了，好像有一根魔杖一样……这时，不用问为什么是这样的，或者问是不是别样的。如果你不按照这种发展走下去，那就把文章放在一边吧。麦克斯韦没有用注释的音符写标题音乐……一个个结果接踵而来，直到最后是意外的高潮——热平衡条件和输运系数的解释同时得到，帷幕也就随着落下了！”

教科书式的理论著作，往往在同一学科有许多种。它们异彩纷呈，明显反映出各个科学家的不同风格。其中的佼佼者，如德国数学家雅可比的《力学讲义》、玻尔茨曼的《气体理论讲义》、德国物理学家索末菲的《原子和光谱学》、英国物理学家狄拉克的《量子力学原理》等，简直被人们看成艺术佳作。德国物理学家基尔霍夫在治学上以具有贝多芬的风格而著称：“庄重而沉着，有铁一般的连续性，著述中几乎每个角落都生辉……”

4. 无论科技创造还是艺术创作，都既有必然的一面，又有自由的一面。爱因斯坦有一句名言：“概念是思维的自由创造。”这实际上是强调，科学家在认识客观世界的过程中，要充分发挥创造性思维的作用。现代科学在对客观世界的认识日益加深的同时，变得越来越抽象。这就更加要求科学家充分发挥创造性思维的独创作用，就是说要让科学创造有更大的“自由度”。

同样，艺术创作也有必然的一面。托尔斯泰曾说：“艺术所传达的感情是在科学论据的基础上产生的。”福楼拜更是主张“使艺术具有自然科学的严格的方法论和精确性”，他提出要像物理学研究物质那样，大公无私地刻画人的灵魂。美国作家爱伦·坡在谈到《乌鸦》一诗的创作情况时说：“我始终按解数学习题那样的精确性和严格顺序，一步一步地进行工作，直到最后完成。”

5. 张衡和达·芬奇在科学与艺术领域取得的巨大成就证明，作为创造活动，科学和艺术具有共通之处。东汉天文学家张衡不仅是地动仪和浑天仪的创制者，而且他正确解释了月食的成因，认识到宇宙的无限性。他绘制过一幅流传好几百年的地形图，对圆周率也很有研究，算得 $\pi=3.1466$。同时，张衡作为中国文学史上有很高地位的文学家，五、七言诗的创始和汉赋的转变也都离不开他的贡献。他的《二京赋》颇负盛名。他对司马迁的《史记》和班固的《汉书》提出过修改意见，并曾经有意从事史学研究。他是东汉六大画家之一。在哲学方面，他在天文学领域中坚持唯物主义，反对用唯心主义的“图谶之学”来修改比较科学的历法《四分历》。在张衡故乡河南南阳（现南召县）的张衡墓碑上，郭沫若作了这样的题词：“如此全面发展之人物，在世界史中亦所罕见。”

无独有偶，这种集科学家与艺术家于一身、具有巨大创造力的奇才，在欧洲文艺复兴时期也出现了一个，这就是意大利的达·芬奇。他把科学知识和艺术想象结合起来，把绘图表现水平提高到一个新阶段。他的名画《最后的晚餐》是世界艺术宝库中的珍品。作为科学家，他在地质学、物理学、生物学和生理学等领域也都作出过创造性的贡献。这位卓越的工程师和发明家在军事、建筑、水利、土木和机械等方面都有建树。他还是雕刻家和音乐家,甚至是最早的男高音歌唱家。

6. 科学和艺术紧密联系的另一个表现是两者“杂交”产生科学文艺,其典型形式如科幻小说。这种结合在古时候就已有之。我国古代神话《淮南子》和《山海经》等,就包含着丰富的古代科学知识,尤其是天文学知识。古希腊学者卢克莱修的名著《物性论》,是一部描写原子世界的构造、人类和文化起源的诗体著作。1818 年发表的玛丽·雪莱的《弗兰肯斯坦》,被公认为科幻小说形成独立文学流派的标志。经过法国儒勒·凡尔纳和英国威尔斯的发展,到 20 世纪 30 年代以后科幻小说进入黄金时代。如今科幻小说已成为文艺百花园中一个繁茂的品种。

优秀的科学文艺作品不仅能够激发人们进行科技探索的兴趣,而且还能启迪人的智慧,培养建立在科学基础上的丰富想象力。无怪乎控制论的创始人维纳非常喜爱读科幻小说,尤其爱读凡尔纳的作品。从 1962 年起,美国将科幻小说列入教学计划,正式开设专题讲座和选修课程。我国著名科普作家高士其的《我们的土壤妈妈》、英国物理学家法拉第的《蜡烛的故事》和法国学者法布尔的《昆虫记》等作品,曾经把千百万青少年引上爱科学和学科学的成才道路。

三、科技创造美学

美是促使科学家进行科技探索的重要心理因素。法国数学家彭加勒把追求美作为他从事科学研究的目标:“科学家研究自然,并非因为这样做有用处。他所以研究它,是因为他从中得到乐趣;而他之所以能从中得到乐趣,那是因为它美。如果自然并不美,就不值得去了解它,生命也就没有存在的价值。”彭加勒这种唯美的科学观,揭示了美学因素在科技创造中的重要地位。

(一) 科学美的涵义

首先,科学美在于发现隐含的真理。苏联物理学家朗道曾经称赞广义相对论可能是现有一切物理学理论中最美的一个。德国物理学家玻恩也说,广义相对论“在我面前,像一个被人远远观赏的伟大的艺术品”。广义相对论所以优美,是因为它揭示了一个“隐含的真理”。两个一直被认为完全无关的概念,原来是相互联系的。它们就是空间和时间的概念、物质和运动的概念。

其次,科学美在于发现普遍的真理。爱因斯坦在 1900 年 8 月从苏黎世联邦工业大学毕业以后,陷入了失业的痛苦和“潦倒的处境”之中,直到 1902 年 6 月才被瑞士专利局录用。在这段时期,他一面四处奔走谋职,一面从事科学研究。1900 年 12 月他完成了自己的第一篇科学论文《由毛细管现象所得的推论》,并于 1901 年发表。他在给好友的一封信中,谈到他在这项工作中对美的追求:“从看来同直接可见的真理迥异的各种复杂现象中,认识到它们的统一性,使人产生一种壮丽的感觉。”

第三,科学美在于发现自然界中的和谐。前苏联物理学家米格达尔曾说:“科学的美在于它逻辑结构的合理匀称和相互联系的丰富多彩。在核对结果和发现新规律中，美的概念证明是非常宝贵的；它是自然界中存在的‘和谐’在我们意识中的反映。”刻卜勒在发现行星运动的定律以后，由于看到了自然界呈现出来的和谐之美而激动万分。海森堡在创立量子力学矩阵理论过程中，面对“量子力学在数学上的一致性和条理性”所呈现出来的和谐，产生了深切的美感：“早晨三点钟，最后计算结果出现在我的面前……最初一瞬间，我感到非常惊慌。我感到，通过原子现象的表面，我窥见到了一个异常美丽的内部。现在必须探明自然界这样慷慨地展示在我面前的数学构造这个宝藏，想到这里，我几乎眩晕了。”

第四，科学美在于发现自然界存在的简单性。曾经和爱因斯坦合著《物理学的进化》一书的波兰物理学家英费尔德指出，爱因斯坦具有这样的信念：“有可能把自然规律归结为一些简单的原理；评价一个理论是不是美，标准正是原理上的简单性，不是技术上的困难性。”事实上，爱因斯坦的质量能量关系式 $E=mc^2$、普朗克的能量子频率和能量的关系式 $E=hv$、牛顿的万有引力定律和库仑的电荷静电相互作用定律等，都是用极其简单的形式表达了理解起来那么复杂的自然界规律，难怪人们都赞叹这些定律的优美。

最后，个别学者还提出了其他科学美的概念。比如，德国学者布雷希特对科学美的定义是“困难的克服”。也有人提出，“科学美的领地”包括发现、证明和发明这些创造性活动本身。

（二）美感在科技创造中的作用

首先，美感是科学家进行科技探索的智慧源泉之一。美感可以唤起人们到未知领域去进行探索的欲望，同时也可以指导人们如何去进行这种探索。也就是说，以科学美为准则，运用想象力大胆提出各种新的概念和思想。相反，如果用刻板的逻辑思维的眼光去审察，它们好像就是不可思议的了。

在爱因斯坦那里，大自然统一和谐这种美感已经升华为一种宗教信仰。正是这种采取坚定信念形式的美感，激起他强烈的探索动机，结他带来无穷无尽的探索力量和智慧。物理学家霍夫曼指出：“爱因斯坦的方法，虽然以渊博的物理学知识作为基础，但是在本质上，是美学的、直觉的。我一边同他谈话，一边盯着他，我才懂得科学的性质。要是只读他的著作，或者仅仅读其他伟大物理学家、哲学家和科学史家的著作，那是不大可能理解科学性质的。他是牛顿以来最伟大的物理学家；他是科学家，更是个科学的艺术家。”

其次，在领悟这个创造的关键阶段，美感起着重要作用。在此关键阶段，创造常常就是作出选择，就是抛弃不合适的方案，保留合适的方案，而支配这种选择的正是科学美感。法国数学家阿达马就此作了详尽论述：当创造进入顿悟阶段，“在我们用下意识所形成的大量组合中，大多数是乏味的和没有用的，它们无法作用于我们的美感，它们永远不会被我们意识到；其中只有若干组合是和谐的，因此同时是美的和有用的，它们能够激起我们特殊的几何直觉，这种几何直觉把我们的注意力引向这些组合，使它们能够被我们意识到。"可见，科学家的美感犹如一个筛子。阿达马说，"没有它的人，永远成不了真正的发明家。"由此我们可以明白，除了长期的科技探索实践外，灵感和直觉的源泉还包括作为科学家艺术修养结晶的美感。

（三）科技创造中美感的培养

物理学家波恩曾说："我个人的经验就是，很多科学家和工程师都受过良好的教育，他们有文学、历史和其他人文学科等方面的知识，他们热爱艺术和音乐，他们甚至能够绘画或者演奏乐器……用我自己做例子来说吧，我熟悉并且很欣赏许多德国、英国的文学和诗歌，甚至尝试过把一首流行的德文诗歌译成英文；我还熟悉欧洲其他国家，像法国、意大利和俄国等国家的作家。我热爱音乐，在我年轻的时候，钢琴弹得很好，完全可以参加室内音乐的演奏，或者同一个朋友一起，用两架钢琴演奏简单的协奏曲，有时候甚至和管弦乐队一起演奏。我读过并且继续在读关于历史、关于我们现在社会的经济著作和政治形势方面的著作。"

事实上，卓越的科学家都有很强的艺术观念。爱因斯坦的工作有一种艺术的秩序，他深信科学创造和艺术创造有共同的动机和源泉——对未知事物的憧憬。数学家苏步青幼年喜爱历史和文学，尤其是古典诗词。化学家杨石先一有时间就翻阅古典诗词，他认为搞科学的人不能不读点文学，尤其是诗词。19 世纪英国最伟大的数学家汉密尔顿也酷爱读诗写诗，他认为创造几何概念就像做诗。土力学家郑大同也深知科学和艺术能够相得益彰，他从学生时代起就酷爱京剧表演艺术家程砚秋的艺术，后来成为屈指可数的造诣精深的程派艺术家。维纳喜欢做虚构人物的写作练习，他曾写过一部小说，这使他在科学研究工作中获益非浅。

同样，文学艺术家也很重视科学。鲁迅早年在路矿学堂读书，以后又到日本学医，一度在师范学堂教过生理学和化学。他早年写过不少科学和科学史的论著，比如《中国矿产志》、《中国地质略论》、《人之历史》和《科学史教篇》等，这些无疑对他后来的文学创作有促进作用。俄国作家契诃夫在给友人的信中说，"我不怀疑研读医学对我的文学活动有重大帮助；它扩大了我的观察范围，给予我丰富的知识……由于熟悉自然科学和科学方法，我总让自己小心、谨慎，凡是可能的地方，总是尽力按科学根据考虑事情，遇到不可能的地方，宁可根本不写。"

从艺术作品中，从大自然中，我们都可以领略到美。那里是我们美感的源泉。现代英国美学家李斯托威尔曾经生动地描述了这种美。在文学作品中，歌德的剧本《伊菲格尼亚》中纯洁无瑕的伊菲格尼亚；狄更斯的小说《大卫・科波菲尔》中永远"向往春天"的阿格妮丝；莎士比亚的剧本《辛白林》中那位可爱而贞洁的妻子伊慕琴，这些人物的心灵是多么优美啊！抒情诗中田园式的极乐境界，雪莱的《麦布女皇》和《解放了的普罗米修斯》中洋溢的那种宁静、幸福而又普遍完满的气氛，都给人以美的享受。

在艺术作品中，莫扎特、舒伯特和门德尔松的音乐，蕴蓄着静穆而又狂欢的喜悦，从中绽放出感情的鲜花。意大利画家提香、丁托列夫和韦罗赛，令人难以置信地发掘了各种原色包括单色和相互混合的豪华的光辉。古希腊雕刻家菲狄亚斯和普拉克西特列斯雕刻的诸神，在那种极端健美的体格中，闪射出健康的金色光芒。芭蕾舞演员的翩跹旋转，令人心醉神迷。哥特式教堂的雄伟气势，令人叹为观止。洛可可式建筑装饰如花似锦，雍容华贵。在自然界中，云彩随风飘浮，树木枝叶在微风中婆娑摇曳，海上浪花飞溅，小鹿奔驰，燕子翻飞，鸟雀啁啾，无限风光，令人陶醉。到文学艺术中，到大自然中去汲取无穷无尽的美吧，它们会滋润你的心田，使你结出硕大的智慧之果！

思考与训练

1. 科学发现有哪些类型？请比较分析实验和试验在科学发现、技术发明中的作用、意义及其联系、区别。

2. 一个完整的科技创造过程通常要经历哪些阶段？每个阶段大体分哪些步骤？了解这些阶段和步骤对于开展科技创造活动具有怎样的作用、意义？

3. 请联系实际谈谈如何表达和评判科技创造成果？

4. 请比较说明科技创造和艺术创作的联系、区别及其对个人成长的意义。

第四章　发明问题解决理论(TRIZ法)

在人类迄今所创造的各种科学方法中，1946年由苏联科学家根里奇·阿奇舒勒(Genrich S. Altshuller，1926—1998)创立的"发明问题解决理论"(TRIZ法)，被认为是最全面、最系统地论述解决发明问题的理论，被欧美等国学者称为"超发明术"。在2008年由国家科技部、发改委、教育部和中国科协联合颁发的《关于加强创新方法工作的若干意见》中明确要求，要"推广技术成熟度预测、技术进化模式与路线、冲突解决原理、效应及标准解等TRIZ中成熟方法在企业的应用"。

第一节　TRIZ法的由来及其基本原理

TRIZ是由原俄文字母的缩写ТРИЗ(теория решения изобретательских задач)，按ISO/R9－1968E规定转换成拉丁字母(Т→T、Р→I、И→R、З→Z)而来的，其含义是发明问题解决理论。英文翻译为Theory of Inventive Problem Solving，在欧美国家也简称为TIPS。

TRIZ理论是由苏联阿奇舒勒及其领导的一批研究人员，自1946年起花费大量人力物力，在分析研究世界各国250万件专利基础上提出的发明问题解决理论。TRIZ原属苏联国家机密，在军事、工业和航空航天等领域均发挥了巨大作用，成为创新的"点金术"，让西方发达国家望尘莫及。苏联解体后，TRIZ理论传入西方，在美、欧、日、韩等国得到广泛研究与应用。目前，TRIZ已成为最有效的创新问题求解方法和计算机辅助创新技术的核心理论，创造出成千上万项重大发明，为世界众多知名企业和研发机构取得了重大的经济与社会效益。一些创造学专家甚至认为，TRIZ理论是发明了发明与创新的方法，是20世纪最伟大的发明。

TRIZ理论的核心思想主要体现在三个方面：

首先，无论是一个简单产品还是复杂的技术系统，其核心技术都是遵循着客观规律进行发展演变的。TRIZ通过对世界专利库的分析，发现并确认了技术在结构上进化的趋势，并且发现在一个技术领域中总结出的进化定律、进化模式和进化路线，可在另一技术领域中实现，即技术进化定律、模式或路线具有可传递性。技术进化的这种客观规律可应用于新技术的开发，从而避免盲目的尝试和浪费时间。阿奇舒勒的技术进化论思想可与自然科学中的达尔文生物进化论和社会科学中斯宾塞的社会达尔文主义齐肩，被称为"三大进化论"，用于预测技术系统的发展，产生并加强创造性问题的解决工具。

其次，各种技术难题、矛盾和冲突的不断解决是推动技术进化的动力。矛盾(冲突)普遍存在于各种技术的进化与发展之中，按传统的折衷做法，在冲突双方取得折衷方案,冲突并没有彻底解决,而只是降低了冲突的程度。为此,TRIZ理论归纳出39个通用工程参数描述冲突(按目前最新理论已将工程参数扩充至48个,并提出商用参数31个),并发明了基于宏观的矛盾矩阵法和基于微观的物场变换法,以及76个标准解、ARIZ算法和科学效应知识库等多种工具,用于解决各种技术冲突。TRIZ理论认为,只有解决或移走冲突,才能产生新的有竞争力的创造发明。

第三,技术发展的理想状态是用尽量少的资源实现尽可能多的功能。从技术进化的趋势来看,最理想的技术应该是该技术作为实体并不存在,但是其有用功能依然能够实现。我们称这种情况下的产品为最理想产品,称这种状况下的技术方案为理想化最终结果。明确问题的理想化最终结果,有可能引领问题解决者得到最优的、有远见的问题解决方案。从解决各种技术难题和矛盾、冲突的角度来看,理想化最终结果的广义概念表述是,技术系统某参数的改进不会对系统其他参数产生不利影响。理想化最终结果意味着在技术系统中,每件事情或功能的实现必须仅仅花费系统内部已有的资源,在技术系统中所需操作也必须仅仅是在必要的位置上和时间内进行。不断提高技术的理想化水平,既是技术系统进化最基本的法则,同时也是TRIZ解决矛盾问题时的关键思想。

第二节 TRIZ法中的技术系统进化理论及其应用

技术系统进化理论属于TRIZ的基础理论,其主要观点是:技术进化并不是随意、无规律可循的,而是遵循着一定的客观规律和模式在不断地向前发展。常见的技术系统进化路线用图例表示出来就是一条S形的“小路”,即所谓的S曲线;技术系统的进化规律和模式则可概括为八大法则,用于预测技术系统未来发展的方向。

一、技术系统进化S曲线

技术系统进化S曲线描述的是一个技术系统中各项性能参数的发展变化规律,这些性能参数都会经历婴儿期、成长期、成熟期和衰退期这四个阶段。技术系统处于不同阶段,其性能参数、专利等级、专利数量和经济收益等也会呈现出明显的差异(见图4-1)。

(一)婴儿期

在此阶段,新的技术系统刚刚诞生,虽然它能提供一些前所未有的功能或技术性能的改进,但是系统本身还存在着效率低、可靠性差等一系列待解决的问题,而且风险较大。由于人们对它的未来难以把握,只有少数眼光独到者敢于投入。由于缺乏人力、物力的投入,因此这一阶段技术系统所表现的特征是:技术性能参数的完善进展缓慢,产生的专利等级很高,但专利数量很少,经济收益多为负数。

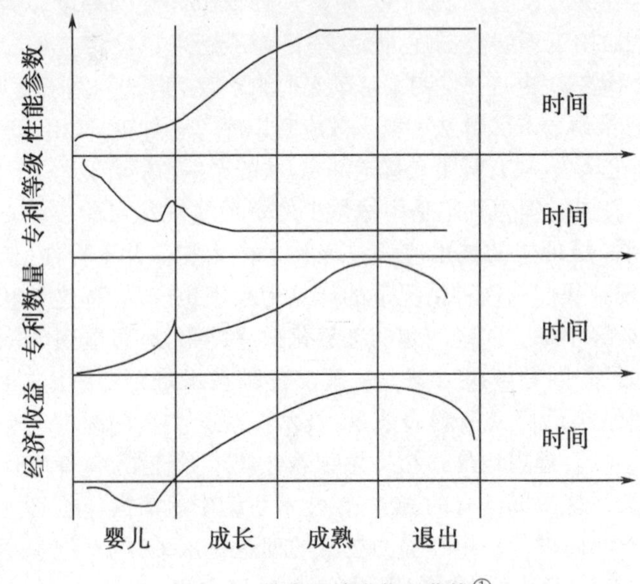

图 4-1 技术系统进化 S 曲线①

（二）成长期

这一阶段，人们已认识到新技术的价值和发展潜力，乐于为技术发展投入大量的人力、物力和财力。处于该阶段的技术系统所表现的特征为：技术性能参数得到快速提升，产生的专利等级开始下降，但专利数量快速上升，经济收益快速增长，促进了技术系统的快速完善。

（三）成熟期

由于大量人力和财力的不断投入，技术系统发展到这一阶段已日趋完善，大量投入所产生的研究成果多是一些较低水平的系统优化和技术改进。处于成熟期的技术系统所呈现的特征是：技术性能水平达到最佳，仍会产生大量的专利，但数量逐渐下降，专利等级会更低；产品已进入批量生产，并获得巨额的经济收益。

（四）衰退期

应用于技术系统的各项技术已经发展到极限，很难得到进一步的突破。该技术系统可能因不再有市场需求的支撑而面临淘汰，或即将被新开发出来的技术系统所取代。处于衰退期的技术系统所呈现的特征是：技术性能参数和经济收益逐步降低，专利等级和专利数量呈现快速下降趋势。

当一个技术系统的进化完成婴儿期、成长期、成熟期和衰退期四个阶段后，必然会出现一个新的技术系统替代它，即现有技术替代老技术，新技术又替代现有技术。如此不断地进行技术交替，就形成了 S 曲线族，如图 4-2 所示。

---

① 沈世德主编. TRIZ 法简明教程[M]. 北京：机械工业出版社，2010：17.

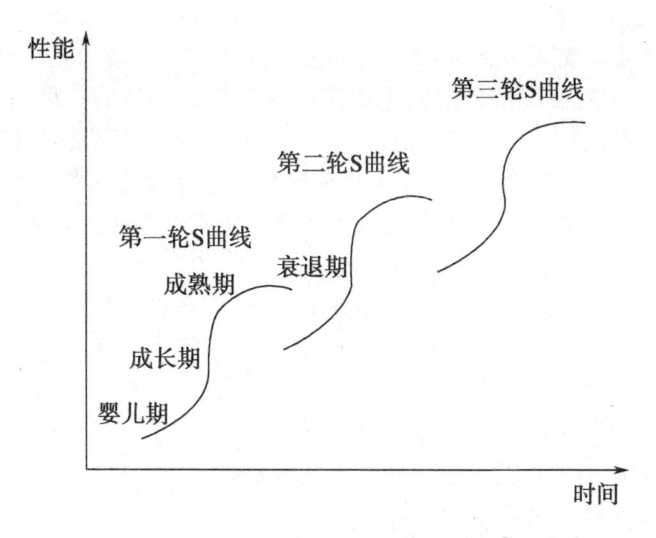

图 4－2 技术系统进化的 S 曲线族[①]

对于企业的研发决策，具有重要指导意义的是 S 曲线上的拐点。假设某企业正在开发某个产品，在第一个拐点出现时，企业应从原理研究转入商业开发阶段，否则该企业会被及时转入商业化的其他企业甩在后面；当出现第二个拐点时，说明产品技术已经进入成熟期，企业应着手研发优于该产品技术的更高一级技术，以便在出现第三个拐点，即该产品技术进入衰退期时适时转入新一轮竞争。

二、技术系统进化法则

技术系统八大进化法则可分为三组：第一组是确立技术系统寿命开始条件的三个法则，包括完备性法则、能量传递法则和协调性法则；第二组是确立技术系统开发条件的三个法则，包括提高理想度法则、子系统不均衡进化法则和向超系统进化法则；第三组是确立技术和物理因素影响下技术系统开发的两个法则，包括向微观级进化法则和动态性进化法则。技术系统八大进化法则的核心是提高理想度法则，其他七个法则都是为提高理想度服务的。

（一）完备性法则

组成一个完整的技术系统必须包含 4 个部分，分别是动力装置、传输装置、执行装置和控制装置，其最终目标是使产品能够达到最理想的功能与状态。例如，一辆马车的动力装置是马，传输装置是车轴，执行装置是车辕和车轮，控制装置是鞭子。运用完备性法则去分析技术系统，可以帮助我们确定实现所需技术功能的方法，发现并消除整个系统中效率低下的某个子系统，达到节约资源的目的。

---

① 沈世德主编. TRIZ 法简明教程[M]. 北京：机械工业出版社，2010：18.

（二）能量传递法则

技术系统要实现其功能，必须保证能量能够从能量源流向技术系统的所有元件。例如，收音机在金属屏蔽的汽车中不能收听到高质量的广播，就是因为电台能量的传递受阻，解决这一问题需要在车外加上天线。按照能量传递法则，技术系统的进化应该沿着缩短能量流动路径和提高能量传递效率的方向发展，以减少能量损失，使系统的各个元件都能为技术系统的正常工作提供最高效率。

（三）协调性法则

技术系统的各个部件即子系统，是在结构、性能参数、工作节奏和频率上保持协调的前提下充分发挥各自功能的。以现代化的军事指挥系统为例，它是由电子计算机、指挥运算程序、通信网络、终端和各分系统之间的接口形成的体系结构，要搞好这个体系运作，没有结构、性能参数和工作节奏与频率上的协调一致是难以想象的。运用协调性法则，可以让技术系统发挥出最大的功能。

（四）提高理想度法则

技术系统的理想度反映的是该系统对于理想系统的近似程度，用公式可表示为：理想度＝所有有用功能/(所有有害功能＋成本)。例如，为使有限空间的房间变得更加宽敞，可以将原本分散开的衣柜、电视柜和酒柜等家具组合成一套功能齐全而又完整的组合柜。事实上，最理想的产品或技术系统(也称理想系统)是不存在的，但技术系统的进化应当沿着提高理想度的方向，向最理想系统进行努力和发展。

（五）子系统不均衡进化法则

技术系统的每一个子系统都有自身的技术进化S曲线，因此在技术系统的不同子系统间存在着进化不均衡现象。子系统进化的这种不均衡性，导致了技术矛盾的出现和技术系统的进化。例如，CPU作为电脑中的重要子系统，如果没有达到和其他零部件一样先进的水平，就不能使这台电脑达到理想化状态。运用子系统不均衡进化法则，要求我们及时发现并改进技术系统中最不理想的子系统，以推进整个技术系统的进化。

（六）向超系统进化法则

所谓超系统，指的是超出某技术系统以外的其他系统。例如，长距离飞行的飞机需要在空中加油，最初燃油箱只是飞机中的一个子系统，进化后燃油箱脱离飞机成为超系统，以独立的空中加油机的形式给飞机加油。这样飞机系统也因此而被简化，不必再携带沉重的燃油箱了。运用向超系统进化法则，可以使子系统摆脱在进化过程中遇到的限制要求，使其更好地实现原有功能。

（七）向微观级进化法则

技术系统及其子系统在进化发展过程中，倾向于向减小它们尺寸的方向进化，进化的终点意味着技术系统的元件已经不作为实体存在，而是通过场来实现其必要的功能。例如，轴承由开始的单排球轴承发展到多排球轴承、微球轴承，再发展到液体、气体支撑轴承，直到磁悬浮轴承。运用向微观级进化法则，可以使技术系统的元件在向原子和基本粒子尺寸进化的同时，更好实现所需功能。

（八）动态性进化法则

技术系统的动态性进化表现为技术系统在结构上会沿着增加柔性、可移动性和可控性的方向发展。其中，增加柔性的进化过程表现为技术系统会从刚性体逐步进化到单铰链、多铰链、柔性体、液体或气体，最终进化到场的状态。例如，测量长度的工具经历由刚性直尺、折叠尺、柔性卷尺到激光测距的进化过程，座椅经历由四腿椅、摇椅、转椅到滚轮椅的进化过程，照相机经历由手动调焦、通过按钮调焦、感应光线调焦到自动调焦的进化过程等。

三、技术系统进化理论的应用

（一）产生市场需求

产品需求的传统获得方法一般是市场调查，调查人员基本聚焦于现有产品和用户的需求，缺乏对产品未来趋势的有效把握，所以问卷设计和调查对象的确定在范围上非常有限，导致市场调查获取结果往往比较主观、不完善。调查分析获得结论对新产品市场定位的参考意义不足，甚至出现错误导向。TRIZ 的技术系统进化理论是通过对大量的专利研究得出的，具有客观性和跨行业领域的普适性。技术系统进化理论可以帮助市场调查人员和设计人员从进化趋势确定产品的进化路径，引导用户提出基于未来的需求，实现市场需求的创新，从而着眼未来抢占领先地位，成为行业引领者。

（二）定性技术预测

针对现有产品，技术系统进化理论可为研发部门提出如下预测：一是对处于婴儿期和成长期的产品，在结构、参数上进行优化，促使其尽快成熟，为企业带来利润。同时，也应尽快申请专利进行产权保护，使企业在市场竞争中处于有利地位；第二，对处于成熟期或衰退期的产品，避免进行改进设计的投入或进入该产品领域，应关注开发新的技术以替代已有技术，推出新一代产品，保持企业的持续发展；第三，应明确符合进化趋势的技术发展方向，避免错误投入；第四，定位系统中最需要改进的子系统，以提高整个产品的水平；第五，跨越现系统，从超系统的角度定位产品可能的进化模式。

（三）产生新技术

在产品进化过程中，虽然产品的基本功能基本维持不变或有增加，但其他的功能需求和实现形式一直处于持续的进化和变化中，尤其是一些受顾客欢迎的功能变化非常快。因此，按照进化理论可以对当前产品进行分析，以找出更合理的功能实现结构，帮助设计人员完成对系统或子系统的优化设计。

（四）专利布局

当前有很多企业依靠有效的专利布局来获得高附加值的收益，更重要的是专利正成为许多企业打击竞争对手的重要手段。同时，拥有专利权也可以与其他公司进行专利许可使用的互换，从而节省资源和研发成本。因此，专利布局正成为创新型企业的一项重要工作。运用技术系统进化理论，可以帮助我们有效确定未来的技术发展走势，对于当前还没有市场需求的技术可以事先进行有效的专利布局，以保证企业未来的长久发展空间和专利布局所带来的可观收益。比如在通讯行业，高通公司的高速成长正是基于前瞻性的大量专利布局，在CDMA技术上的专利几乎形成全世界范围内的垄断。而我国的大量企业在走向国际化的道路上，几乎全都遇到了国外同行在专利上的阻挡，每年向国外公司支付大量的专利使用许可费，这不仅大大缩小产品的利润空间，而且经常还会因为专利诉讼而官司缠身。有些官司虽然最后以和解结束，但被告方却在诉讼期间丧失了大量重要的市场机会。

（五）选择企业战略制定的时机

企业也可看作是一个技术系统，一个成功的企业战略能够将企业带入快速发展时期，完成一次S曲线的完整发展过程。然而，当这个战略进入成熟期后，将面临后续的衰退期，因此企业将面临下一个战略的制定。许多企业无法跨越二十年的持续发展，正是因为在S曲线四个阶段的完整进化中，没有及时制定下一个有效发展战略，没有完成S曲线的顺利交替，以致被淘汰出局。因此，企业在一次成功的战略制定后，需要在获得成功的同时着手进行下一个战略的制定和实施，从而顺利完成下一个S曲线的启动，将企业带向下一个辉煌。

第三节　TRIZ法中的问题解决工具和方法

利用TRIZ法解决问题的步骤是：首先将待解决的实际问题转化为问题模型，然后针对不同的问题模型应用不同工具得到解题方案模型，最后将解题方案模型应用到具体问题中得到问题解决方案。根据技术系统的问题所表现出来的“参数属性”、“结构属性”和“资源属性”，TRIZ的问题模型有技术矛盾、物理矛盾、物质-场问题和知识效应问题四种形式。与此对应，TRIZ的工具也有矛盾矩阵、分离原理、标准解系统和知识效应库四种。对于一些复杂的、无法直接用以上工具解决的问题，TRIZ提供了一套解决问题的流程——发明问题解决算法（ARIZ）。

一、发明问题分类

TRIZ通过对大量专利进行分析后发现，不同的发明专利内部蕴涵的科学知识和技术水平存在着很大的区别和差异。依据各种不同的发明专利对科学的贡

献程度、技术的应用范围和为社会带来的经济效益等情况,可将发明问题划分为以下五个等级:

(一) 最小发明问题

通常的设计问题,或对已有系统的简单改进。这类问题的解决不需要创新,只要依靠技术人员的常识和一般经验就可以完成。如用厚隔热层减少建筑墙体的热量损失,用承载量更大的重型卡车替代轻型卡车,以实现运输成本的降低。此类发明约占人类发明总数的32%。

(二) 小型发明问题

这类问题的解决需要采用本专业已有的理论、知识和经验,同时找到一对技术矛盾,然后找到其对应的解,根据解的提示对现有系统的某一组件进行改进。解决这类问题的传统方法是折衷法。如将自行车设计成可折叠的,在气焊枪上增加一个防回火装置等。此类发明约占人类发明总数的45%。

(三) 中型发明问题

此类问题必须解决系统中存在的技术矛盾,运用本专业之外、但是一个行业内的现有知识和方法,对已有系统的若干组件进行改进。例如,在冰箱中用单片机控制温度,在汽车上用自动换档系统代替机械换档系统,在电钻上安装离合器,在计算机上用鼠标等。这类发明约占人类发明总数的18%。

(四) 大型发明问题

这类问题的解决需要采用全新的概念和科学原理,以跨行业和多学科知识的交叉作为支撑,完成对现有技术系统基本功能的创新。例如,世界上第一台内燃机的出现、集成电路的发明、充气轮胎和记忆合金的发明等。此类发明约占人类发明总数的4%。

(五) 重大发明问题

这类问题的解决主要依据人们对自然规律或科学原理的新发现,综合运用所有知识,甚至产生新的知识,导致一种全新技术系统的发明和发现。例如,计算机、蒸汽机、激光和晶体管的首次发明,以及核聚变、核裂变等发现造就核武器的发明等。此类发明约占人类发明总数的1%。

事实上,关于发明问题的上述分类并没有完全绝对的界线。随着社会发展和科技水平的提高,发明问题的等级会随时间变化不断降低,原先高等级的发明逐渐成为人们熟悉和了解的知识。同时,发明问题等级越高,解决该问题所需要的知识就越多,这些知识所处的领域范围越宽。在现代社会,随着时间成本和机会成本的飞速上升,试图采用传统的试错法解决高等级的发明问题已经不再可取。有关发明问题的等级划分和知识领域见表4-1。

表 4-1 发明问题的等级划分①

发明问题等级	创新程度	比例	知识来源	试错法求解的试错数量
1	简单的解	32%	个人知识	10
2	少量的改进	45%	专业知识	100
3	根本性的改进	18%	行业内知识	1 000
4	全新原理	4%	跨行业、跨学科	10 000
5	新发现造成发明	<1%	所有已知知识或新知识	100 000

由表 4-1 可以发现，95%的发明是利用了行业内的知识，只有少于 5%的发明是利用了行业外以及整个社会的知识。因此，如果企业遇到一般的技术矛盾或问题，完全可以在本行业内寻找答案。但如果要实现重大发明和创新，就必须充分挖掘和利用行业外知识。总的来说，只要找到正确的创新方法，打造有竞争力的创新型企业完全是可以实现的。

二、技术矛盾及其解决方法

技术矛盾是指技术系统中两个参数之间存在互相制约，简要地说是在提高技术系统的某一参数(特性、子系统)时，导致另一参数(特性、子系统)的恶化而产生的矛盾。例如，将卫星送入太空时希望卫星的质量越轻越好，但若要减小质量，势必就要缩小尺寸，从而使卫星的性能受到影响，这样在卫星的质量和尺寸之间产生矛盾，即技术矛盾。

TRIZ 通过对百万件专利的详细研究，提出用 39 个通用工程参数(见表 4-2)来描述技术矛盾，这样将具体问题转化为标准的技术矛盾，就可以使用矛盾矩阵(表 4-3)来解决问题。例如，卫星的质量和尺寸分别对应矛盾矩阵中"运动物体重量"(要改善的)和"运动物体长度"(恶化的)两个技术特性，这两个特性在矛盾矩阵的交叉点向我们提供了 4 个创新原理供参考，分别为 15 号动态特性原理、8 号重量补偿原理、29 号气压与液压结构原理、34 号废弃或再生原理。矛盾矩阵所提供的创新原理(见表 4-4)既可单独采用，也可组合应用，以此为启发可找到解决问题的具体方案。

① 赵敏，史晓凌，段海波编著. TRIZ 入门及实践[M]. 北京：科学出版社，2009：6.

表 4-2　39 个通用工程参数的分类及编码①

编码	通常物理及几何参数	编码	通用技术负向参数	编码	通用技术正向参数
1	运动物体质量	15	运动物体作用时间	13	结构稳定性
2	静止物体质量	16	静止物体作用时间	14	强度
3	运动物体长度	19	运动物体能耗	27	可靠性
4	静止物体长度	20	静止物体能耗	28	测量精度
5	运动物体面积	22	能量损失	29	制造精度
6	静止物体面积	23	物质损失	32	可制造性
7	运动物体体积	24	信息损失	33	可操作性
8	静止物体体积	25	时间损失	34	可维修性
9	速度	26	物质的数量	35	适应性与通用性
10	力	30	作用于物体的有害因素	36	装置复杂性
11	应力或压力	31	物体产生的有害因素	37	控制复杂性
12	形状			38	自动化程度
17	温度			39	生产率
18	光照度				
21	功率				

表 4-3　矛盾矩阵②

改善的工程参数 \ 恶化的工程参数		运动物体质量	静止物体质量	运动物体长度	静止物体长度	运动物体面积	静止物体面积	运动物体体积
		1	2	3	4	5	6	7
1	运动物体质量	+		15,8, 29,34		29,17, 38,34		29,2, 40,28
2	静止物体质量		+		10,1, 29,35		35,30, 13,2	
3	运动物体长度	8,15, 29,34		+		15,17,4		7,17, 4,35
4	静止物体长度		35,28, 40,29		+		17,7, 10,40	
5	运动物体面积	2,17, 29,4		14,15, 18,4		+		7,14, 17,4
6	静止物体面积		30,2, 14,18		26,7, 9,39		+	
7	运动物体体积	2,26, 29,40		1,7, 4,35		1,7, 4,17		+

① 张武城著. 技术创新方法概论[M]. 北京:科学出版社,2009:161-162.
② 吴建国,沈世德主编. 创造力开发简明教程. 南京:东南大学出版社,2009:212-213.

表 4-4　40 个创新原理①

编码	原理名称	编码	原理名称	编码	原理名称
1	分割原理	15	动态特性原理	29	气压与液压结构原理
2	抽取原理	16	不足或过度作用原理	30	柔性壳体或薄膜原理
3	局部质量原理	17	空间维数变化原理	31	多孔材料原理
4	增加不对称性原理	18	机械振动原理	32	颜色改变原理
5	组合原理	19	周期性作用原理	33	匀质性原理
6	多用性原理	20	有效作用的连续性原理	34	废弃或再生原理
7	嵌套原理	21	减少有害作用的时间原理	35	物理或化学参数改变原理
8	重量补偿原理	22	变害为利原理	36	相变原理
9	预先反作用原理	23	反馈原理	37	热膨胀原理
10	预先作用原理	24	借助中介物原理	38	加速氧化原理
11	事先防范原理	25	自服务原理	39	惰性环境原理
12	等势原理	26	复制原理	40	复合材料原理
13	反向作用原理	27	廉价替代品原理		
14	曲面化原理	28	机械系统替代原理		

如表 4-2 所示，为方便理解和应用，39 个通用工程参数可分为三类：第一类通用物理及几何参数，是用以描述物体尺寸和状态等各种物理性能方面的参数，合计 15 个；第二类通用技术负向参数，是指这些参数变大时，系统或子系统的性能会随之变差。如子系统为完成特定的功能越大时，所消耗的能量(NO. 19～20)也越大，则说明这个子系统的设计越不合理。这类参数合计 11 个；第三类通用技术正向参数，是指这些参数变大时，系统或子系统的性能会随之变好。如子系统的可制造性指标(NO. 32)越高，则其制造成本越低，显示该子系统的设计越合理。这类参数合计 13 个。

为方便发明人有针对性地利用 40 个创新原理，德国 TRIZ 专家统计出 40 条创新原理特别适用于：第一，走捷径立即可求解的 10 个原理，分别是 35 物理或化学参数改变原理、10 预先作用原理、1 分割原理、28 机械系统替代原理、2 抽取原

① 张武城著. 技术创新方法概论[M]. 北京：科学出版社，2009：163.

理、15动态特性原理、19周期性作用原理、18机械振动原理、32颜色改变原理、13反向作用原理。这10个原理也是使用频率最高的10个创新原理。第二,可成功应用于设计场合的13个原理,分别是1分割原理、2抽取原理、3局部质量原理、4增加不对称性原理、26复制原理、6多用性原理、7嵌套原理、8重量补偿原理、13反向作用原理、15动态特性原理、17空间维数变化原理、24借助中介物原理、31多孔材料原理。第三,有利于大幅降低产品成本的10个原理,分别是1分割原理、2抽取原理、3局部质量原理、5组合原理、10预先作用原理、16不足或过度作用原理、20有效作用的连续性原理、25自服务原理、26复制原理、28机械系统替代原理。

三、物理矛盾及其解决方法

物理矛盾是指技术系统中某个参数无法同时满足系统内两个互相排斥的需求。例如,对于舰载飞机的机翼来说,为具有更好的承载能力,以提供更大的升力,我们希望它大一些;但是,为了在航空母舰有限的面积上多放些飞机,我们又希望它小一些。这样对于机翼的技术要求就存在着物理矛盾。常见的物理矛盾见表4-5。

表4-5 常见的物理矛盾①

类别	物理矛盾			
几何类	长与短 圆与非圆	对称与非对称 锋利与钝	平行与交叉 窄与宽	厚与薄 水平与垂直
材料类	多与少	密度大与小	导热率高与低	温度高与低
能量类	时间长与短	黏度高与低	功率大与小	摩擦系数大与小
功能类	喷射与堵塞 运动与静止	推与拉 强与弱	冷与热 软与硬	快与慢 成本高与低

对于物理矛盾的解决,TRIZ提供了4大分离原理和11种解决方法,分别见表4-6和表4-7。如为解决舰载飞机的机翼问题,我们可用时间分离原理来解决物理矛盾:当舰载飞机在航空母舰上停放时,机翼(包括前翼和尾翼)可以折叠存放;而在飞行时,飞机机翼打开。

① 沈世德主编.TRIZ简明教程[M].北京:机械工业出版社,2010:39.

表 4-6 物理矛盾分离原理①

分离原理	释 义
空间分离	将矛盾双方分离在不同的空间，以降低解决问题的难度。当系统矛盾双方在某一空间只出现一方时，空间分离是可能的。如在快车道上方建立人行天桥，车流和人流各行其道，实现空间分离
时间分离	将矛盾双方分离在不同的时间，以降低解决问题的难度。当系统矛盾双方在某一时间只出现一方时，时间分离是可能的。如为解决用电高峰期电能紧缺的矛盾，可降低用电低峰时用电价格，鼓励人们低峰时间用电
条件分离	将矛盾双方在不同的条件下分离，以降低解决问题的难度。当系统矛盾双方在某一条件下只出现一方时，条件分离是可能的。如将水的射流条件分离，给予不同的射流速度和压力，即可获得不同用途的“软”、“硬”射流，以用于洗澡按摩或用作加工手段甚至武器
整体与部分分离	将矛盾双方在不同的层次分离，以降低解决问题的难度。当系统矛盾双方在系统层次只出现一方时，整体与部分分离是可能的。如采用柔性生产线，以满足大众化和个性化市场需求的不同要求

表 4-7 物理矛盾解决方法

序号	解决方法	应用举例
1	矛盾特性的空间分离	矿井中，喷洒弥散小水滴是去除空气中粉尘很有效的常用方式，但是小水滴会产生水雾影响可见度，为解决这个问题，建议使用大水滴锥形环绕小水滴的喷洒方式
2	矛盾特性的时间分离	根据焊接缝隙宽窄的变化，调整焊接电极的波形带宽，这样电极的波形带宽随时间变化，可获得最佳的焊接效果
3	系统转换 1a：将同类或异类系统与超系统结合	在多地震地区，用电缆将各建筑物连接起来，通过各建筑物的自由摆动对地震进行监测和分析预报
4	系统转换 1b：将系统转换为反系统，或将系统与反系统组合	为止血，在伤口贴上含有不相容血型血的纱布垫
5	系统转换 1c：整个系统具有一种特性，其子系统有相反特性	自行车链条中的每个链节是刚性的，多个链节连接组成的整个链条却具有柔性
6	系统转换 2：将系统转换到微观级系统	液体撒布装置中包含一个隔膜，在电场感应下允许液体穿过这个隔膜(电渗透作用)
7	相变 1：系统中的状态交替变化	氧气以液体形式进行储存、运输、保管，以便节省空间，使用时压力释放下转化为气态

① 沈世德主编. TRIZ 简明教程[M]. 北京：机械工业出版社，2010：39-40.

续表

序号	解决方法	应用举例
8	相变 2：依据工作条件改变相态	形状记忆合金管接头在低温下很容易安装，而在常温下不会松开
9	相变 3：利用系统状态变化所伴随的现象	为增加模型内部压力，事先在模型中填充一种物质，这种物质一旦接触到液态金属就会气化
10	相变 4：以双相物质代替单相物质	抛光液由含有铁磁研磨颗粒的液态石墨组成
11	通过物理作用及化学反应使物质状态转换	热导管的工作液体在管中受热区蒸发并产生化学分解，而后化学成分在受冷区重新结合恢复到工作液体

物理矛盾和技术矛盾是可以彼此转换的。通常来说，许多技术矛盾经过分解和细化，最终都转化成为物理矛盾，从而可以用 4 个分离原理来解决，而解决问题的方法最后也是用到 40 个创新原理中的某个原理(见表 4－8)。由于物理矛盾能够更深入地揭示矛盾本质，因此物理矛盾没有必要转化成技术矛盾。

表 4－8　4 个分离原理与 40 个创新原理的对应

分离原理	创新原理序号
空间分离	1,2,3,4,7,13,17,24,26,30
时间分离	9,10,11,15,16,18,19,20,21,29,34,37
条件分离	12,28,31,32,35,36,38,39,40
整体与部分分离	1,7,25,27,5,22,23,6,8,14,25,35,13

四、物质-场问题及其解决方法

物质-场是指实现技术系统功能的某结构要素，它由两个物质(S1,S2)和一个场(F)三个基本元件构成。例如，在汽车传动系统中，机械能(场)通过发动机(S2)作用于车轮(S1)而使车轮(S1)向前行驶，机械能、发动机和车轮就构成了汽车行驶这一功能的三个基本元件。标准物质-场应符合有效完整系统模式，即组成系统的三个基本元件都存在，且都有效，能实现预期功能。

物质-场问题通常表现为三种情形：一是不完全系统模式，指组成系统的部分基本元件不存在，需要增加系统元件来实现有效完整的系统功能；二是非有效完整系统模式，指组成系统的基本元件都存在，但却不能完全实现预期功能；三是有害完整系统模式，指组成系统的基本元件都存在，但产生的却是与预期功能相冲突的有害效应。为解决物质-场问题，TRIZ 总结了 5 大类、18 个子系统，共 76 个标准解。针对要解决的实际问题，在标准解系统中找到相应的标准解法，就可以根据这些标准解法的建议得到具体的问题解决方案(如表4-9～表4-13所示)。

表4-9　第一类：物质-场建立与破坏的13个标准解法①

子系统	标准解法
1.1 建立物质-场模型	1.1.1 建立完整的物质-场模型
	1.1.2 引入附加物构成内部合成的物质-场模型
	1.1.3 引入附加物构成外部合成的物质-场模型
	1.1.4 直接引入环境资源，构建外部物质-场模型
	1.1.5 构建通过改变环境引入附加物的物质-场模型
	1.1.6 最小作用场模式
	1.1.7 最大作用场模式
	1.1.8 选择性最大和最小作用场模式
1.2 消除物质-场模型的有害效应	1.2.1 通过引入外部物质消除有害关系
	1.2.2 通过改变现有物质消除有害关系
	1.2.3 通过消除场的有害作用来消除有害关系
	1.2.4 采用场抵消有害关系
	1.2.5 采用退磁或引入相反磁场消除有害关系

表4-10　第二类：增加柔性和移动性的23个标准解法

子系统	标准解法
2.1 转化成复杂的物质-场模型	2.1.1 引入物质向串联式物质-场模型进化
	2.1.2 引入场向并联式物质-场模型进化
2.2 加强物质-场模型	2.2.1 使用更易控制的场替代
	2.2.2 分割物质S2或S1结构，达到由宏观控制向微观控制进化
	2.2.3 在物质中增加空穴或毛细结构
	2.2.4 增加系统的动态性
	2.2.5 用动态场替代静态场以提高物质-场系统的效率
	2.2.6 将均匀的物质空间结构变成不均匀的物质空间结构

① 张武城著.技术创新方法概论[M].北京：科学出版社，2009：174.

续表

子系统	标准解法
2.3 利用频率协调强化物质-场模型	2.3.1 将场F的频率与物质S1或S2的频率相协调
	2.3.2 让场F1与F2的频率相互协调与匹配
	2.3.3 两个独立的动作可以让一个动作在另外一个动作停止的间隙完成
2.4 引入磁性添加物强化物质-场模型	2.4.1 在物质-场中加入铁磁物质和磁场
	2.4.2 应用铁磁材料构建更可控的场
	2.4.3 利用磁性液体构建强化的铁-场模型
	2.4.4 应用毛细管或多孔结构的铁-场模型
	2.4.5 构建内部或外部的合成铁-场模型
	2.4.6 将铁磁粒子引入环境，通过磁场来改变环境，从而实现对系统的控制
	2.4.7 应用物理效应增加铁磁场系统的可控性
	2.4.8 应用动态的、可变的或自动调节的磁场
	2.4.9 利用结构化磁场更好地控制或移动铁磁物质颗粒
	2.4.10 铁磁场模型的频率协调
	2.4.11 应用电流产生磁场
	2.4.12 用电流代替禁止使用磁性液体的场合

表4-11 第三级——向超系统和微观级进化的6个标准解法

子系统	标准解法
3.1 转化成双系统或多系统	3.1.1 将多个技术系统并入一个超系统
	3.1.2 改变双系统或多系统之间的连接
	3.1.3 增加系统之间的差异性
	3.1.4 经过进化后的双系统或多系统再次简化成为单一系统
	3.1.5 使系统部分与整体具有相反的特性
3.2 向微观级进化	转换到微观级别

表 4-12 第四级——测量与检测的 17 个标准解法

子系统	标准解法
4.1 间接方法	4.1.1 改变系统，使测量或检测不再需要
	4.1.2 应用复制品间接测量
	4.1.3 应用两次间断测量代替连续测量
4.2 建立测量的物质-场模型	4.2.1 建立完整有效的测量物质-场模型
	4.2.2 测量引入的附加物，建立合成测量物质-场模型
	4.2.3 测量或检测由于环境引入附加物后产生的变化
	4.2.4 测量或检测由于改变环境而产生的某种效应的变化
4.3 增强测量系统	4.3.1 利用物理效应和现象
	4.3.2 测量系统整体或部分的固有振荡频率
	4.3.3 测量在与系统相联系的环境中引入物质的固有振荡频率
4.4 测量铁磁场	4.4.1 增加或利用铁磁物质或利用系统中的磁场，从而方便测量
	4.4.2 在系统中增加磁性颗粒，通过检测其磁场以实现测量
	4.4.3 建立复杂的铁磁测量系统，将磁性物质添加到系统已有物质中
	4.4.4 在环境中引入磁性物质
	4.4.5 应用与磁性有关的物理现象和效应
4.5 测量系统的进化趋势	4.5.1 向双系统和多系统转化
	4.5.2 不直接测量，而是在时间或空间上测量待测物的第一级或第二级的衍生物

表 4-13 第五级——引入物质或场的 17 个标准解法

子系统	标准解法
5.1 引入物质	5.1.1 间接方法
	5.1.2 将物质分裂为更小的单元
	5.1.3 利用能自消失的添加物
	5.1.4 应用充气结构或液体等“虚无物质”的添加物
5.2 引入场	5.2.1 应用一种场产生另外一种场
	5.2.2 应用环境中存在的场
	5.2.3 应用能产生场的物质

续表

子系统	标准解法
5.3 相变	5.3.1 改变物质的相态
	5.3.2 两种相态相互转换
	5.3.3 应用相变过程中伴随出现的现象
	5.3.4 实现系统由单一特性向双特性的转换
	5.3.5 应用物质在系统中相态的变换作用
5.4 利用自然现象和物理效应	5.4.1 利用可逆性物理转换
	5.4.2 加强输出场
5.5 通过分解或结合获得物质粒子	5.5.1 通过分解获得物质粒子
	5.5.2 通过结合获得物质粒子
	5.5.3 兼用分解和结合的方法获得物质粒子

五、知识效应问题及其解决方法

知识效应问题指寻找实现技术系统功能的方法与科学原理。通常,我们可以用"SVO"(主语+谓语+宾语)的模式来描述某一技术的功能,例如"火焰加热水",这里火焰是S,加热是V,水是O。当我们以"VO"(加热水)来定义一个系统所要实现的功能时,我们必须要寻找所有可能的"S",即加热水的知识(科学原理、效应和技术手段等),以便让"VO"(加热水)的功能得以实现。

TRIZ将高难度发明问题所要实现的功能归结为30个,并赋予每个功能以相对应的代码,建立由F1~F30的《功能代码表》(见表4-14),以及与其相对应的、通常采用计算机辅助技术支持的、由100个物理效应和现象建立的《物理效应和现象知识库》(表4-15),又称效应知识库。效应知识库涵盖了物理、化学、几何等多学科领域的原理,对自然科学及工程领域中事物之间纷繁复杂的关系实行全面描述。应用效应知识库解决发明问题,可以大大提高发明的等级和加快创新进程。

表4-14 功能代码表①

序号	实现的功能	功能代码	序号	实现的功能	功能代码
1	测量温度	F1	16	传递能量	F16
2	降低温度	F2	17	建立移动的物体和固定的物体之间的交互作用	F17

① 阮汝祥编著.技术创新方法基础[M].北京:高等教育出版社,2009:326.

续表

序号	实现的功能	功能代码	序号	实现的功能	功能代码
3	提高温度	F3	18	测量物体的尺寸	F18
4	稳定温度	F4	19	改变物体尺寸	F19
5	探测物体位移和运动	F5	20	检查表面状态和性质	F20
6	控制物体位移	F6	21	改变表面性质	F21
7	控制液体及气体的运动	F7	22	检查物体容量的状态和特征	F22
8	控制浮质(气体中的悬浮微粒,如烟雾等)	F8	23	改变物体空间性质	F23
9	搅拌混合物,形成溶液	F9	24	构建结构,稳定物体结构	F24
10	分解混合物	F10	25	探测电场和磁场	F25
11	稳定物体位置	F11	26	探测辐射	F26
12	产生/控制力,形成高的压力	F12	27	产生辐射	F27
13	控制摩擦力	F13	28	控制电磁场	F28
14	分离物体	F14	29	控制光	F29
15	积蓄机械能与热能	F15	30	产生及加强化学变化	F30

表 4-15　物理效应和现象知识库(效应知识库)

功能代码	要求实现的功能	物理现象、效应、因素、方法(科学效应和现象序号)
F1	测量温度	热膨胀(E75),双金属片(E76),珀耳帖效应(E67),汤姆逊效应(E80),热电现象(E71),热电子发射(E72),热辐射(E73),电阻(E33),热敏性物质(E74),居里效应(居里点,E60),巴克豪森效应(E3),霍普金森效应(E55)
F2	降低温度	一级相变(E94),二级相变(E36),焦耳-汤姆逊效应(E58),珀耳帖效应(E67),汤姆逊效应(E80),热电现象(E71),热电子发射(E72)
F3	提高温度	电磁感应(E24),电解质(E26),焦耳-楞次定律(E57),放电(E42),电弧(E25),吸收(E84),发射聚焦(E39),热辐射(E73),珀耳帖效应(E67),热电子发射(E72),汤姆逊效应(E80),热电现象(E71)

续表

功能代码	要求实现的功能	物理现象、效应、因素、方法（科学效应和现象序号）
F4	稳定温度	一级相变(E94)，二级相变(E36)，居里效应(E60)
F5	探测物体位移和运动	引入易探(标记物，E6)，测的标识(发光，E37；发光体，E38；磁性材料，E16；永久磁铁，E95)，反射和反射线(反射，E41；发光体，E38；感光材料，E45；光谱，E50；发射现象，E43)，形变(弹性变形，E85；塑性变形，E78)，改变电场和磁场(电场，E22；磁场，E13)，放电(电晕放电，E31；电弧，E25；火花放电，E53)
F6	控制物体位移	磁力(E15)，电子力(安培力，E2；洛仑兹力，E64)，压强(液体或气体的压力，E91；液体或气体的压强，E93)，浮力(E44)，液体动力(E92)，振动(E98)，惯性力(E49)，热膨胀(E75)，双金属片(E76)
F7	控制液体及气体的运动	毛细现象(E65)，渗透(E77)，电泳现象(E30)，汤姆斯效应(E79)，伯努利定律(E10)，惯性力(E49)，韦森堡效应(E81)
F8	控制浮质(气体中的悬浮微粒，如烟雾等)	起电(E68)，电场(E22)，磁场(E13)
F9	搅拌混合物，形成溶液	弹性波(E19)，共振(E47)，驻波(E99)，振动(E98)，气穴现象(E69)，扩散(E62)，电场(E22)，磁场(E13)，电泳现象(E30)
F10	分解混合物	在电场或磁场中分离(电场，E22；磁场，E13；磁性液体，E17；惯性力，E49；吸附作用，E83；扩散，E62；渗透，E77；电泳，E30)
F11	稳定物体位置	电场(E22)，磁场(E13)，磁性液体(E17)
F12	产生/控制力，形成高的压力	磁力(E15)，一级相变(E94)，二级相变(E36)，热膨胀(E75)，惯性力(E49)，磁性液体(E17)，爆炸(E5)，电液压冲压、电水压震扰(E29)，渗透(E77)
F13	控制摩擦力	约翰逊-拉别克效应(E96)，振动(E98)，低摩阻(E21)，金属覆盖润滑剂(E59)
F14	分离物体	放电(火花放电，E33；电晕放电，E31；电弧，E25)，电液压冲压、电水压震扰(E29)，弹性波(E19)，共振(E47)，驻波(E99)，振动(E98)，气穴现象(E69)
F15	积蓄机械能与热能	弹性变形(E85)，惯性力(E49)，一级相变(E94)，二级相变(E36)
F16	传递能量	对于机械能(形变，E85；弹性波，E19；共振，E47；驻波，E99；爆炸，E5；电液压冲压、电水压震扰，E29)，对于热能(热电子发射，E72；对流，E34；热传导，E70)，对于辐射(发射，E41)，对于电能(电磁感应，E24；超导性，E12)

续表

功能代码	要求实现的功能	物理现象、效应、因素、方法（科学效应和现象序号）
F17	建立移动的物体和固定的物体之间的交互作用	电磁场（E23），电磁感应（E24）
F18	测量物体的尺寸	标记（起电，E68；发光，E37；发光体，E38），磁性材料（E16），永久磁铁（E95），共振（E47）
F19	改变物体尺寸	热膨胀（E75），形状记忆合金（E87），形变（E85），压电效应（E89），磁弹性（E14），压磁效应（E88）
F20	检查表面状态和性质	放电（电晕放电，E31；电弧，E25；火花放电，E53），发射（E41），发光体（E38），感光材料（E45），光谱（E50），发射现象（E43）
F21	改变表面性质	摩擦力（E66），吸附作用（E83），扩散（E62），包辛格效应（E4），放电（电晕放电，E31；电弧，E25；火花放电，E53），弹性波（E19），共振（E47），驻波（E99），振动（E98），光谱（E50）
F22	检查物体容量的状态和特征	引入容易探测的标记（标记物，E6；发光，E37；发光体，E38；磁性材料，E16；永久磁铁，E95），测量电阻值（电阻，E33），发射和放射线（反射，E41），折射（E97；发光体，E38；感光材料，E45；光谱，E50；反射现象，E43；X射线，E1），电-磁-光现象（电-光和磁-光现象，E27；固体的场致、电致发光，E48；热磁效应/居里点，E60；巴克豪森效应，E3；霍普金森效应，E55；共振，E47；霍耳效应，E54）
F23	改变物体空间性质	磁性液体（E17），磁性材料（E16），永久磁铁（E95），冷却（E63），加热（E56），一级相变（E94），二级相变（E36），电离（E28），光谱（E50），放射现象（E43），X射线（E1），形变（E85），扩散（E62），电场（E22），磁场（E13），珀耳帖效应（E67），热电现象（E71），包辛格效应（E4），汤姆逊效应（E80），热电反射（E72），热磁效应（居里点，E60），固体的场致、电致发光（E48），电-光和磁-光现象（E27），气穴现象（E69），光生伏打效应（E51）
F24	构建结构，稳定物体结构	弹性波（E19），共振（E47），驻波（E99），振动（E98），磁场（E13），一级相变（E94），二级相变（E36），气穴现象（E69）
F25	探测电场和磁场	渗透（E77），带电放电（电晕放电，E31；电弧，E25；火花放电，E53），压电效应（E89），磁弹性（E14），压磁效应（E88），驻极体、电介体（E100），固体的场致、电致发光（E48），电-光和磁-光现象（E27），巴克豪森效应（E3），霍普金森效应（E55），霍耳效应（E54）

续表

功能代码	要求实现的功能	物理现象、效应、因素、方法(科学效应和现象序号)
F26	探测辐射	热膨胀(E75),双金属片(E76),发光体(E38),感光材料(E45),光谱(E50),放射现象(E43),反射(E41),光生伏打效应(E51)
F27	产生辐射	放电(电晕放电,E31;电弧,E25;火花放电,E53),发光(E37),发光体(E38),固体的场致、电致发光(E48),电-光和磁-光现象(E27),狄氏效应(E46)
F28	控制电磁场	电阻(E33),磁性材料(E16),反射(E41),形状(E86),表面(E7),表面粗糙度(E8)
F29	控制光	反射(E41),折射(E97),吸收(E84),反射聚焦(E39),固体的场致、电致发光(E48),电-光和磁-光现象(E27),法拉第效应(E40),克尔现象(E61),狄氏效应(E46)
F30	产生及加强化学变化	弹性波(E19),共振(E47),驻波(E99),振动(E98),气穴现象(E69),光谱(E50),放射现象(E43),X 射线(E1),放电(E42),电晕放电(E31),电弧(E25),火花放电(E53),爆炸(E5),电液压冲压、电水压震扰(E29)

效应知识库的应用步骤:第一,根据所要解决的问题,定义并确定解决此问题所要实现的功能;第二,根据所要实现的功能从《功能代码表》中确定与此功能相对应的代码;第三,从《效应知识库》中查找对应功能代码下 TRIZ 所推荐的物理效应和现象,获得 TRIZ 推荐的物理效应和现象的名称;第四,将获得的物理效应和现象逐一进行筛选,优选出适合解决问题的效应和现象;第五,将优选出来的物理效应和现象给予详细解释,应用于解决问题,形成解决方案。

六、发明问题解决算法(ARIZ)

ARIZ 也是由原俄语按 ISO/R9 - 1968E 规定转换成拉丁字母的缩写(algorithrn for inventive problem solving,AIPS),意译为“发明问题解决算法”。按照 TRIZ 对发明问题的五级分类,一般较为简单的一到三级发明问题运用创新原理或发明问题标准解法就可以解决,而那些复杂的非标准发明问题,如四、五级的问题,往往需要应用 ARIZ 算法做系统分析与求解。

TRIZ 认为,一个创新问题解决的困难程度取决于对该问题的描述和问题的标准化程度,描述得越清楚,问题的标准化程度越高,问题就越容易解决。ARIZ 中,创新问题求解的过程是对问题不断地描述和标准化的过程,在此过程中初始问题最根本的矛盾被清晰地显现出来。ARIZ 算法流程见图 4 - 3。

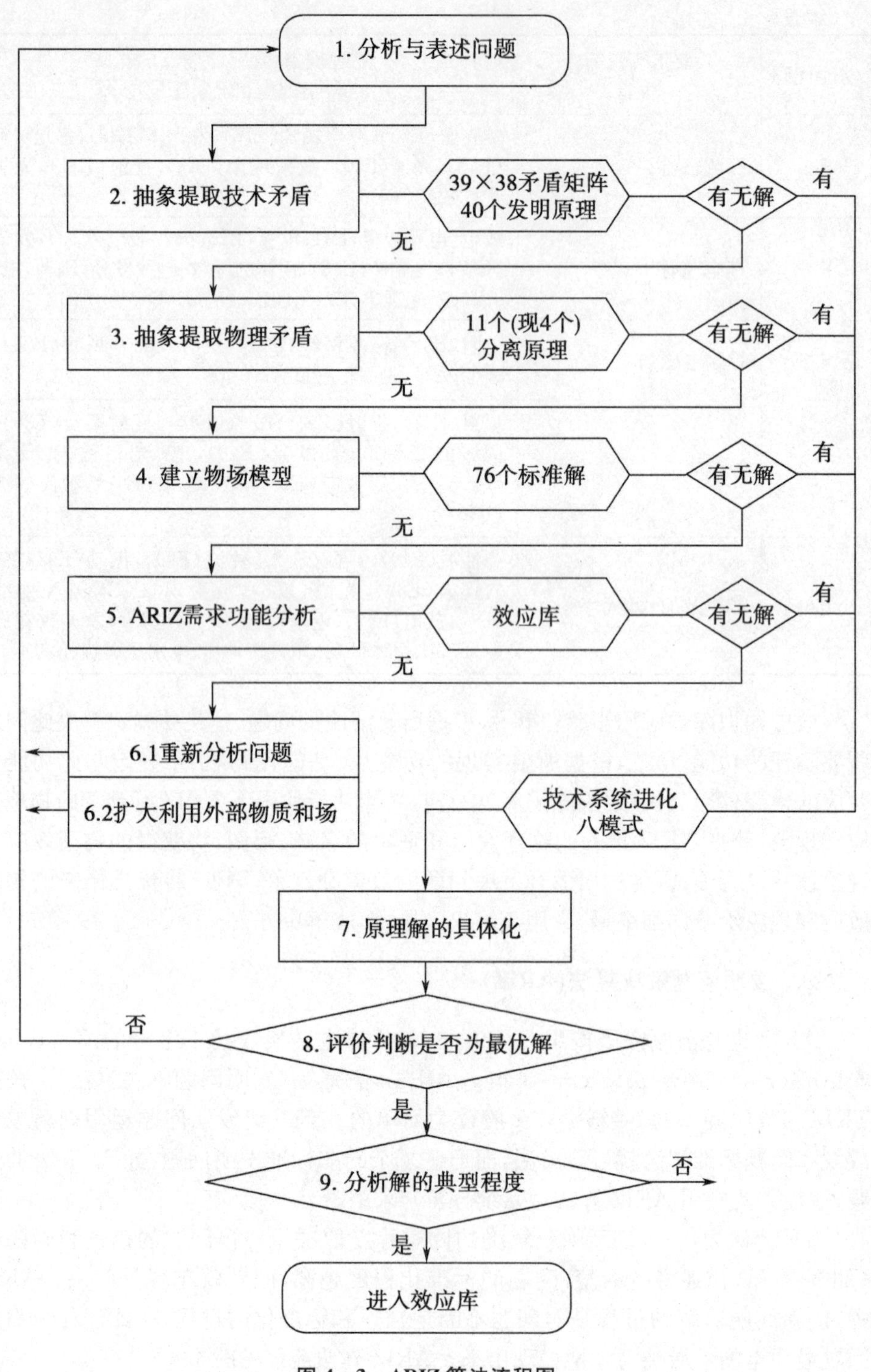

图 4-3　ARIZ 算法流程图

（一）分析与表述问题

对要解决的问题用尽量通用和标准化的术语加以描述，最好采用动宾结构的描述方式分析问题存在的矛盾，进一步分析是单一矛盾还是多重矛盾。分析时可将初始问题转化为“缩小问题”和“扩大问题”两种形式。“缩小问题”是在尽量保持系统不变的基础上，通过引入约束、激化矛盾，目的是发现隐含冲突；“扩大问题”是对可选择的改变取消约束，目的是激发解决问题的新思路。分析时要尽量克服对问题的思维定势，并确定创新的理想化目标。

（二）抽象提取技术矛盾

对照TRIZ法中提示的39个通用工程参数，将矛盾双方转化为TRIZ法术语中的39个通用工程参数。应用技术矛盾矩阵表，根据已抽象提取的技术矛盾，在矩阵表中查出解决问题的相应创新原理。如发现有解，可成功转至步骤7。

（三）抽象提取物理矛盾

如步骤2不成功，尝试确定最终理想解，发现阻碍实现理想解的物理冲突，因为物理矛盾比技术矛盾更能深刻反映事物的本质。采用4个分离原理和11种解决方法求解问题，如有解可成功转至步骤7。

（四）建立物质-场模型

如步骤3不成功，尝试对问题建立物质-场模型。在完善物质-场模型组成元件的同时，参考TRIZ法提供的五大类共76个标准解法，寻找可行解的方案。如有解，可成功转至步骤7。

（五）ARIZ需求功能分析

如问题中的矛盾不明显，建立物质-场模型也有困难，可在判定的技术系统范围内，分析系统的输入、输出及其关系，进一步分析系统中的功能元和实现功能的物理元。系统输入与输出通过功能元进行变换，物理元支撑功能元实现功能。针对存在问题，在TRIZ法提供的效应知识库中寻找概念解的方案，并凭个人经验将其转化为针对实际问题的具体解决方案。

（六）扩大思维领域

对一些疑难问题，可认定为仅作系统内部的创新解决不了问题，必须利用系统以外的物质和场。这类资源有七种，分别为物质场、能量场、可用空间、可用时间、物体结构、系统功能和参数。利用众多资源后，原系统范围扩大，再转回到步骤1重新分析问题。这一步是ARIZ算法的关键，一旦成功就可能获得较高等级的发明。

（七）原理解的具体化

通过步骤1到步骤6的反复，人们可以得出若干解决问题的概念解。不要轻易放弃任何一个概念解，并结合具体问题将解的原理具体化，这主要依靠发明人的知识和经验。

（八）评价判断是否为最优解

并非每个解都促进技术系统的进化，为此要对照技术系统进化的八个模式，检查问题的解是否符合进化模式，是否在逐步实现预期目标。在评价问题的解时，只有符合进化模式的解才是最优解。同时，应预测解决方案会不会带来新的问题。针对关联型矛盾，即解决方案采用后，矛盾双方仍关联在一起，并有可能产生一系列新的矛盾的情况，要反复解决两者间的一系列矛盾才能达到较好效果。

（九）分析解的典型程度

对由步骤 8 得出的结果进行等级分析，评定问题及其解的办法是否具有典型的普遍意义，能否进入到 TRIZ 法的效应知识库。因为有了步骤 9，TRIZ 法成为一种动态的、不断进步的科学创新方法，这也是 TRIZ 法的生命力所在。

ARIZ 算法步骤多，流程复杂，对于一般的工程技术人员只要了解和掌握步骤 1～5 即可。如果需要用到步骤 6，建议设立 TRIZ 法工作小组，采取集体研讨的方式进行。至于步骤 9 是 TRIZ 专家的事情，其他人可放在一边。

第四节　TRIZ 法应用举例

一、基于 TRIZ 的人造板技术发展预测①

人造板工业是高效利用木材或其他植物纤维资源、缓解木材供需矛盾的重要产业，是实现林业可持续发展战略的重要手段。在当前世界可采森林资源日渐短缺的情况下，充分利用林业“剩余物”和“次小薪材”，对保护天然林资源有着不可替代的作用。近年来，世界人造板工业之所以得到飞速发展，一方面得益于木材资源由利用天然林资源为主向利用人工林为主转变，另一方面得益于人造板工艺技术的长足进展和主机设备的技术进步。本研究在搜索、分析国内人造板专利基础上，依据 TRIZ 理论中的 S 曲线进化法则对人造板技术的发展状况和趋势进行分析、预测，可为企业产品开发和技术创新提供依据。

（一）人造板技术专利检索

采用国内专利数据库对有关人造板加工的专利进行检索，1985 年至 2007 年与人造板有关的发明专利合计 403 份，实用新型专利 3 940 份（见表 4－16）。其中，专利申请数远大于授权件数，表明如果在概念设计阶段重视创新设计及专利回避设计，会有效增加授权专利的数量。

① 于慧伶. 利用 TRIZ 理论 S 曲线进化法则的人造板技术发展预测[J]. 林业科技，2009(4)：57－60.

表 4-16　人造板技术专利统计

年份	申请件数			授权件数		
	合计	发明	实用新型	合计	发明	实用新型
1985	32	15	17	0	0	0
1986	44	17	27	8	0	8
1987	71	19	52	23	1	22
1988	118	32	86	50	2	48
1989	99	24	75	71	7	64
1990	135	37	98	71	3	68
1991	149	24	125	66	6	60
1992	179	32	147	95	4	91
1993	182	28	154	211	13	198
1994	254	52	202	147	2	145
1995	209	62	147	144	12	132
1996	242	46	196	146	6	140
1997	181	28	153	111	7	104
1998	224	55	169	103	3	100
1999	228	41	187	210	14	196
2000	431	63	368	216	26	190
2001	615	137	478	370	27	343
2002	475	112	363	306	17	289
2003	431	110	321	285	30	255
2004	549	147	402	259	37	222
2005	583	183	400	306	36	270
2006	1 143	441	702	398	50	348
2007	1 135	466	669	747	100	647

（二）用 S 曲线进行生命周期预测

以专利件数为纵轴、月份为横轴，应用 LogletLab 2 软件生成时间—专利件数 S 曲线技术发展趋势图(见图 4-4)。图中的圆点表示实际的专利件数，实线表示预测的专利件数，得到人造板技术的生命周期曲线。

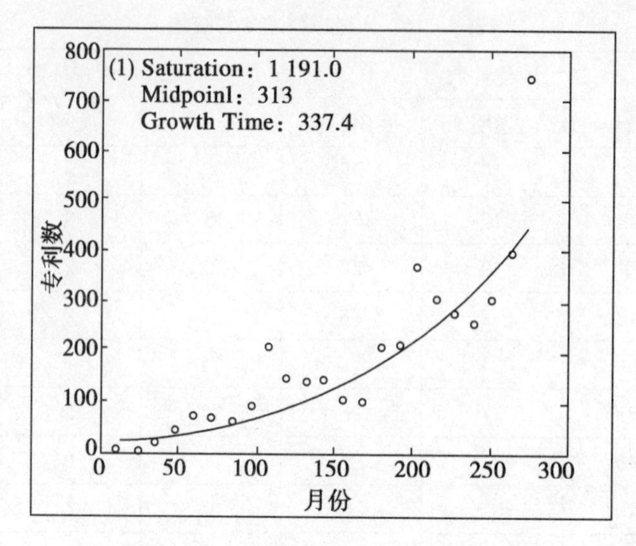

图 4-4　人造板时间—专利件数 S 曲线

由图 4-4 可知，人造板技术发展饱和点的专利数量为 1 191 件，整个曲线的成长时间为 337.4 个月，即经历 337.4 个月专利数量会达到饱和点。将计算得到的 S 曲线加以归纳，可得出国内人造板技术的生命周期。在婴儿期部分，以专利库的第一份资料即 1988 年 8 月算起，成长期转为成熟期的转折点为 313 个月。目前国内人造板技术正处于成长期，由 TRIZ 理论的 S 曲线进化法则可知，处于成长期的人造板技术需要降低支出，系统结构及其组成部分需要改善，系统还拥有取之不尽的可以利用的内部和外部资源。

二、基于 TRIZ 的建筑模板专利创新规律研究①

专利由于其蕴含信息完整并容易获取，对技术创新具有极其重要的借鉴意义。专利信息的充分利用一方面可以避免重复劳动，另一方面也可借鉴已有专利启发思路，解决技术创新问题。目前建筑业中普遍使用的木模板有许多缺点，如周转次数少、容易变形，容易脱胶、起鼓、起壳、开裂等，同时不能节能环保。运用 TRIZ 理论对建筑模板专利进行系统分析，提炼出最常用到的工程参数和发明原理，可以为解决模板类技术创新问题提供参考，进而减少技术创新的时间及资金成本，提高技术创新效率，加速技术创新步伐。

(一) 通用工程参数应用频数分析

建筑模板类专利属于 IPC 分类中的 E 部分，其等级号码是 E04G9，涉及建筑

---

① 丁志坤，王杰富，何漫波，王家远. 基于 TRIZ 的建筑模板专利创新规律研究[J]. 工程管理学报，2011(2)：143-146..

模板专利的7个子分类。我们可以通过专利网搜索筛选出30份建筑模板专利，见表4-17。

表4-17　从建筑模板专利各子类中筛选专利数量

子分类	名称	数量
E04G9/00	一般用途的模壳或模板构件	2
E04G9/02	模板或类似构件	11
E04G9/04	木表面模壳	2
E04G9/05	塑料表面模壳	6
E04G9/06	金属表面模壳	2
E04G9/08	可折叠的，可拆卸的，或可卷起的模板或类似构件	4
E04G9/10	具有附加特点的，例如，表面压力加工、保温或加热的、透水或透气的模壳	3
合　计		30

应用TRIZ中39个通用工程参数，对30份专利文献进行分析，统计其应用频数可发现135次通用工程参数的应用，平均每个专利应用4.5次，频次统计分析见表4-18。

表4-18　通用工程参数应用频数统计

序号	工程参数名称	应用频数	序号	工程参数名称	应用频数
1	运动物体的质量	10	21	功率	0
2	静止物体的质量	1	22	能量损失	1
3	运动物体的长度	0	23	物质损失	1
4	静止物体的长度	0	24	信息损失	0
5	运动物体的面积	1	25	时间损失	0
6	静止物体的面积	2	26	物质或事物的数量	8
7	运动物体的体积	1	27	可靠性	17
8	静止物体的体积	0	28	测试精度	3
9	速度	2	29	制造精度	2
10	力	1	30	物体外部有害因素的敏感性	5
11	应力或压力	0	31	物体产生的有害因素	6
12	形状	2	32	可制造性	4

续表

序号	工程参数名称	应用频数	序号	工程参数名称	应用频数
13	结构的稳定性	10	33	可操作性	13
14	强度	10	34	可维修性	3
15	运动物体作用时间	0	35	适用性和多用性	14
16	静止物体作用时间	1	36	装置的复杂性	8
17	温度	0	37	监控与测试的困难程度	4
18	光照度	0	38	自动化程度	1
19	运动物体的能量	0	39	生产率	4
20	静止物体的能量	0			

由表 4－18 可见，在建筑模板专利技术中应用频数较高的 6 个工程参数分别为：27—可靠性，应用 17 次；35—适用性及多用性，应用 14 次；33—可操作性，应用 13 次；1—运动物体的质量，应用 10 次；13—结构的稳定性，应用 10 次；14—强度，应用 10 次。这些参数的多次使用表明建筑模板专利的发明是有规律可循的。

可靠性参数出现频数最高是由于模板类专利对使用过程中涨模问题的重视。混凝土涨模是传统木模板存在的主要问题，涨模不仅会造成构件几何尺寸增大、外形不整，而且会影响到后续工序的施工。因此，模板专利首先要保证在使用过程中功能发挥正常，不会涨模。适用性及多用性参数使用频数较多，原因在于传统木模板周转使用次数较少，模板专利在使用次数上保证高于木模板才能达到省料的目的。其他参数分别反映了模板专利对施工灵活性和轻质高强等性能的关注。当在实践中解决新的模板技术问题时，应对这 6 个参数（具体内容见表 4－19）予以优先考虑。

表 4－19　应用频数较高的通用工程参数具体内容

参数序号	通用工程参数	应用频数	具体内容
27	可靠性	17	系统在规定的方法及状态下完成规定功能的能力
35	适用性及多用性	14	物体和系统响应外部变化的能力，或应用于不同条件下的能力
33	可操作性	13	完成操作应需要较少的操作者，较少的步骤以及使用尽可能简单的工具

续表

参数序号	通用工程参数	应用频数	具体内容
1	运动物体的质量	10	在重力场中运动物体所受到的重力
13	结构的稳定性	10	系统的完整性及系统组成部分之间的关系。磨损、化学分解及拆卸都降低稳定性
14	强度	10	物体抵抗外力作用使之变化的能力

(二)发明原理应用频数分析

经统计,40个发明原理在收集筛选的30份建筑模板专利中应用78次,平均每份专利应用2.6次,见表4-20。

表4-20 发明原理应用频数统计

序号	名称	应用频数	序号	名称	应用频数
1	分割	6	21	紧急行动	0
2	抽取	1	22	变害为利	4
3	局部质量	6	23	反馈	1
4	非对称	1	24	中介物	5
5	合并	3	25	自服务	2
6	普遍性	4	26	复制	2
7	嵌套	2	27	一次性用品	1
8	配重	0	28	机械系统的替代	0
9	预先反作用	0	29	气体与液压结构	0
10	预先作用	9	30	柔性外壳与薄膜	0
11	预先应急措施	0	31	多孔材料	4
12	等势原则	0	32	改变颜色	0
13	逆向思维	0	33	同质性	0
14	曲面化	0	34	抛弃与再生	0
15	动态化	8	35	物理/化学状态变化	3
16	不足或超额行动	0	36	相变	0
17	一维变多维	3	37	热膨胀	0
18	机械振动	0	38	加速氧化	0
19	周期性动作	0	39	惰性环境	0
20	有效作用的连续性	0	40	复合材料	12

由表4－20可见，在建筑模板专利中应用频率较高的5个发明原理依次为：40—复合材料，应用12次；10—预先作用，应用9次；15—动态化，应用8次；3—局部质量，应用6次；1—分割，应用6次。在实践中解决建筑模板技术问题时，应优先考虑这5个发明原理(具体内容见表4－21)。

表4－21　应用频数较高的发明原理其具体内容

序号	发明原理名称	应用频数	具体内容
40	复合材料	12	从单一的材料改成复合
10	预先作用	9	事先完成部分或全部的动作或功能；在方便的位置预先安置物体，使其在第一时间发挥作用，避免时间的浪费
15	动态化	8	使物体或其环境自动调节，以使其在每个动作阶段的性能达到最佳；把物体分成几个部分，各部分之间可相对改变位置；将不动的物体改变为可动的，或具有自适应性
3	局部质量	6	将物体或外部环境的同类结构转换成异类结构；使物体的不同部分实现不同的功能；使物体的每一部分处于最有利于其运行的条件下
1	分割	6	将物体分割成独立的部分；使物体成为可组合的(易于拆卸和安装)；增加物体被分割的程度

其中，复合材料发明原理被广泛采用，可能原因是近年来国内新型材料技术快速发展，同时从节能减排要求出发，使复合材料模板技术替代木模板成为趋势。例如，有的复合材料模板将结构分为芯层、中间层和外层，每一层采用材料都由废料回收加工所制，而且这些复合材料模板可再次回收加工利用，达到省料、省钱和节能环保的目的。

预先作用、动态化、局部质量、分割原理使用次数较多，原因在于模板专利对施工过程中安装操作的灵活性关注较高。例如，有的模板专利为脱模方便，采用预先作用原理在模板与混凝土的接触面上预先填充一些材料，脱模时不仅可提高混凝土外观的平整度，还可增加模板的使用次数；有的模板专利可以免拆，直接作为墙体的一部分使用；有的专利采用无焊接组拼方式降低施工技术难度等。这些规律说明今后一段时期，模板技术发展的方向一方面是适应宏观环境对模板材料的新要求，另一方面要围绕提高施工效率开展模板技术的创新。

除建筑模板类专利外，建筑业中的其他种类专利如脚手架、门窗、施工机械和施工工艺等，都可以采用类似方法进行研究。只有将建筑业内不同种类的专利进行系统分析，归纳不同类别专利所蕴含的技术创新规律，才能在行业层面上进行宏观层次的技术创新研究，进而指导行业的技术创新实践。另一方面，将行业内的专利结合 TRIZ 理论进行知识化管理，开发专利知识管理系统，提高已有专利的利用率，也是未来研究中需要重点关注的方向。

三、基于 TRIZ 的城市快速路交通管理创新①

由于承担大量的交通需求，城市快速路交通拥挤已成为日益严重的问题。目前，很多城市快速路的交通管理决策大部分由管理者根据他们的直觉和个人经验做出，这样通常会导致问题的复杂性被简化、方案优化被忽略。将 TRIZ 解决问题的 40 条创新原理从技术领域推广到交通管理领域，可以为交通管理创新的实现提供理论基础，并指导交通管理者进行交通规划、控制和交通决策。

(一) 城市快速路的交通流特性

在交通流量 Q—密度 K 平面中，城市快速路的交通流状态可划分为四个稳态相位：自由流、谐动流、同步流和堵塞(见图 4－5)。在自由流相位，车流密度较小，车辆之间的相互作用可以忽略，车辆基本以期望速度行驶，驾驶员的行驶自由度好。当交通流量增加时，车辆之间的车头时距缩短，车辆之间的相互作用增强，交通流处于亚稳定的谐动流状态。随着流量的进一步增加，交通流进入同步流状态。同步流是一种流量较高，但平均速度相对较低、密度较高的流动。随着流量继续增加，交通拥挤程度增加，同步流状态转变为堵塞流状态，车辆处于排队状态，流量为零，密度达到堵塞密度。

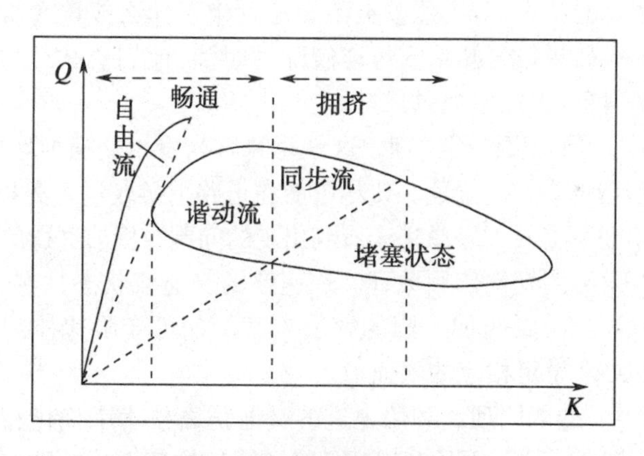

图 4－5 快速路交通流状态划分

(二) 基于 TRIZ 的交通管理解决方案

按照城市快速路交通流特性，在交通矛盾突出的地点，应创新应对快速路的四种交通流相变模式。根据 TRIZ 解决问题的模式，四种相变导致交通问题的基

① 顾九春，王亮申，王品，李元元，郭昆. 基于 TRIZ 的城市快速路交通管理创新研究[J]. 物流技术，2010(13)：55－57.

本矛盾可以确定为交通流参数——车流速度与车流密度之间的矛盾。根据TRIZ所提出的48个通用参数，提出改善的参数是速度、恶化的参数为物质的量，并在新修改的TRIZ矛盾矩阵表中依据速度[14]与物质的量[10]之间的矛盾得到所推荐的创新原理序号[8—10]。从矛盾矩阵共查找得到7条创新原理，分别是5＃、35＃、9＃、19＃、10＃、2＃、38＃。表4-22是矛盾矩阵的一部分。

表4-22 矛盾矩阵

特征	恶化的参数
	物质的量
改善的参数速度	5,35,9,19,10,2,38

创新原理5＃：组合原理。据此，可以在快速路上部署多个交通传感器来收集数据监测交通流的实时状态，以此来确定交通流是否处在谐动流相位状态，如果探测不在此状态，则触发适合于该种模式的算法。例如在这种交通流状态下，可变信息板不出现任何信息是非常明智的。

创新原理35＃：参数改变原理。例如在交通流的堵塞模式中，限速信息对驾驶员完全没有必要，提供诸如危险预警或事故多发信息来告知驾驶员危险的交通状态则是更好的选择。此时，我们采用的信息提供策略是提供延误时间而不是限速信息。在堵塞交通状态下，当驾驶员不知道发生了什么或堵塞将持续多长时间时，会变得更焦虑，如果被告知堵塞可能解除的时间，他们会减缓焦虑。即使提供较长时间的延误信息，也比不提供信息好。

创新原理9＃：预先反作用原理。这就意味着当发生交通拥堵后，为了尽快疏散瓶颈处的交通，应立即解除限速。或尽可能在道路上游较远距离提前告知驾驶员出现的交通问题，也就是在驾驶员还未看到出现的问题时提前进行信息提示。

创新原理19＃：周期性作用原理。快速路的交通流状态具有时变特性，四种不连续的不同相状态需要四种不同的解决方案。如可变限速控制系统采集交通流车流密度并以此来设定相应的限速值。

创新原理2＃：抽取原理。利用先进的交通仿真技术来优化相变模式的交通管理，如利用VISSIM、SYNCHRO、TSIS等计算机仿真平台鉴别交通问题的完整范围，优化者可以进行具体实验和在计算机仿真优化基础上设计出符合四相位模式的实际交通控制算法，找到最终的解决方案。

四、矛盾矩阵在生土住宅改造中的应用①

随着社会经济发展，我国广大农村建房已逐步用粘土砖代替土坯、土夯墙体。

① 常卫华，王建卫，徐福泉．冲突理论在生土住宅改造中的应用[J]．建筑结构，2010(S1)：379-381.

在人们普遍关注生态危机、能源危机和环境污染的今天,从人居环境可持续发展和生态文明的社会层面上,生土结构以其就地取材,造价低廉,保温、隔热及防火性能优越,房屋拆除后的建筑垃圾可作为肥料回归土地,成为广大村镇地区具有发展前景的绿色建筑材料。尤其是在我国甘南藏族自治州、临夏回族自治州和福建地区,生土建筑依然显示出顽强的生命力。当然,传统的生土房屋难以满足当代人的生活模式,生土材料自身的强度及抗雨水侵蚀能力都不如粘土砖,这也是其走向消亡的重要原因。

对生土结构进行功能分析,得到生土结构设计中的矛盾冲突。生土结构需要扩大截面积,增加生土墙体的承载力,承载屋盖传来的竖向荷载,这就要求设计中增加墙体的厚度。但另一方面,生土墙需要提高地震中的安全性,需要减轻生土墙体的自重,这就要求设计降低墙体的厚度。

对村镇住宅中另一种常用结构——木结构进行功能分析,可得到木结构优点:重量轻、强度高施工简易、工期短、抗震性能好以及易于造型,同时得到木结构的缺点:不防锈蚀、不防火。对木结构的功能分析可以得到,木结构的优点正可以弥补生土结构的缺点,但是,如果用木结构代替生土结构,不仅不能发挥生土结构的优点,也不能避免木结构的缺点,为此可采用矛盾矩阵原理解决该问题。

加厚生土结构的墙体厚度,实际是加大墙体的受压面积,提高生土墙体的抗压能力。由于墙体的长度受建筑布局的要求不能改变,只能通过提高墙体的厚度来加大受压面积。因此,改善的通用工程参数定义为:面积。

当墙体的厚度增加的时候,生土结构建筑的体积增加,导致重量增加,抗震功能受到影响。这时恶化的参数为:体积。

通过 TRIZ 计算机辅助创新设计软件 InventionTool 3.0 分析得到,解决该技术冲突的发明原理为套装原理,即将木结构桁架内埋在生土结构的内部,形成套装结构,称为内置木桁架组合生土墙,形成生土结构和木结构两种结构的优势组合。在生土墙的端部内设置木柱,在木柱的端部设置木梁,木梁与木柱形成木框架,在木框架内部加设斜撑,与木柱木梁共同形成木桁架。斜撑可以设置为八字形,如图 4-6(a);也可设置为人字形,如图 4-6(b);也可设置为 X 形,如图 4-6(c)。

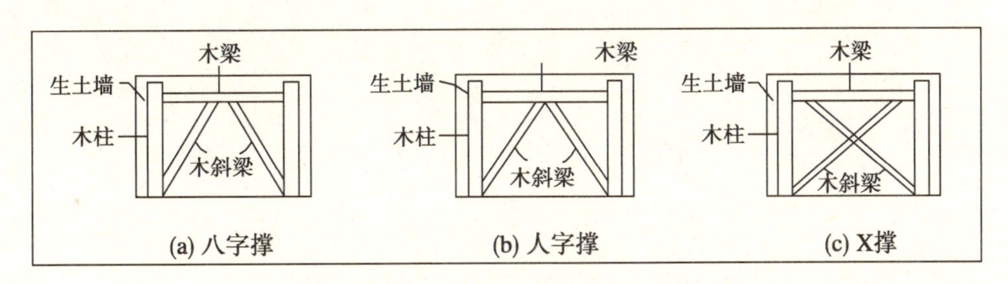

图 4-6 内藏木框架组合生土墙

该结构与生土结构相比：由于新型组合结构中木框架与其外包生土结构共同工作，两种材料的强度都能得到充分利用；抗弯、抗剪承载力及延性明显提高；木框架在施工阶段可作为支架结构，减少了支撑模板的人工和材料，施工期限大为缩短。

与木框架结构相比：由于外包生土的约束，可以防止木框架的局部失稳并提高构件的整体刚度，从而使木材的强度得以充分利用，节省材料，降低成本；外包生土还能提高木构件的耐火性及耐久性。

同时，该结构适用范围广泛，适合生土结构开门开洞的建筑要求，也能满足不同高宽比的墙体，同时可以与平面外屋架相连，形成多种新型结构。与单一的生土结构和木结构形式相比，力学性能得到显著提高。

思考与训练

1. 请举例说明 TRIZ 法中技术系统进化理论的应用。
2. 请举例说明 TRIZ 法中问题解决工具和方法的应用。

第五章 专 利

专利是创新成果的法律表现，是尊重知识、尊重人才、尊重劳动、鼓励创新的有效措施；专利是一个国家创新能力、创新水平的反映，是世界各国普遍认同的竞争力法则和竞争力的具体体现；创新是一个地区、一个民族发展的灵魂和不竭动力，专利人则是引领创新潮流的旗手和开路先锋。通过申请专利获取创新成果的自主知识产权，真正将智力资源转变为资本资源。科技创新需要知识产权保护，知识产权保护反过来又促进了科技创新。本章系统阐述专利制度发展历史、专利制度的特征和作用，专利法的法理及特征，专利法保护的主体、内容和客体，专利申请的原则、申请的文件及专利实施，专利文献的分类、特点和作用，专利权保护的条件、特征和专利侵权的责任等。我国要建立创新型国家，专利成为科技创新的一个重要组成部分。

第一节 专利基础知识

一、专利制度的产生

专利源于发明，没有发明就没有专利，但有了发明并不随之产生保护发明创造的专利制度。专利制度的产生是随着人类社会进入商品经济时代而逐步形成和发展起来的，是脑力劳动、技术、知识等都可以作为商品进行交换的结果。

专利最早出现于欧洲。公元前 500 年，在今意大利南部的古都 Sybaris(当时为希腊殖民地)，有一种烹调方法曾被授予为期一年的独占权。1236 年西法兰西及英格兰的亨利三世向一名波尔多(法国港口城市)市民授予在该城市生产花布的 15 年的独占权。1324～1377 年间，在英国爱德华二世至三世统治期间，为鼓励外国织布工人及矿工在英国创业，使英国从畜牧业国家向工业化国家发展，很多外国织布工人及矿工作为新技术的引进者被授予使用该技术的专有权，即垄断权。1331 年，英王爱德华三世授予佛来明人约翰・肯普的织布及染布的独占权利。1367 年，特许两名钟表工匠营业。这一时期，专利权主要以独占权为表现形式，目的是用来鼓励新工业的建立，但权力经常被滥用。在英国，这种权力经常以专利证书形式授予，在证书底部盖有封印，它以官方通知的方式将授予的权力告知公众。

专利法的产生是在公元 15 世纪至 19 世纪，以英国为代表的资本主义国家为适应引进技术，建立新工业的需要，解决有关发明创造权利归属和推广利用问题，在实行专利制度方面进行了有益的探索，为世界各国树立了典范，带动了世界范围内专利制度的迅速推广。1474年3月19日，威尼斯共和国颁布了世界上第一部专利法，正式名称为《发明人法规》(*Inventor Bylaws*)，并依法颁发了世界上的第一号专利。科学家伽利略在威尼斯共和国获得了扬水灌溉机的20年专利权。伊丽莎白女王统治时期，专利授权活动出现小的高潮，1561～1590年间，英王批准了有关刀、肥皂、纸张、硝石、皮革等物品制造方法的50项专利。

1624年是专利史上的重要一年，英国的 *Statute of Monopolies*(《垄断法》)开始实施。《垄断法》宣告所有垄断、特许和授权一律无效，今后只对"新制造品的真正第一个发明人授予在本国独占实施或者制造该产品的专利证书和特权，为期14年或以下，在授予专利证书和特权时其他人不得使用。"《垄断法》被公认为现代专利法的鼻祖，它明确规定了专利法的一些基本范畴，这些范畴对于今天的专利法仍有很大影响。其后，欧美其他国家纷纷效仿。

美国的第一件专利出现于1641年，是关于食盐制造的方法专利。1787年的美国联邦宪法规定"为促进科学技术进步，国会将向发明人授予一定期限内的有限的独占权。"1790年，以这部宪法为依据，又颁布了美国专利法，它是当时最系统、最全面的专利法。依据美国专利法授权的第一件美国专利出现在1790年7月31日，是有关碳酸钾的制造方法。法国第一部专利法出现在1791年。这期间各国专利法的共同特征是专利授权时都没有明确的权利要求，而且都不进行检索和技术审查。随后，1800～1888年间，大多数工业化国家都颁布了本国专利法。

1877年的德国专利法突出了强制审查原则，1902年修订的英国专利法规定审查员须对50年来的英国专利进行检索，1905年起英国正式开始实行专利申请检索制度。1932年修订的专利法又将专利申请的检索范围扩大到英国以外的国家。二战后，亚非拉的许多发展中国家也纷纷制定了自己的专利法。同时，为便于国际合作与交流，产生了不少的国际条约与国际组织，如《保护工业产权巴黎公约》、《专利合作条约》、《欧洲专利条约》、世界知识产权组织、欧洲专利局等。

中国专利制度源于垄断权，在清朝光绪年间(1882年)，上海机器织布局获得光绪皇帝亲笔批准的"十年以内，只准华商附股搭办，不准别行设局"的垄断权；1895年，著名实业家、教育家张謇取得了在通州、崇明、海门免税经营的特权；1889年，光绪皇帝颁布了《振兴工艺给奖章程》。真正的专利制度建立是辛亥革命后的1912年，工商部颁布了《奖励工艺品暂行章程》。

中国历史上第一部专利法典于1944年5月29日由中华民国政府公布，1949年1月1日实施，现仅在台湾省适用。新中国成立后，1950年中央人民政府颁布了《保障发明权与专利权暂行条例》，中华人民共和国于1984年制定专利法，1985年4月1日开始实施，建立起专利制度，1992年、2000年两次修正，充分体现出"保护发明创造专利权，鼓励发明创造，有利于发明创造的推广应用，促进科学技术进步和创新，适应社会主义现代化建设"的立法宗旨。专利制度的实施对激发人民的创造热情，保护专利权人的创造成果，促进创造成果的推广等起到很大的促进作用。据中国知识产权报2006年6月28日报道，2006年6月27日，中国专利申请总量突破300万件。这是我国知识产权事业的进步，更是时代赋予知识产权事业的需求。从中国专利法实施到2000年初，中国专利申请总量在近15年里达到了第一个100万件。此后仅仅过了4年零2个月，到2004年3月，中国专利申请总量达到200万件；短短2年零3个月以后，也就是到2006年6月，中国专利申请总量达到300万件，再度实现了跨越式发展。表明我国专利制度在激励全社会发明创造、推动技术创新等方面发挥着日益突出的作用，企业、院所、高校等运用知识产权的能力不断增强。

到目前为止，专利制度已成为国际上普遍实行的一种法律制度，至今世界上已有195个国家和地区施行了这种制度。现代专利制度是商品经济、知识经济的产物，是经过了300多年演变充实，随着现代化的经济、科技发展正日益趋向国际化的一种制度。专利法是专利制度的核心部分，专利法将决定专利制度的稳定与发展。

从专利制度的产生可以看出，专利制度是利用法律和经济手段保障和推动知识创新、技术创新和科技进步的知识产权制度，是运用法律手段保护发明创造者的合法权益，促进知识产品的合理流动和技术成果转化、规范知识产权在市场经济中有序流动的重要制度。法律保护和技术公开是专利制度的两大基本功能。以出版专利文献的形式来实现发明创造向社会的公开和传播是专利制度走向成熟的最显著特征。

二、专利制度的特征

专利制度是国际上通行的一种利用法律和经济的手段保护发明创造，即通过在一定时期内授予专利权换取发明人向社会公开其发明创造的内容，推动技术进步的管理制度，专利制度包括有关发明创造的奖励条例、专利法、国际公约和条约等。专利制度有以下几个主要特点：

（1）法律保护。法律保护是专利制度的本质特征。专利制度是通过专利法来保护发明创造的，专利法的核心是专利权问题，专利权是一种财产权，也是一种所有权、排他权，给了你就不能给其他人。专利法同其他法律一样体现国家意志，具有普遍的约束力。

（2）科学审查。1790年制定的美国专利法，最先采用了审查制，这反映了现代科学技术发展的客观要求。所谓科学审查，就是对申请专利的发明创造要进行新颖性、创造性、实用性的审查。专利权的获得要经过国家专利主管机关对专利申请进行全面、严格的审查，尤其是对发明创造的实质性技术内容是否具备专利性条件进行审查。

（3）公开通报。是指专利局依法将专利技术的内容以专利说明书的形式向世界公开通报。专利文件的公开，一是起法律文件的作用。公开宣告专利技术归谁所有,对一个科技工作者来说,对所研究领域的专利说明书必须看,否则如果重复做别人已取得专利的研究工作,即使成功也将得不到法律保护。二是起技术情报信息作用。专利说明书是可靠、及时的技术情报,在制订科研、设计计划及具体研究试制某项新产品时都应参考相关领域的专利。通过相互启发、相互促进,推动科学技术更快进步。

(4) 国际交流。专利法是国内法,仅在指定国的领域内有效,大都根据自己的政治、经济以及其他各种因素来制定。但是,通过国与国之间的双边协议以及共同参加的国际条约,如《保护工业产权巴黎公约》(以下简称《巴黎公约》),使得专利这一无形资产可以突破国家的界限而在世界范围内进行交流。专利制度对国际技术交流起到了重要的推动作用。

专利制度适应了商品经济和现代科技发展的需要,已成为经济和技术管理中较为完整的系统的科学管理制度。任一国家的专利制度既要符合本国的国情需要,有效地发挥专利制度促进科技进步和经济发展的积极作用,又要适应专利法国际协调的发展趋势,以适应国际化保护水平的要求。

三、专利制度的作用

从世界各国情况来看,鼓励知识创新、技术创新,最根本的是要建立一种机制和一种制度,为知识创新、技术创新建立一种长期稳定的良好的法律政策环境。专利制度保护下的市场竞争是一种有序的竞争,是一种发展的竞争,是一种有利于社会共同进步的竞争。面对经济全球化和知识产权国际化的挑战,必须不断完善专利制度,普及专利知识,对增强自主创新能力和竞争能力,实现技术的跨越式发展具有重要意义。专利制度的这种作用主要表现在以下几个方面:

(1) 有利于激励发明创造者。专利制度是用来保护发明创造的独占权制度,专利权人就可以依法独占市场,从而获得较好的利润。所以,技术创新成果申报专利获得专利权后成为一种合法财产,在专利有效期内可享有垄断的生产、制造、销售及进口权所带来的经济利益,对企业与个人的技术创新热情有强大的激励作用。

(2) 有利于创新资源的有效配置。申报专利后公之于众的技术成果,成为社会生产领域可研究与借鉴的技术情报,有利于减少在技术创新上的重复劳动和低水平上的研究与探索,有利于技术创新在相对较高的水平上进行。

(3) 有利于创造公平竞争环境。保护专利权是专利制度的核心。在知识产权制度日趋国际化、关税壁垒逐渐拆除、经济日益全球化的今天,只有将发明创造成果依法获得专利权并得到切实保护的前提下,才能最终形成自己的独特的市场竞争优势。

(4) 有利于促使新技术商品化和产业化。新技术的商品化和产业化,是技术创新的根本目的。专利权人在专利技术的实施中可获得较高的收益,取得丰厚的回报,重点不是在技术发明完成后,而是移至专利技术实现产业化以后,从其创造的效益中提取。这一点有别于现行科技奖励政策。专利制度的这一作用将极大促使技术成果的转化，促进创新活动的良性循环。

在2006年1月召开的全国科学技术大会上，国家知识产权局局长田力普在谈发挥专利制度重要作用时指出：从质量上看，知识产权制度建立20多年以来，我国人民、我国企业发明专利申请的最集中的领域有：中药、软饮料、食品、汉字输入法，国内申请分别占98%、96%、90%、79%，这是我国占优势的比较集中的领域。而来自国外的专利申请所集中的领域主要是高科技领域：无线电传输、移动通讯、电视系统、半导体、西药、计算机应用，分别占93%、91%、90%、85%、69%、60%。可以看出，国外申请的重点是放在了高技术领域，放在高端。

据统计，国内拥有自主知识产权核心技术的企业，仅占大约万分之三，有99%的企业没有申请专利，所以给国际上的印象是，中国是制造大国，在知识产权方面我们还处在一种比较落后的状态，很多人说我国的企业是有制造没有创造，有产权没知识。例如我国的大型民航客机，百分之百从国外进口。我国高端的医疗设备、半导体以及集成电路制造设备和光纤制造设备，基本上都是从国外进口的。

我国要形成一批拥有自主知识产权和知名品牌的企业，要有自己的核心技术，也要有自己的知识产权，要有较强的国际竞争力。对照既定目标，面对世界科技发展形势，现在我们做得还远远不够。

四、专利法的理论及其特征

（一）专利法的概念

专利法是用以调整发明创造者、发明创造所有者和发明创造使用者之间所产生的社会关系的法律规范。专利法依据国家宪法，规定专利的主体和客体，专利权的保护形式，专利权的审批，专利权的期限、终止和无效，专利权人的权利和义务，以及对专利权的转让等。它是有关专利的一切法律行为所必须遵循的法律规定。专利法所要解决的问题主要有：发明的权利归属问题、利用问题、保护问题和对于获得良好经济效益的发明创造，如何用法律来保障其权利人得到公平的利益分享问题等。

（二）专利法的特点

1. 专利法是国内法

国内法是由特定国家制定并适用于该国主权管辖范围内的法律，包括宪法、民法、刑法、行政法、诉讼法等。国内法的主体一般为公民、社会组织和国家机关，国家在某些特定情况下也能成为法律关系的主体。

各国的专利法都只能在本国地区内有效，即没有“域外效力”。因而申请人无论是本国人或外国人，只要在某一个国家申请专利，那么该国的专利法就对他适用。一项技术要想在其他国家获得独占权，必须在其他国家申请专利。

2. 专利法既是实体法又是程序法

实体法是指以规定和确认权利和义务或职权和职责为主的法律，程序法是指以保证权利和义务得以实现或职权和职责得以履行的有关程序为主的法律。

我国专利法和专利法实施细则，既对发明创造者、发明创造所有者和发明创造使用者规定出其权利和义务，并对决定权利和义务发生、变更、消灭等的必要条件作规定，又对实现公告、确认权利和义务等规定了相应的方法、手续和程序。

3. 专利法是特别法

特别法是指在一国的特定地区、特定期间或对特定事件、特定公民有效的法。在一般法和特别法调整相同关系时，特别法较一般法优先，这就是法学上的“特别法优先”。

有关发明创造的权力归属和使用中的法律问题，首先应依照专利法的规定来解决，若超出专利法的规定时，再依据其他一般法来处理。

第二节　专利法保护的对象

专利法保护的对象即专利法保护的客体，也就是依法可以取得专利权的发明创造。按照《巴黎公约》第一条的规定，专利法保护的对象仅指发明，而实用新型和外观设计是与发明并行的工业产权保护的客体。因此，大多数国家仅把发明作为专利保护的客体，对实用新型和外观设计则另行制定与专利法平行的法律来保护。我国专利法保护的客体发明创造，发明、实用新型和外观设计这三者在我国专利法中统称发明创造。专利法作为一种实体法，保护的是发明创造者所拥有的专利权，任何一种专利权都是由主体(与专利有关的当事人)、内容(与专利有关的权利和义务)、客体(专利权利和义务所指的对象)三个要素组成的。

一、专利申请权

专利源于人们的发明创造，但发明创造者取得发明创造成果未必有权申请专利取得专利权。规范申请专利既可以保护发明人和专利申请人的发明创造成果，防止科研成果流失，取得应有的经济和社会效益，同时也利于科技成果的推广应用，从而促进科技进步和经济发展。人们可以通过申请专利的方式占据新技术及其产品的市场空间，通过生产销售专利产品、转让专利技术、专利入股等方式获得相应的经济利益。

(一) 专利申请权及其归属

1. 专利申请权及专利申请人

发明是一种具有创造性的技术方案，是发明者创造性劳动的结晶，因而发明人是具体的人，即法律上称谓的“自然人”，而不是某单位、某工厂。我国专利法规定发明人或者设计人是指对发明创造的实质性特点作出创造性贡献的人。在完成发明创造过程中，只负责组织工作的人、为物质技术条件的利用提供方便的人或者从事其他辅助工作的人，不是发明人或者设计人。

专利申请权是指发明人或发明人所在单位对其发明具有申请专利的权利。专利申请一旦得到批准，专利权将归专利申请人而不是发明人，所以，专利申请权成为得到专利权的前提。

2. 专利权的归属

专利权的归属问题规定实质是确定发明创造成为知识产权其权利和义务主体，我国《专利法》第 6 条规定："执行本单位的任务或者主要是利用本单位的物质条件所完成的职务发明创造，申请专利的权利属于该单位；非职务发明创造，申请专利的权利属于发明人或设计人。在中国境内的外资企业和中外合资经营企业的工作人员完成的职务发明创造，申请专利的权利属于该企业；非职务发明创造，申请专利的权利属于发明人或设计人。"

我国《专利法》还规定，对发明人或设计人的非职务发明创造的专利申请，任何单位或个人不得压制；专利权的所有单位或持有单位应当对职务发明创造的发明人或设计人给予奖励；发明创造专利实施后，根据其推广应用的范围和取得的经济效益，应对发明人或设计人给予奖励。

（二）职务发明与非职务发明

发明创造很多是发明者根据自身的兴趣确定课题，自行投入必要的财力和物力，进行发明创造活动，其专利申请权和专利权当然归发明者个人，但有很多发明者是在职人员，其发明创造活动是工作活动，取得的发明创造成果成为职务发明。关于职务发明与非职务发明，我国《专利法》第 6 条和专利法实施细则第 11 条规定，执行本单位的任务或者主要是利用本单位的物质技术条件所完成的发明创造为职务发明创造。职务发明包括：执行本单位的任务所完成的职务发明创造；履行本单位交付的本职工作之外的任务所作出的发明创造；退职、退休或者调动工作后 1 年内作出的，与其在原单位承担的本职工作或者原单位分配的任务有关的发明创造。所谓本单位的物质技术条件，是指本单位的资金、设备、零部件、原材料或者不对外公开的技术资料等。职务发明创造申请专利的权利属于该单位；申请被批准后，该单位为专利权人。

两个以上单位或者个人合作完成的发明创造、一个单位或者个人接受其他单位或者个人委托所完成的发明创造，除另有协议的以外，申请专利的权利属于完成或者共同完成的单位或者个人；申请被批准后，申请的单位或者个人为专利权人。

非职务发明创造，申请专利的权利属于发明人或者设计人；申请被批准后，该发明人或者设计人为专利权人。

另外，利用本单位的物质技术条件所完成的发明创造，单位与发明人或者设计人订有合同，对申请专利的权利和专利权的归属作出约定的，从其约定。

二、专利权人

专利权人是指能够享受专利规定的权利并承担所规定之义务的人,具体说是指依法有权依照专利法申请和取得专利权,对所拥有的专利权依法享有占有、使用、收益和处分权利,并承担法定义务的公民、法人和其他社会组织。在我国专利权人的权益不仅受《中华人民共和国专利法》保护,还受到《中华人民共和国民法通则》等所有对公民、法人和其他社会组织的权益进行保护的法律法规的保护。

专利是发明人从事创造活动的结晶,我国《专利法实施细则》第12条规定:专利法所称的发明人或者设计人是指对发明创造的实质性特点作出了创造性贡献的人。发明人不一定是专利权人。2001年国家知识产权局公布的中国专利金奖项目名单如表5-1所示。

表5-1 国家知识产权局公布的中国专利金奖项目名单

序号	专利号	发明创造名称	专利权人	发明人(设计人)
1	92108579.6	夹片式群锚拉索及安装方法	上海市基础工程公司、同济大学、柳州市建筑机械总厂	唐明翰、颜义然、黄是勇、黄秀兰、方中予、陆宗林、叶浩泉、张家华
2	94117445.X	一种交流变极电机	华中理工大学、长江轮船总公司电机厂	王雪帆、张帮发
…	…	…	…	…
9	98120087.7	铜基无银无镉低压电工触头合金材料	王英杰、郑启亨、黄惠仪、程忠贤	郑启亨、黄惠仪、王英杰、程忠贤
10	98126309.7	按工艺要求定滚筒类飞剪机构参数的方法	宝山钢铁(集团)公司、宝钢集团西安重型机械研究所	高玉田、柳冉、沈成孝、赵兵、朱庆明、朱季瑞、朱进兴、蒋继中、潘纪根、董丰收、郁黎扬、李光胜、张晓秋、魏春生
11	98249821.7	带状光缆	四川汇源信息产业(集团)有限公司	刘中一、唐英、王国东
12	99312078.4	摩托车外观设计	海南新大洲摩托车股份有限公司	祝建华、赵序宏、陈凯建、陈小军

由表5-1可见,除序号为9的专利其专利权人就是发明人之外,其他11件专利专利权人都不是发明人。原因是:对于职务发明,其专利权人是单位,而非职务发明,则专利权人与发明人一般是统一的。

三、专利权人的权利与义务

(一)专利权人的权利

关于专利权人的权利,我国《专利法》第11条规定,发明和实用新型专利权被授予后，除本法另有规定的以外，任何单位或者个人未经专利权人许可，都不得实施其专利，即不得为生产经营目的制造、使用、许诺销售、销售、进口其专利产品，或者使用其专利方法以及使用、许诺销售、销售、进口依照该专利方法直接获得的产品。外观设计专利权被授予后，任何单位或者个人未经专利权人许可，都不得实施其专利，即不得为生产经营目的制造、销售、进口其外观设计专利产品。

第 12 条规定，任何单位或者个人实施他人专利的，应当与专利权人订立书面实施许可合同，向专利权人支付专利使用费。被许可人无权允许合同规定以外的任何单位或者个人实施该专利。

第 10 条规定，专利申请权和专利权可以转让。中国单位或者个人向外国人转让专利申请权或者专利权的，必须经国务院有关主管部门批准。转让专利申请权或者专利权的，当事人应当订立书面合同，并向国务院专利行政部门登记，由国务院专利行政部门予以公告。专利申请权或者专利权的转让自登记之日起生效。

（二）专利权

专利权又简称为专利，它是国家按专利法授予申请人在一定时间内对其发明创造成果所享有的独占、使用和处分的权利，它是一种财产权，是运用法律保护手段对发明创造成果"跑马圈地"、独占现有市场、抢占潜在市场的有力武器。在专利权有效期限内，专利权可以赠与、转让和继承。

我国《专利法》第 10 条规定："专利申请权和专利权可以转让。中国单位或者个人向外国人转让专利申请权或者专利权的，必须经国务院有关主管部门批准。转让专利申请权或者专利权的，当事人应当订立书面合同，并向国务院专利行政部门登记，由国务院专利行政部门予以公告。专利申请权或者专利权的转让自登记之日起生效。"

发明成果只在专利保护期限内受到法律保护，期限届满或专利权中途丧失，任何人都可无偿使用。

一般专利权主要包括以下权利：独占权。专利权人对其专利享有独占权，即有自行实施和阻止他人实施的权利。许可实施权。专利权人有许可任何人实施其专利的权利。转让权。专利权人有转让其专利权的权利。标记权。利权人有权在其专利产品或者该产品的包装上标明专利标记和专利号。请求保护权。未经专利权人许可，实施其专利，即侵犯其专利权，引起纠纷的，由当事人协商解决；不愿协商或者协商不成的，专利权人或者利害关系人可以向人民法院起诉，也可以请求管理专利工作的部门处理，甚至追究刑事责任。

（三）对专利权人的限制

专利权实质上是一种独占权。然而，我国与世界各国一样，从国家利益和社会利益出发，对专利权人的权利作出了一些限制性的规定，以防止专利权人滥用其专利权。我国《专利法》第 63 条规定，有下列情形之一的，不视为侵犯专利权：

（1）专利权人制造、进口或者经专利权人许可而制造、进口的专利产品或者依照专利方法直接获得的产品售出后，使用、许诺销售或者销售该产品的；

(2) 在专利申请日前已经制造相同产品、使用相同方法或者已经做好制造、使用的必要准备，并且仅在原有范围内继续制造、使用的；

(3) 临时通过中国领陆、领水、领空的外国运输工具，依照其所属国同中国签订的协议或者共同参加的国际条约，或者依照互惠原则，为运输工具自身需要而在其装置和设备中使用有关专利的；

(4) 专为科学研究和实验而使用有关专利的。

具备实施条件的单位以合理的条件请求发明或者实用新型专利权人许可实施其专利，而未能在合理长的时间内获得这种许可时，国务院专利行政部门根据该单位的申请，可以给予实施该发明专利或者实用新型专利的强制许可。我国《专利法》第六章对强制许可做出了具体规定。并规定取得实施强制许可的单位或者个人应当付给专利权人合理的使用费，其数额由双方协商；双方不能达成协议的，由国务院专利行政部门裁决。

(四) 专利权人的义务

专利权人在取得专利申请权，申请专利和取得专利权的同时，应承担一定的义务。我国《专利法》第 43 条规定“专利权人应当自被授予专利权的当年开始缴纳年费。”第 44 条规定专利权在期限届满前没有按照规定缴纳年费的，专利权即告终止。

四、专利法的客体

关于专利法的客体，我国《专利法》第 2 条规定：“本法所称的发明创造是指发明、实用新型和外观设计。”这就是说，我国专利法的客体有发明专利、实用新型专利和外观设计专利三种。这一方面说明，我国专利有三种：发明、实用新型和外观设计，另一方面也说明，专利权人申请专利，可以根据发明创造的特点选择申请这三种中的一种。

例如：大连理工大学三束材料改性国家重点实验室专利成果情况：

发明专利

序号	专利名称	专利号	批准时间	承担单位
1	一种镁合金板材焊接方法	02109205.2	2005.3.2	大连理工大学
2	一种镁合金管材焊接方法	02109204.4	2005.3.2	大连理工大学
…	…	…	…	…
12	全元素离子束增强沉积技术	ZL92111475.3	1997.3.6	大连理工大学
13	单质硫的硫和金属离子复合注入方法	ZL92111302.1	1997.3.6	大连理工大学

实用新型专利

序号	专利名称	专利号	批准时间	发明人	承担单位
1	新型焊枪喷嘴	ZL03284603.7	2004.11.10	刘黎明	大连理工大学
2	等离子体源增强沉积设备	ZL03211548.2	2004.8.11	李国卿	大连理工大学
…	…	…	…	…	…
6	波形螺旋管网式冠状动脉支架	ZL99251654.4	2000.7.21	杨大智等	大连理工大学

（一）发明专利

何谓发明，不同国家对其界定不尽相同。联合国世界知识产权组织（WIPO）主持制定的《发展中国家发明示范法》第112条规定：发明是发明人的一种能在实践中解决技术领域的某一特定问题的思想。日本专利法对发明规定为利用自然规律所作出的高水平的技术创造。我国《专利法实施细则》规定：专利法所称的发明，是指对产品、方法或者其改进所提出的新的技术方案。

可以看出，发明是发明人的一种技术思想，是能够解决技术领域某一特定问题的新的技术方案，或称技术构思。它与现有技术相比具有突出的实质性特点和显著进步。这种新技术方案必须是能解决具体课题，并能实现的方案。发明又可分为产品发明和方法发明，其相应的专利通常分别称为产品发明专利和方法发明专利。

产品发明是指经过发明人的创造性构思制成的各种产品，诸如机器、仪器和装备等有固定形状的物质产品。还包括利用各种方法制得的各种合成物或化合物等无固定形状的物质产品。

如，手机辐射防护系统，其申请（专利）号：01126078.5，公开（公告）号：CN1407776。该发明手机辐射防护系统公开了一种能够防止手机辐射的装置。它在手机背后加装了一个盒子，放置耳机，使耳机的使用很方便，使手机对大脑辐射降低到1%左右，又不影响通讯信号的强弱。其权利要求书为一种带有耳机的手机辐射防护系统，其特征在于：它有一个放置耳机的盒子。

方法发明是指发明人作了创造性构思的技术方案，应包括产品的生产制造方法、使用方法、测量方法、化学配方、通讯方法、处理方法、工艺流程、产品特定用途的方法和产品的新用途方法等。对于一些纯属智力、精神活动的优化方法、新的管理方法等不能申请专利保护。

如，光电薄膜组件的制备方法，其申请（专利）号：01806288.1，公开（公告）号：CN1418379，发明（设计）人：A.普勒辛，申请（专利权）人：伊索沃尔塔奥地利绝缘材料股份公司。该发明涉及一种制备光电薄膜型组件的方法，该组件包括提供在载体材料上的薄膜型太阳能电池系统。薄膜型太阳能电池系统的至少一表面上被封装材料复合体包封。在有薄膜型太阳能电池系统的表面上具有密封层。在层压步骤中，将封装材料以及薄膜型太阳能电池系统与载体彼此接触在一起，并在压力和高温下加压，形成复合件形式的耐大气光电薄膜型组件。以简单易行的方法，制备了一种抗紫外光、水蒸气和耐大气影响的光电薄膜型组件。通过对载体材料，例如塑料膜或塑料膜复合物形式的载体材料的选择，可额外地使光电组件具有柔韧性。

其权利要求书：一种制备光电薄膜型组件的方法，该组件包括提供到载体材料上的薄膜型太阳能电池系统，必要时其两侧被封装材料复合体包封，该方法的特征在于：在层压步骤中，由防护层和密封层形成的用于封装材料复合体的材料带在层压区与另一用于薄膜型太阳能电池系统和其载体材料的材料带接触，使得密封层贴着薄膜型太阳能电池系统，并且通过升高的压力和必要时升高的温度形成光电组件形式的复合件。

（二）实用新型专利

实用新型专利是指对产品形状、构造或者其构造和形状的结合，一种新的实用的设计方案。实用新型专利只保护具有一定形状的产品，没有固定形状的产品和方法以及单纯平面图案为特征的设计不在此保护范围。实用新型专利只要求与已有技术相比有实质性特点和进步，往往是指那些小改小革项目，一般也称“小发明”。实用新型专利只保护具备一定形状构造的产品发明。方法发明及没有一定形状的物品发明不属于实用新型专利的保护范围。

如，一种靠人体热能发电的温差电池。其申请（专利）号：02102168.6，公开（公告）号：CN1433090。该发明涉及的是一种靠人体热能发电的温差电池。它是一种物理电池，无噪音、清洁、不污染环境，仅利用人的体温就能发电，为您的手机、掌上电脑、收音机、助听器等产品，提供稳定的电源，无论何时何地，它都能忠实地为您服务，使您的生活便利和丰富多彩。从长远的发展观念来看，它将会部分地取代现在化学电池的地位，发展前途无可限量。

其权利要求项：一种靠人体热能发电的温差电池，由若干个热电偶组片单元和透气孔胶条交替胶合在一起，用插座电联接组成温差电池组，缝制在特制的马夹上。

（三）外观设计专利

外观设计是指对产品的形状、图案、色彩或者其结合作出的富有美感的并适于工业上应用的新设计，外观设计专利的保护对象是产品的外表设计。这种设计可以是平面图案，也可以是立体造型，或者两者的结合。

实用新型专利和外观设计专利都涉及产品的形状，两者的区别主要是，实用新型专利主要涉及产品的结构构成，而外观设计专利只涉及产品的外表。

如，手表式手机，其申请（专利权）人：陈文鸣，发明（设计）人：陈文鸣，申请

(专利)号：02336744.X,其后视图、右视图、主视图如下图所示。手表式手机是在手机上配上表带。因按键为凹键,仰视图、俯视图按键不可见,省略其他视图。

后视图

右视图

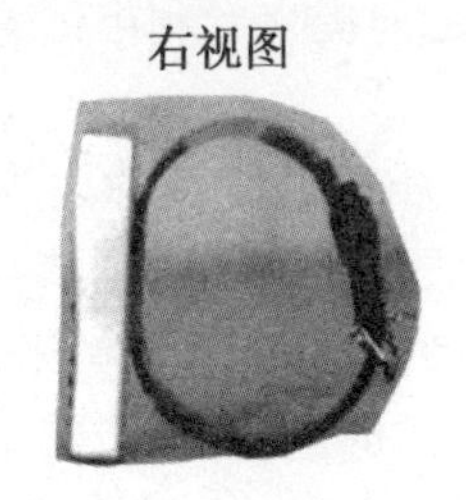

主视图

五、授予专利权的条件

发明创造能否得到专利权的保护,是专利申请者、专利实施者必须关注的问题,专利申请者只有深刻理解授予专利权的条件,才能自我判断发明创造能否得到专利法的保护,如何有效得到专利法保护,专利实施者对实施的专利条件的把握,对他人侵犯所实施专利进行有效保护具有重要意义。关于专利实施条件,我国《专利法》第 22 条规定,授予发明和实用新型专利权,必须具备三性：新颖性、创造性和实用性。

(一) 新颖性

我国《专利法》第 22 条规定:“新颖性,是指在申请日以前没有同样的发明或者实用新型在国内外出版物上公开发表过、在国内公开使用过或者以其他方式为公众所知,也没有同样的发明或者实用新型由他人向专利局提出过申请并且记载在申请日以后公布的专利申请文件中。”

如果在专利申请日之前,发明创造已经公开了,或者是在文字上已经记载出版了,就可能丧失新颖性。如果发明人先发表论文或申请成果,然后再申请专利,这样就造成发表论文破坏了自己的发明创造的新颖性,不能授予专利权。

当然,在某些特定情况下,已向公众公开的发明创造,在一定期限内向专利局提出专利申请不视为丧失新颖性。我国《专利法》第 24 条规定,以下三种公开情形 6 个月内不丧失新颖性。

一是在中国政府主办或者承认的国际展览会上首次展出的发明创造。二是在规定的学术会议或技术会议上首次发表的发明创造。这些会议是指国务院有关部门或全国性学术团体组织召开的学术会议或技术会议。三是他人未经申请人同意而泄露其内容的。

以上三种情形的规定,旨在鼓励人们在展览会上展出其发明创造,鼓励技术交流,促进技术进步,但是,对上述三种情况下的发明创造,应在提出专利申请时作出声明并按《专利法实施细则》第 31 条的规定提交相关证明材料。

值得指出的是,专利在申请之前一般不宜使用或公开发表,因为专利之所以授权，是因为申请的技术发明创造是新颖的，在目前市场上没有出现过，即使是自己的使用公开也会导致专利失去新颖性而不能获得授权，因此，发明创造和新颖的外观设计必须在使用或公开之前提交专利申请。

（二）创造性

关于创造性，各国说法不尽相同。美国称之为“非显而易见性”，日本称之为“进步性”，总的来说，它是指申请专利的发明创造与现有技术相比，具有本质上的差异，这种差异对所属技术领域的普通技术人员来说是显而易见的。

我国《专利法》第22条规定：“创造性，是指同申请日以前已有的技术相比，该发明有突出的实质性特点和显著的进步，该实用新型有实质性特点和进步”。

所谓突出的实质性特点，是指该发明技术要与现有技术相比具有明显的本质上的差异，并且该项技术不是本专业普通技术人员能够显而易见的，也不能直接从现有技术中得出构成该发明全部必要的技术特征，也不能通过逻辑分析、判断推理或者试验而得到。所谓显著的进步，是指该项技术克服了现有技术的缺点和不足，在实践中的经济和社会效益明显地优于现有的技术，有明显的优点和经济、社会效益。

（三）实用性

我国《专利法》第22条规定：“实用性，是指该发明或实用新型能够制造或者使用，并且能够产生积极效果。”

所谓能够制造或者使用的技术方案，是指在产业上能够制造或者使用，即在符合自然法则、具有技术特征的任何可实施的技术方案。所谓能够产生积极效果，是指发明或者实用新型专利申请在申请日前，其产生的经济、技术和社会的效果是所属技术领域的技术人员可以预料到的。这些效果应当是积极的和有益的。

六、授予外观设计专利权的条件

我国《专利法实施细则》第2条规定：“专利所称外观设计，是指对产品的形状、图案、色彩或者其结合所作出的富有美感并适于工业上应用的新设计。”可见，申请外观设计的专利必须能应用于产品上，而且这种产品必须具有实用性，并有一定的形状。因此，不能在工业上生产的固定物如建筑物、桥梁等和无固定形状的物质等不能申请外观设计专利。

我国《专利法》第31条规定：“一件外观设计专利申请应当限于一种产品所使用的一项外观设计。用于同一类别并且成套出售或者使用的产品的两项以上的外观设计，可以作为一件申请提出。”这就是外观设计专利申请的单一性规定。如一套茶具、酒具等等均可作为一项外观设计专利申请提出。

我国《专利法》第23条规定：“授予专利权的外观设计，应当同申请日以前在国内外出版物上公开发表过或者国内公开使用过的外观设计不相同或者不相近似。”所谓“不相近似”是指有了较大的改变，已超出了相同设计范围。在判断不相近似时，应注意如下几点：必须在同一小类产品中进行比较判断；对立体造型产品，判断时应以外形为主，图案、色彩为辅；对平面产品，判断时应以图案为主，形状为辅。

七、不授予专利权的发明创造及技术专项

实行专利制度的国家并不是对所有发明创造都授予专利权。一般都从本国的社会制度、国家利益、科技水平、道德风尚等方面出发，对某些尽管具备“三性”的发明创造或不属于发明创造的专项技术不授予专利权。我国不授予专利权的情形主要有：

一是违反国家法律、社会公德或者妨害公共利益的发明创造，不授予专利权。如万能开锁器、吸毒工具、赌博机器等；破坏防盗门的方法和工具，伤害良风习俗的外观设计也不能给予专利保护。

二是科学发现。例如对自然现象、社会现象及其规律的新发现、新认识以及纯粹的科学理论和数学方法。所谓发现，是自然界客观存在的物质或自然规律被人认识，是自然界客观存在的，而不是人类创造出来的。我们说发现了哈雷彗星，因为彗星不是人为发明创造的，在人们认识它之前，就已经客观存在了千万年。当然，一项新的发现将有助于新的发明，或者说许多的发明产生于发现，例如法拉第发现电磁感应定律，以后产生了以该定律为原理的发明——发电机和电动机。

三是智力活动的规则和方法。例如对人和动物进行教育、训练的方法；进行组织生产、经商和游戏的方案、规则；单纯的计算机程序。

四是疾病的诊断和治疗方法。因与人民生命健康有关，不宜授予专利权，但是各种对人体的排泄物、毛发和体液的样品以及组织切片的检测、化验方法不属于疾病的诊断方法。该方法虽不能保护，但各种诊断、治疗疾病的仪器、设备的发明可以保护。

五是用原子核变换方法获得的物质。因为与大规模毁灭性武器的制造生产密切有关，所以不能授予专利权。

另外，中国专利局第 27 号公告中还规定有如下八类发明创造不授予实用新型专利权。它们是：

(1) 各种方法，产品的用途；

(2) 无确定形状的产品，如气态、液态、粉末状、颗粒状的物质或材料；

(3) 单纯材料替换的产品，以及用不同工艺生产的同样形状、构造的产品；

(4) 不可移动的建筑物；

(5) 仅以平面图案设计为特征的产品，如棋、牌等；

(6) 由两台或两台以上的仪器或设备组成的系统，如电话网络系统、上下水系统、采暖系统、楼房通风空调系统、数据处理系统、轧钢机、连铸机等；

(7) 单纯的经路，如纯电路、电路方框图、气动线路图、液压线路图、逻辑方框

图、工作流程图、平面配置以及实质上仅具有电功能的基本电子电路产品(如放大器、触发器等);

(8) 直接作用于人体的电、磁、光、声、放射或其结合的医疗器具。

对外观设计专利虽然专利法并未明确列出不授予专利权的项目,但对无法用工业方法生产和复制的产品,例如:纯粹的美术作品、直接利用自然物的外形构成的制品、与具体地形相结合的固定建筑物不能授予外观设计专利权。此外对近代人物的肖像、国旗、国徽、注册商标和服务标志等因涉及其他权利,也不能授予外观设计专利权;文字、字母、数字本身,因不属于图案,产品的微观图案和形状,因无法用肉眼看到所以也不能保护。

第三节 专利申请与实施

发明创造不能自然而然地取得专利权,要取得专利权,必须履行《专利法》所规定的专利申请手续,向国家专利局提交申请文件,经过法定的程序审批,最后审定是否授予专利权。根据《专利法》的规定,申请人可以自行申请专利,也可以委托专利代理人代理专利申请。由于专利制度涉及技术、经济、法律等多方面知识,在专利申请、审批、复审、异议程序中的各项专利事务手续繁杂,格式严谨,专业性强,一般申请人和发明人难以掌握,甚至会由于当事人缺乏法律知识而丧失申请专利的机会或者是获权后由于没按时办理手续等而被提前终止专利权。为此,目前世界各国都十分重视专利代理工作,并且都建立了专利代理体系。

一、专利申请的原则

(一) 先申请原则

所谓先申请原则是指两个以上的申请人分别就同样的发明创造申请专利时,专利权授予最先申请的人。也就是说:对于一项发明创造申请专利的,则要求有关申请人自行协商确定谁是申请人,或共同申请,或由一方将申请权转让给其他方,从中得到适当的补偿。如果双方协商不成的,专利申请权将都会丧失。

世界上绝大多数国家都采用先申请原则。我国采用先申请原则。我国的单位或者个人完成发明创造后,应当及时提出专利申请,过晚提出申请,就有可能被他人抢先提出专利申请而失去取得专利权的机会。

(二) 单一性原则

一项发明创造若给予两个以上专利权,就违背了专利权独占性的原则。因此,一项发明只能授予一个专利权。单一性原则,日本将这一原则称之为“一发明一专利原则”,在美国称为“排除重复专利原则”。

我国《专利法》第 31 条规定,一件发明或者实用新型专利申请应当限于一项发明或者实用新型。这就是发明、实用新型专利申请必须坚持的一发明(或一实用新型)一专利的原则。但在发明创造中,有时有两项或者两项以上的发明创造相互连成一个总的发明构思。针对这种情况,我国《专利法》也作了明确规定,属于一个总的发明构思的两项以上的发明或者实用新型,可以作为一件申请提出。这样的申请一般称之为合案申请。

申请外观设计专利,也应遵循一外观设计一专利的原则。我国《专利法》第 31 条规定,一件外观设计专利申请应当限于一种产品所使用的一项外观设计。用于同一类别并且成套出售或者使用的产品的两项以上的外观设计,可以作为一件申请提出。

(三) 书面原则

我国《专利法》第 26 条规定,申请发明或者实用新型专利的,应当提交请求书、说明书及其摘要和权利要求书等文件。请求书应当写明发明或者实用新型的名称,发明人或者设计人的姓名,申请人姓名或者名称、地址,以及其他事项。说明书应当对发明或者实用新型作出清楚、完整的说明,以所属技术领域的技术人员能够实现为准,必要的时候,应当有附图。摘要应当简要说明发明或者实用新型的技术要点。权利要求书应当以说明书为依据,说明要求专利保护的范围。第 27 条规定,申请外观设计专利的,应当提交请求书以及该外观设计的图片或者照片等文件,并且应当写明使用该外观设计的产品及其所属的类别。

一项发明创造要想取得专利权,除了要撰写申请文件,履行申请手续外,还要按规定缴纳各种费用,这需要花费很多时间、精力和费用。因此,在申请专利前要对发明创造的三性、市场前景、申请专利的种类等进行全面考虑,以便使发明创造较顺利地获得专利权,并使之获得预期的经济效益的重要保证。

二、专利申请文件

专利申请是一项专业性强、技术性强、法律性强的工作。申请专利须向国家专利行政机构递交请求书、说明书及其摘要、权利要求书、附图等一系列申请文件。申请文件的撰写不仅要符合规定的格式、结构,而且需要对发明创造有深刻理解、对专利熟悉以及对其特殊表达方式和撰写技巧的掌握。只有这样才能写出说明书公开适宜,权利要求恰当,文字表达完整、清楚的高质量申请文件。专利申请文件撰写质量的高低,将影响到专利申请能否得以授权和专利授权后的保护范围是否最优化。

(一) 申请发明或者实用新型专利应提交的文件

我国《专利法》第 26 条规定:“申请发明或者实用新型专利的,应当提交请求书、说明书及其摘要和权利要求书等文件。”

请求书应当写明发明或者实用新型的名称,发明人或者设计人的姓名,申请人姓名或者名称、地址,以及其他事项。

说明书应当对发明或者实用新型作出清楚、完整的说明,以所属技术领域的技术人员能够实现为准，必要的时候，应当有附图。摘要应当简要说明发明或者实用新型的技术要点。

权利要求书应当以说明书为依据，说明要求专利保护的范围。

我国《专利法实施细则》第 18 条规定，发明或者实用新型专利申请的说明书应包括以下主要内容：(1) 发明或者实用新型的名称；(2) 技术领域：写明要求保护的技术方案所属的技术领域；(3) 背景技术：写明对发明或者实用新型的理解、检索、审查有用的背景技术，有可能的，并引证反映这些背景技术的文件；(4) 发明内容：写明发明或者实用新型所要解决的技术问题以及解决其技术问题采用的技术方案，并对照现有技术写明发明或者实用新型的有益效果；(5) 附图说明：说明书有附图的，对各幅附图作简略说明；(6) 具体实施方式：详细写明申请人认为实现发明或者实用新型的优选方式，必要时，举例说明，有附图的，对照附图。

权利要求书。权利要求书是申请人请求专利保护的范围。当发明创造被授予专利权后，权利要求书是确定发明或者实用新型专利保护范围的根据，也是判断他人是否侵权的根据，有直接的法律效力。权利要求书应当说明发明或者实用新型的技术特征，清楚、简要地表述请求保护的范围。权利要求分为独立权利要求和从属权利要求。独立权利要求应当从整体上反映发明或者实用新型的技术方案，记载解决技术问题的必要技术特征。从属权利要求是一种包括另一项或几项权利要求的技术特征，是含有许多附加的进一步加以限制技术特征的权利要求。一项发明或者实用新型应当只有一个独立权利要求，并写在同一发明或者实用新型的从属权利要求之前。对权利要求书的撰写要求高，不但文字严谨，而且要有法律和技术方面的技巧。

说明书摘要。说明书摘要是对发明或者实用新型技术特征的简述，是说明书的缩影，它便于读者进行文献检索。说明书摘要应当写明发明或者实用新型专利申请所公开内容的概要，即写明发明或者实用新型的名称和所属技术领域，并清楚地反映所要解决的技术问题、解决该问题的技术方案的要点以及主要用途。说明书摘要可以包含最能说明发明的化学式；有附图的专利申请，还应当提供一幅最能说明该发明或者实用新型技术特征的附图。摘要文字部分不得超过 300 个字。

（二）申请外观设计专利应提交的文件

由于外观设计是保护产品的形状、图案、色彩或其结合，很难用文字说明或者写成权利要求书，只能通过图片或照片才能正确地体现出来。因此，我国《专利法》第 27 条规定，申请外观设计专利的，应当提交请求书以及该外观设计的图片或者照片等文件，并且应当写明使用该外观设计的产品及其所属的类别。

《专利法实施细则》第 28 条规定，申请外观设计专利的，必要时应当写明对外观设计的简要说明。外观设计的简要说明应当写明使用该外观设计的产品的设计要点、请求保护色彩、省略视图等情况。简要说明不得使用商业性宣传用语，也不能用来说明产品的性能。

三、申请日和优先权日

专利的新颖性、创造性和实用性不仅显示出发明创造的时间性，而且也显示出专利申请的时间性，一项研究往往在同一时间有很多人在研究，可能同时取得创造成果，但能取得专利权的只能一个，谁最先向国家专利行政管理机构提出申请，谁就可能取得专利权。所以，申请日、优先权日成为专利申请中十分重要的两个要素。

（一）申请日

专利申请人向国务院专利行政部门提交我国《专利法》第 26 条规定的全部书面申请文件后，即表明专利申请人正式提出了专利申请。专利局收到申请文件后，应当受理专利申请，给予申请号，并通知申请人。按我国《专利法》第 28 条规定，国务院专利行政部门收到专利申请文件之日为申请日。如果申请文件是邮寄的，以寄出的邮戳日为申请日。

申请日是个十分重要的日期。申请专利的发明创造是否具有新颖性、创造性，是以申请日为准进行判断的；发明专利申请从申请日起满 18 个月，即行公布；国务院专利行政部门可以根据申请人的请求早日公布其申请。发明专利申请请求实质审查的期限是从申请日起 3 年以内，申请人无正当理由逾期不请求实质审查的，该申请即被视为撤回。发明专利的申请人请求实质审查的时候，应当提交在申请日前与其发明有关的参考资料。专利权期限也是从申请日起计算。

（二）优先权日

专利申请的优先权分为涉外专利申请的外国优先权和国内专利申请的本国优先权，前者是指同一专利申请人就同样的发明创造先后向不同的国家申请专利时，可以将其在第一个申请国的专利申请日定为优先权日，请求以后各个申请国在一定的期限内将其优先权日作为在该申请国的专利申请日。“一定的期限”也常被称为“优先权期”。我国《专利法》第 29 条规定：“申请人自发明或者实用新型在外国第一次提出专利申请之日起 12 个月内，或者自外观设计在外国第一次提出专利申请之日起 6 个月内，又在中国就相同主题提出专利申请的，依照该外国同中国签订的协议或者共同参加的国际条约，或者依照相互承认优先权的原则，可以享有优先权。”也就是说，在我国发明或者实用新型专利申请的优先权期是 1 年，而外观设计的优先权期为半年。“申请人自发明或者实用新型在中国第一次提出专利申请之日起 12 个月内，又向国务院专利行政部门就相同主题提出专利申请的，可以享有优先权。”即国内专利申请的本国优先权是指同一专利申请人自发明或者实用新型在中国第一次提出专利申请之日起 12 个月内，又向国务院专利行政部门就相同主题提出专利申请的，可以享有优先权。即可以以其第一次提出专利申请的申请日作为其在后提出的同一主题的本国专利申请的申请日。《专利法》第30条规定，申请人要求优先权的，应当在申请的时候提出书面声明，并且在3个月内提交第一次提出的专利申请文件的副本；未提出书面声明或者逾期未提交专利申请文件副本的，视为未要求优先权。

四、专利的实施

一般来说，专利权人总是希望自己的发明创造能够充分地实施，因为只有专利的实施，才能使专利权人从中得到相应的物质利益，体现社会价值。如果只单纯地持有一项专利权而不实施，还要缴纳各种专利费用，申请专利也就失去了意义。尽管世界上绝大多数国家都十分重视专利的实施，但实际上各国专利的实施率都不高，我国也存在着同样的问题。

（一）专利实施的概念

专利的实施是指把已获得专利权的发明创造应用于工业生产，也就是将专利技术真正应用于工业生产中，包括专利权人自己应用和专利权人许可他人应用。对于产品发明，实施就包括产品的制造、使用、销售或进口专利产品。如果是方法发明专利，实施一般包括使用该法，也包括使用、销售或进口依该方法所直接得到的产品。

专利技术的公开和实施，推动了社会经济的发展和进步，发明创造的公开使人们从中得到启发，有利于科学技术的传播，促进科研水平的提高，避免了资源的浪费，推动社会的发展与进步；同时，将发明创造应用于工业生产，产生一定的社会、经济效益，又进一步为社会创造物质财富和精神财富。因此，公开发明和实施发明创造是专利制度的两项重要内容。世界上大部分国家的专利法都规定，专利实施既是专利权人的权利，也是专利权人的义务。我国《专利法》第六章对专利实施的强制许可作了规定。

（二）专利实施许可

专利实施许可是指专利权人有权允许他人实施其专利，并取得相应专利使用费的制度。许可他人实施其专利是专利权人的重要权利。我国《专利法》第12条规定，任何单位或者个人实施他人专利，应当与专利权人签订书面实施许可合同，向专利权人支付专利使用费。被许可人无权允许合同规定以外的任何单位或者个人实施该专利。

专利实施许可合同又包括独占实施许可、排他实施许可、普通实施许可等三种形式，每种合同的权利义务有很大区别。

1. 独占实施许可

独占实施许可指被专利权人（许可人）在一定的时间和地域限制范围内，对专利权人的专利技术享有独占的使用权，并且被许可人是该专利技术的唯一使用人，专利权人和任何第三方都不得在相同的时间和地域范围内实施专利。根据这种许可方式，专利权人虽然可以获得较高的专利技术使用费，但也束缚了专利权人自己的手脚，所以在实践中这种许可方式较少使用。

例如：水面沼气收集装置

本实用新型公开了一种水面沼气收集装置，该装置由浮圈、集气罩、输气管等组成，集气罩的四边与浮圈连为一体，浮圈上有水气孔，集气罩上连接输气管，输气管上设有出气阀，输气管另一端连接用气装置。本装置结构简单，使用方便，适于农村特别江南水乡广大地区农村使用，使用该装置可以大大降低沼气的收集成本，同时减少了环境的污染，深受人们的喜爱。

以上专利向国内外推广转让。有意受让以上专利的中外企业、其他经济组织和个人，敬请与本公司联系。本公司对受让以上专利的中外企业、其他经济组织和个人，不收任何服务费用。如需要更加详细、更加全面的文件资料，本公司可在第一时间里无偿提供。

以上专利的转让方式与转让费：

本实用新型专利可在全中国范围内独占实施，独占实施许可费（转让费）参考价为人民币90万元。

本实用新型专利可在上海、江苏、浙江一市两省范围内独占实施，独占实施许可费（转让费）参考价为人民币60万元。

本实用新型专利可在上海市范围内独占实施，独占实施许可费（转让费）参考价为人民币36万元。

本实用新型专利可在江苏省范围内独占实施，独占实施许可费（转让费）参考价为人民币36万元。

本实用新型专利可在全国其他地区，单省（市、自治区）范围内独占实施，独占实施许可费（转让费）参考价为人民币32万元。

本实用新型专利可在全国各行政大区（如华东地区）范围内独占实施，独占实施许可费（转让费）参考价为人民币36万元。

2. 排他实施许可

排他实施许可是指专利权人在合同约定的期限、地区、技术领域内实施该专利技术的同时，许可方保留实施该专利技术的权利，但不得再许可被许可方以外的任何单位或个人实施该专利技术。

上例中：

本实用新型专利可在全中国范围内排他实施，排他实施许可费（转让费）参考价为人民币80万元。

本实用新型专利可在上海、江苏、浙江一市两省范围内排他实施，实施许可费（转让费）面议参考价为人民币30万元。

本实用新型专利可在上海市范围内排他实施，实施许可费（转让费）参考价为人民币28万元。

本实用新型专利可在江苏省范围内排他实施，实施许可费（转让费）参考价为人民币26万元。

本实用新型专利可在浙江省范围内排他实施，实施许可费(转让费)参考价为人民币26万元。

本实用新型专利可在全国其他地区，单省(市、自治区)范围内排他实施，排他实施许可费(转让费)参考价为人民币26万元。

本实用新型专利可在全国各行政大区(如华东地区)范围内排他实施，排他实施许可费(转让费)参考价为人民币28万元。

3. 普通实施许可

普通实施许可是专利权人(许可方)许可被许可方在合同约定的期限、地区、技术领域内实施该专利技术。根据这种许可方式，专利权人除了允许被许可人实施其专利外，还可以允许第三方使用其专利，专利权人自己仍然保留其专利的使用权，可自行实施该专利。这种许可方式虽然有利于专利技术的推广应用，但往往会导致专利产品的生产过剩，影响专利权人与被许可人的利益。

上例中：本实用新型专利可在全中国范围内普通实施，普通实施许可费(转让费)参考价为人民币20万元。

第四节　专利文献

一、专利文献的概念和分类

(一) 专利文献的概念

专利文献是专利制度的产物，是实行专利制度的国家及国际性专利组织在审批专利过程中产生的官方文件及其出版物的总称，它包括专利说明书、专利公报、专利分类表、专利检索工具等。我国出版的专利文献主要包括：(1) 发明专利公报、实用新型专利公报和外观设计专利公报；(2) 发明专利申请公开说明书、发明专利说明书；(3) 实用新型专利说明书；(4) 专利年度索引。其中专利说明书是专利文献的主体，也是专利检索的主要对象。

(二) 专利文献的分类

对专利文献进行分类，一方面是为了科学地管理专利文献，另一方面则是为了方便检索专利文献。在众多的专利文献检索工具中，分类途径是主要的检索途径。目前，世界上专利分类系统大致分为以下三种类型：

1. 按功能分类

这种分类系统基于发明的功能、发明的内在性质或特点进行分类，而不考虑其表面的、个别的用途。美国专利分类就是以“最接近的功能”这一概念作为分类基础的。“最接近的”表示基本的、直接的或必要的功能。因此“最接近的功能”意味着通过类似的自然法则，作用于类似的物质或物体，可以获得类似的效果的工艺方法、产品装置等集中在同一类目中。也就是说,这种分类原则不管被分类的对象的用法如何,只要能得到一个相似结果的装置或工艺过程,都分在同一类中。例如,一种报警器,它的功能是在特定的情形下报警的装置,至于把它用在何处,是用于门上还是用于旅行包上是不予以考虑的。这种分类系统能够较好地适应专利审查根据发明实质,而不是其应用情况的要求。目前,美国、加拿大等国采用这种专利分类系统。

2. 按应用分类

这种分类系统根据发明所使用的特定技术领域进行分类,也就是,按发明所限定的使用范围进行分类。这种分类的优点是便于人们查找专利文献中的技术情报。英国德温特出版公司编制的分类表就采用这种专利分类系统。

3. 混合式分类

这种分类系统既有按功能分类的类目,又有能按用途分类的类目。混合式分类系统兼顾专利审查和公众查找专利情报两方面的需要,避免了上述两种分类系统的缺点,适用面较宽。当今世界上大多数国家采用的国际专利分类系统便属于此类。中国专利分类体系采用的就是国际专利分类表体系。

国际专利分类表的内容设置包括了与发明创造有关的全部知识领域。分类表分为8个分册,每个分册为一个部,用英文大写字母A～H表示。IPC分类体系是由高至低依次排列的等级式结构,设置的顺序是:部、分部、大类、小类、主组、小组。

专利文献根据加工处理的深度,可分为一次专利文献、二次专利文献。

一次文献即原始文献,是著者以自己的科学研究、生产实践的成果为基础而撰写的文献。一次专利文献,即专利说明书、权利要求书等。它是以发明人以发明创造过程和所取得的发明创造成果为依据而创作的原始文献。专利说明书、权利要求书是专利文献中的主体,它清楚完整地阐述了该发明创造。

二次文献是人们将分散的一次文献经过筛选后,按其内容特征(如主题、分类)和外表特征(如著者、篇名)进行加工提炼、浓缩简化编辑而成的有系统的文献,如索引、题录、书目等检索工具。二次专利文献是人们把分散的各类一次专利文献按一定原则进行加工、整理、简化,编辑而成的专利文献。

二、专利文献的特点

专利文献是科技文献之一,但它无论在内容上还是在形式上,都与其他科技文献资料有所不同。专利文献具有以下特点:

(一) 数量巨大、内容广博

专利文献集技术、法律和经济信息于一体,是一种数量巨大、内容广博的战略性信息资源。目前,世界上约有90个国家、地区、国际性专利组织用大约30种官方文字出版专利文献,其数量占世界每年400万件科技出版物的1/4。而且,每年仍以 100 多万件的速度递增。专利文献几乎涵盖人类生产活动的全部技术领域。

专利文献涉及所有应用技术领域,从日常生活用品到复杂的高精尖技术,无所不包。从纽扣、扳手、玩具到飞机、雷达、核反应堆、海洋波浪发电装置、火箭点燃装置等。只要是历史上的一些重大发明,在专利说明书中几乎都有记载。

(二) 内容新颖、具体详尽

授予专利权的实质性条件之一就是“新颖性”,因此,经专利局实质审查批准出版的专利说明书,其内容在当时来说是最新的,它反映了当时最新的科学技术发明。

专利文献较之其他科技文献,在技术内容的叙述上往往更为具体、详尽。我国《专利法》第 26 条也规定:“说明书应当对发明或者实用新型作出清楚、完整的说明,以所属技术领域的技术人员能够实现为准;必要的时候,应当有附图。摘要应当简要说明发明或者实用新型的技术要点。”当然,在查阅专利文献时,应当注意,由于专利申请的单一性,一项产品的全部设计和生产技术,往往不只是包括在一项专利中。只有通过一系列核心的和外围的多项专利才能完整地了解某一产品的技术主貌。例如,要对防盗报警装置进行研究,应对相关生产技术申请过的专利进行研究。

(三) 报导迅速、时间性强

世界大多数国家实行先申请制,即对内容相同的发明创造专利申请,专利权授予最先申请的人。因此,发明人为了要获得专利权,避免竞争者捷足先登,一般力求抢先申请。世界上包括中国在内的许多国家都采取早期公开延迟审查制,我国《专利法》第 34 条规定,国务院专利行政部门收到发明专利申请后,经初步审查认为符合本法要求的,自申请日起满 18 个月,即行公布。国务院专利行政部门可以根据申请人的请求早日公布其申请。专利文献对发明成果的报导,往往早于其他科技文献。例如,电视机见之于专利文献是在 1923 年,而在其他文献上发表是 1928 年,相隔 5 年。

(四) 格式规范、语言严谨

专利文献既是一种技术性文件,同时又是一种法律性文件,需按专利法的有关规定撰写。各国出版的专利说明书,虽然文种不同,但由于各国专利说明书都按照国际统一格式印刷出版,文件结构一致:均包括扉页、权利要求、说明书、附图等。扉页采用国际通用的 INID 代码标识著录项目,引导读者查找发明人、申请人、请求保护的国家、专利权的授予等有关信息。权利要求说明技术特征,请求保护的范围。说明书清楚、完整地描述发明创造内容。附图用于对文字说明的补充。各国的专利说明书和权利要求书在内容的表述和结构编排上,也都大致相同,并且都标注统一的国际专利分类号。因此,形式、格式比较统一、规范,即使由于语言文字的障碍,不懂原文的人也能识别专利说明书上的一些重要特征,便于查找。

三、专利文献的作用

(一) 法律文件作用

专利权人在公开发明创造的同时,通过著录项目中的申请人、发明人、专利权人、申请日、授权日等信息,通过权利要求书可以了解到专利保护范围。专利文献中包含的法律信息对科研人员的新产品研究和企业的经营策略是很重要的,科研人员在研究开发新产品时,通过系统检索相关领域专利,不仅可以避免重复,借鉴现有的技术,而且,力求使自己的研究更具有新颖性,申请专利时顺利通过三性审核。企业通过对他人已有的或正要产生的专利权进行检索,可以判断自身生产和销售计划中正开展的活动,哪些受到了专利权的限制,以制订解决办法,或者是将自己的技术获得许可,或者是启动法律程序宣告相关专利权无效。

(二) 技术信息作用

技术信息是指用户通过系统查阅专利说明书可了解到有关课题的详细技术发展情况。技术信息包括:(1) 发明人对发明或者实用新型的理解、检索、审查有用的背景技术简短说明;(2) 发明的详细说明,写明发明或者实用新型所要解决的技术问题以及解决其技术问题采用的技术方案,并对照现有技术写明发明或者实用新型的有益效果,其详细程度能使发明所属技术领域的普通技术人员实现该发明,并含有至少一项最佳实施方案;(3) 直观地表明发明功能的附图(或化学式);(4) 确定发明保护范围的权利要求书。这些技术信息对研究人员和企业是非常有用的,可为研究人员提供大量可借鉴资料,可为企业提供合适的技术,选择最佳方案,也为企业进一步的研究开发活动指明方向。

(三) 经济信息作用

通过著录项目中的申请人或专利权人的系统检索,可了解到有关企业的专利情况、有效专利数等,从而分析研究其技术动向、产品动向和市场动向。具有相同优先权,在不同国家或国际专利组织多次申请、多次公布或批准的内容相同或基本相同的一组专利文献,称为同族专利。根据同族专利的数量及国别,可了解到某企业研究开发信息和开辟新市场的意图,以及经济势力范围等,也有助于企业选择某一特定技术领域的合作伙伴。

四、利用专利文献进行发明创造

专利文献是人类进行创造发明的一个巨大知识宝库。善于有效地利用这些文献资料,对于发明创造来说是极为重要的。所以,也有人将其作为发明创造的技法而被广泛采用。

(一) 通过阅读专利文献,寻找创造发明的目标或课题

例如,美国有一家制造照相材料和复印机的哈洛依德公司。这家公司原先是名不见经传的小企业。后来他们从专利文献中发现了复印技术。经研究,他们发

现这是一种满足人们快速复制文字和图像的很好技术，很有商业价值，于是这家公司就在这份专利的基础上，投入力量进行研究开发，终于发明一种新的复印机。

利用专利进行创造发明，一般是按创造者确定的发明对象，从专利文献中寻找有关资料供借鉴、参考，并在此基础上进行更先进的创造发明。

（二）综合专利进行创造发明

综合也是一种创造。在创造发明过程中，有时单凭现有的知识和经验是很难解决问题的。这时可采用综合专利文献的方法，它是利用专利信息进行再创造的一种技法。

例如：美国的卡尔森毕业于加利福尼亚大学物理系，1930 年他在贝尔电话研究所开展研究工作，后转到该所专利科从事专利事务，再后来又去学习法律。他获得法学博士学位后，继续从事专利事务，在马格利公司充当公司专利法律师。

卡尔森在任职期间，看到复写文件需要花费大量而繁重的劳动，因而萌发出发明一种能复制文件的方法。

开始，他凭着自己的想象和所学的知识进行了试验研究，但几次试验均告失败。他没有轻易放弃这项研究，他从失败中认识到要解决技术上的难题，必须要进行调查研究，尤其要看看前人或他人在这个问题上有无进展和是否获得过专利。否则，盲目地关起门来研究，很容易步入失败的后尘。

在以后的两年里，卡尔森利用大部分业余时间去纽约国立图书馆调查专利文献，终于发现以前确有人在复印技术上研究过，也获得了一些专利。他对这些专利信息进行了综合分析，了解了各种技术方法及其在实用性上存在的问题。在此基础上，卡尔森综合了前人和他人的研究思路，提出了将光导电性和静电学原理结合的新方案，解决了快速有效复印的技术难题，获得了静电复印技术的基础专利。

随后，美国一家名不见经传的哈依德照相器材公司从专利文献中发现了卡尔森的专利，他们认为这是一项极具市场生命力的新发明，于是收买了卡尔森的专利。同时，他们还从专利文献中广摘博采，收集与复印相关的配套技术。不久，哈依德公司开发研制出具有商业价值的第一台静电复印机。从此，哈依德公司蒸蒸日上，靠复印机的生产经营不断扩大。

类似的例子在我国也不断出现。我国专利法实施后的第一件实用新型专利是杯式感冒理疗器，这项发明创造成果是利用热蒸汽能杀死呼吸道感冒病毒的原理设计的。据设计者介绍，他在构思技术方案时，参阅了国外专利文献，综合了他人的设计思想。现在，我国许多家用电器产品的开发研制，都带有“站在前人肩上”的经历。

综合专利法是利用专利信息进行再创造的一种技法。运用这种技法的要点是熟悉专利文献和善于进行综合。

专利文献是最有代表性、数量最大的科技信息库。由于专利技术是一种公开技术，它的说明书和附图对发明创造者具有很大的参考价值。只要学习过专利文献检索基本知识的人，都可以从专利文献宝库中获得珍贵资料。

如何综合专利信息进行再创造？从实例中我们也可以发现有两条基本途径：一是设计思路综合，二是技术综合。前者主要是指在查阅专利文献过程中，不断地形成某种设计思想。例如我们发现专利文献中不断出现各种微缩型新产品技术方案，头脑中便会形成一种“微缩化设计”的新思维，在这种思维的促使下，有利于新的微缩创意的形成。后者主要针对你所想要解决的问题：思考能否将他人的技术方案进行切割组合，或避开他人惯用的技术方案而另辟蹊径。

因此，运用综合专利法，既可以帮助发明创造者发现新的设计思路，又可促进发明创造者站在前人的肩膀上窥探新的目标或问题求解方案。在信息社会里，要想获得新的创造成果，头脑中没有专利信息的概念，几乎是一种可笑的“鸵鸟思维”。

（三）对现有专利进行引申，往往可以导致新的发明创造

专利是为满足某种需要的新的独创技术。既然是独创或首创，因此往往缺乏更多人的审查和长期的实际应用的考验，这样就使其中相当一部分专利技术尚不够完备。所以，对这些专利技术进一步引申臻于完善，可较容易地取得创造成果。有资料表明，迄今为止在已公布的专利中，具有推广实用价值的专利约占10%～15%。很多专利还需进一步完善才能更具实用价值。

第五节　专利权的法律保护

一、专利权保护的条件

专利权的地域性、时间性、专有性决定了专利权的法律保护必须具备一定的条件，它包括形式条件和实质条件。

1. 形式条件

该专利必须属于一项有效专利。所谓有效专利是指一项已经授予专利权的发明创造，在专利权的有效期限内，并及时交纳专利年费的真正完全受到法律保护的专利。拿到了专利申请号或发明专利初审合格进行公布在没有取得专利权之前不能成为有效专利，不会真正完全受到法律保护。

2. 实质条件

专利权的法律保护以什么为总原则？我国《专利法》第56条规定，发明或者实用新型专利权的保护范围以其权利要求的内容为准，说明书及附图可以用于解释权利要求。外观设计专利权的保护范围以表示在图片或者照片中的该外观设计专利产品为准。

根据我国《专利法》的规定，在确定专利权的保护范围时，应当以权利要求书中记载的技术内容为准。当权利要求书中给出的内容不明确或不准确时，可结合说明书和说明书附图进行综合判断。

二、专利权法律保护的特征

专利权作为知识产权的一种，其地域性、独占性、时间性决定了专利权的法律保护有别于其他产权保护。

地域性：根据《巴黎公约》规定的专利独立原则，专利权具有地域性，也就是一个国家依照其本国专利法授予的专利权，仅在该国法律管辖的范围内有效，对其他国家没有任何约束力，外国对其专利不承担保护的义务。

某一项发明创造在我国取得专利权，那么专利权人只在我国享有专利权或独占权。如果有人在其他国家和地区生产、使用或销售该发明创造，则不属于侵权行为。同样，一项外国专利权在中国境内是不受法律保护的，当然也就不可能出现在中国境内侵犯外国专利权的问题。外国专利技术内容要想在中国受保护，该专利申请人就必须把同一项技术在规定的优先权期限内向中国提出申请并获得中国专利权。我国有些企业不懂专利的基本常识，因而曾经发生过在引进国外技术时，在合同中对方要求支付外国专利使用费而我方欣然应允的情况。

专有性：专有性也称垄断或独占性。是指专利权人对其发明创造享有实施、占有、收益和处分的权利，别人要享有这种权利，必须经专利权人的许可。我国《专利法》规定："专利权授予后，任何单位和个人未经专利权人许可，不得为生产经营目的制造、使用、许诺销售、销售、进口其专利产品；也不得使用其专利方法"。未经专利权人许可而实施他人专利的行为是侵权行为，要受到法律的处罚。著作权和注册商标权也是如此，未经权利人许可不可使用。这在我国的著作权法及商标法中都有规定。对于侵犯知识产权的行为，权利人可以向人民法院起诉，也可以请求知识产权管理部门调处。

时间性：所谓时间性，是指专利权人对其发明创造所享有法律赋予的专有权只在法律规定的时间内有效，期限届满后或专利权中途丧失，专利权人对其发明创造就不再享有制造、使用、销售、许诺销售和进口的专有权。任何单位或个人都可以无偿使用，原来受法律保护的发明创造就成了社会的公共财富。

根据我国《专利法》规定，在中国获得专利权的发明专利可以获得自申请日起20年的保护期，而在中国获得实用新型专利权和外观设计专利权的可以获得自申请日起10年的保护期。

三、专利侵权及其法律责任

（一）专利侵权行为的概念

根据《专利法》第57条规定，专利侵权行为是指未经专利权人许可，实施其专利，即侵犯其专利权，包括以生产经营为目的制造、使用、销售、进口其专利产品，或者使用其专利方法以及使用、销售、进口依照该专利方法直接获得的产品的行为，以及假冒他人专利等行为。

专利侵权行为的表现形态主要有：

(1) 当专利为产品时，表现为未经专利人许可，擅自制造专利产品、使用专利产品、销售专利产品、进口专利产品。

(2) 当专利为方法专利时，表现为：

使用专利方法；使用依照该方法直接获得的产品；销售依照该方法直接获得的产品；进口依照该专利方法直接获得的产品。

(3) 假冒他人专利。

《专利法实施细则》第 84 条规定，下列行为属于假冒他人专利的行为：(1) 未经许可，在其制造或者销售的产品、产品的包装上标注他人的专利号；(2) 未经许可，在广告或者其他宣传材料中使用他人的专利号，使人将所涉及的技术误认为是他人的专利技术；(3) 未经许可，在合同中使用他人的专利号，使人将合同涉及的技术误认为是他人的专利技术；(4) 伪造或者变造他人的专利证书、专利文件或者专利申请文件。

专利纠纷包括专利申请权纠纷、专利权权属纠纷、专利侵权纠纷、职务发明人奖酬纠纷等，发生专利纠纷的，由当事人协商解决；不愿协商或者协商不成的，专利权人或者利害关系人可以向人民法院起诉，也可以请求管理专利工作的部门处理。管理专利工作的部门处理时，认定侵权行为成立的，可以责令侵权人立即停止侵权行为，当事人不服的，可以自收到处理通知之日起十五日内依照《中华人民共和国行政诉讼法》向人民法院起诉；侵权人期满不起诉又不停止侵权行为的，管理专利工作的部门可以申请人民法院强制执行。进行处理的管理专利工作的部门应当事人的请求，可以就侵犯专利权的赔偿数额进行调解；调解不成的，当事人可以依照《中华人民共和国民事诉讼法》向人民法院起诉。

(二) 专利侵权行为的法律责任

根据专利法及其有关法律的规定，侵权行为人应当承担的法律责任包括民事责任、行政责任与刑事责任。

1. 民事责任

(1) 停止侵权

停止侵权，是指专利侵权行为人应当根据管理专利工作的部门的处理决定或者人民法院的裁判，立即停止正在实施的专利侵权行为。

(2) 赔偿损失

侵犯专利权的赔偿数额，按照专利权人因被侵权所受到的损失或者侵权人获得的利益确定；被侵权人所受到的损失或侵权人获得的利益难以确定的，可以参照该专利许可使用费的倍数合理确定。《专利法》第 60 条规定，侵犯专利权的赔偿数额，按照权利人因被侵权所受到的损失或者侵权人因侵权所获得的利益确定；被侵权人的损失或者侵权人获得的利益难以确定的，参照该专利许可使用费的倍数合理确定。

(3) 消除影响

在侵权行为人实施侵权行为给专利产品在市场上的商誉造成损害时，侵权行为人就应当采用适当的方式承担消除影响的法律责任，承认自己的侵权行为，以达到消除对专利产品造成的不良影响。

2. 行政责任

对专利侵权行为，管理专利工作的部门有权责令侵权行为人停止侵权行为、责令改正、罚款等，管理专利工作的部门应当事人的请求，还可以就侵犯专利权的赔偿数额进行调解。《专利法》第 58 条规定，假冒他人专利的，除依法承担民事责任外，由管理专利工作的部门责令改正并予公告，没收违法所得，可以并处违法所得三倍以下的罚款，没有违法所得的，可以处五万元以下的罚款；第 59 条规定，以非专利产品冒充专利产品、以非专利方法冒充专利方法的，由管理专利工作的部门责令改正并予公告，可以处五万元以下的罚款。

3. 刑事责任

依照《专利法》和《刑法》的规定，假冒他人专利，情节严重，构成犯罪的，依法追究刑事责任。

思考与训练

1. 什么是专利制度？专利制度有哪些作用？
2. 什么是专利法？专利制度与专利法的关系是什么？
3. 什么是专利申请权？专利申请权与职务发明和非职务发明的关系是什么？
4. 授予发明和实用新型专利权的条件有哪些？
5. 什么是专利实施许可？独占实施许可、排他实施许可、普通实施许可等三种形式之间有什么区别？
6. 什么是专利文献？如何利用专利文献进行发明创造？
7. 专利权保护的形式条件和实质条件是什么？

第六章　企业创新

当前我国正处于转变经济发展方式、全面建成小康社会的关键时期，提高自主创新能力，实现由资源依赖型向创新驱动型的战略转变，是经济发展的重中之重。企业作为经济发展的主体，创新显得尤为重要。企业创新包括经营创新、技术创新、管理创新等内容，其中经营创新是先导，技术创新是核心，管理创新是保障。企业创新不仅能为企业自身发展提供动力，而且对于有效提升国家核心竞争力、保障国家经济安全，进而实现我国现代化建设的宏伟目标具有重要意义。

第一节　经营创新

按照现代企业经营理念，市场创新、形象创新和创意营销构成企业经营创新的重要内容，是实现企业技术创新和管理创新效益的决定性环节。

一、企业经营观念的创新

经营是指企业为获取最大利润，运用最少的物质消耗创造出尽可能多的、能够满足人们各种需要的产品的经济活动。一般认为，生产观念、产品观念、推销观念、市场营销观念和社会营销观念是五种有代表性的企业经营观念。

（一）生产观念

这种观念大致盛行于19世纪20年代到20世纪20年代。当时西方各国正处于工业化初期和一次世界大战末期，伴随着城市化进程的加快，社会对商品的需求异常强劲。从总体上讲，整个社会生产远不能满足日益增长的社会需求，产品供不应求，呈现“卖方市场”的格局，致使企业更多地关心如何扩大生产规模和增加产品产量。企业经营的重心是关注生产，加强生产管理，以泰罗为代表的科学管理更多地被用来帮助企业提高生产效率以增加产量。在我国直到现在，生产观念仍然是许多企业奉行的经营观念，其原因也就在于它们生产的是长期供不应求的产品。

（二）产品观念

如果说生产观念强调的是“以量取胜”，那么产品观念则是强调“以质取胜”，“以廉取胜”。这种经营思想认为，消费者总是欢迎质量高、性能好、有特色、价格合理的产品。只要注意提高产品质量，做到物美价廉，就一定会产生良好的市场反映，顾客就会主动找上门来，即所谓“酒香不怕巷子深”的经营观念。这种观念往往产生在产品供应不太紧缺或稍有宽裕的情况下。它较生产观念多了一层竞争色彩，并且考虑到消费者或用户对产品质量、性能、特色和价格方面的愿望。

（三）推销观念

从1920年到1945年，由于科技进步和科学管理、大规模生产的推广，商品产量迅速增加，市场上的商品逐渐供过于求，生产企业之间的竞争日益激烈。特别是1929年爆发的世界性经济危机，几乎波及所有西方国家，堆积如山的商品卖不出去，许多企业因销售受挫而纷纷倒闭。在这种情况下，企业就从过去重视生产转向重视推销。一些与推销技巧、推销管理、提高企业竞争力有关的经营思想也相应产生。在此观念的指导下，企业十分注重运用推销术和广告术，向现实买主和潜在买主大肆兜售产品，以期压倒竞争对手，提高市场占有率，取得较为丰厚的利润。由于这种强调推销的经营观念是从既有产品出发的，因此本质上依然是生产什么销售什么。在产品供给稍有宽裕并向买方市场转化的过程中，许多企业往往奉行这种观念。

（四）市场营销观念

20世纪50年代到60年代中期是西方各国经济高速发展的黄金时期，市场产品供过于求，卖主之间的竞争异常激烈。在这种情况下，企业继续奉行以推销为导向的经营思想已不能完全解决企业存在的困难，客观上要求企业经营理论有新的根本性的突破。1957年美国通用电器公司的约翰·麦克基里特首次提出一种全新的经营管理思想，即市场营销观念。这种经营思想认为，企业首先要站在市场（顾客）的角度，了解消费者的需求，然后集中企业资源和力量，把适销对路的商品供应给目标顾客，满足市场需要，便可以取得利润，实现企业经营目标。它的口号是："顾客至上"，"哪里有消费者的需要，哪里就有我们的机会"。在这种观念指导下，企业十分重视市场调研，在消费需求的动态变化中不断发现那些尚未得到满足的市场需求。1984年美国市场营销学家菲利浦·科特勒进一步提出大市场营销思想。该思想由传统市场营销观念4P（产品、价格、分销、促销）和新市场营销概念2P（政治力量、公共关系）组成。市场营销观念的出现，标志着企业管理从生产型转变为经营型，是企业管理思想质的飞跃。

（五）社会营销观念

这种观念出现于20世纪70年代。它的提出一方面是基于"在一个环境恶化、人口爆炸增长、全球通货膨胀和忽视社会服务的时代，单纯的市场营销观念是否合适"这样的认识，另一方面也是基于对广泛兴起的以保护消费者利益为宗旨的消费者主义运动的反思。有人认为，单纯的市场营销观念提高了人们对需求满足的期望和敏感，加剧了眼前消费需要与长远的社会福利之间的矛盾，导致产品过早陈旧，环境污染更加严重，也损害或浪费了一部分物质资源；有人则指出，"消费者主权"、"顾客至上"之类的口号对许多企业来说不过是骗人的漂亮话，它们是在"为消费者谋利益"的堂皇旗号下干着种种欺骗顾客的勾当，诸如以次充好、以假充真、广告欺骗等。正是在这样的背景下，人们提出社会营销的经营思想，它是对市场营销观念的重要补充和完善。其基本内容是：企业提供产品，不仅要满足消费者的需要和欲望，而且要符合消费者和社会的长远利益。企业要关心和增进社会福利，将企业利润、消费需要和社会利益有机统一。在社会营销观念中，包含了环保意识、可持续发展观念和绿色经营观念等新的经营理念。

上述五种经营思想可以归并为两大类：一类是传统经营观念，包括生产观念、产品观念和推销观念。它们都是一种“以生产者为导向”的经营观念，即以卖方(企业)的要求为中心，其目的是将产品销售出去以获取利润；一类是新型经营观念，包括市场营销观念和社会营销观念。它们是一种“以消费者(用户)为导向”或称“市场导向”的经营观念，即以买方(顾客群)的要求为中心，其目的是从顾客的满足之中获取利润。在后者的基础上，又有人提出创造顾客观念，即不仅要“我跟市场走”，即以市场为导向开发新产品、新服务，满足顾客需要；而且要力求实现“市场跟我走”，即要求生产走在消费的前面，依靠技术创新挖掘潜意识的消费需求，开发出符合这种“潜意识需求”的新产品去引导、丰富和提高消费。同时也不能因为盲目强调“我跟市场走”，而放松对企业生产的管理。这些都是企业在更新经营观念过程中值得注意的一些动态和问题。

二、市场创新

在市场经济条件下，市场是企业的根本。企业的各种创新，包括观念、制度、技术、产品、管理等创新，都要以满足市场需求作为最后的落脚点。企业各种创新的效果也必须由市场来检验。市场创新是企业各种创新的归宿。

(一) 市场创新的涵义及途径

所谓市场创新，是指企业以开辟新市场、促进自身生存与发展为目标的新市场研究、开发、组织和管理等活动。市场创新的实现方式可以是运用新技术来开辟新的市场，也可以是通过改变市场定位、市场组织结构、市场需求状况、市场营销渠道和用户等方式来开辟新的市场。市场创新所赖以进行的新的市场要素包括各种新的生产和销售技术、新的组织方式、新的广告创意、新的促销手段、新的营销渠道、新的定价方法、新的市场形象等。市场创新不仅涉及到企业内部的研究开发、生产组织，而且涉及到企业外部的市场调研、市场推广等。企业市场创新能力是企业研究与开发能力、生产组织与管理能力、市场营销与推广能力等多方面竞争实力的综合反映。

市场创新的途径包括创造市场、市场渗透和市场开发。创造市场需要运用新技术来开辟新市场，而市场渗透和市场开发是指不改变现有产品或对现有产品不做大的根本性的变革，而寻找新的市场机会，扩大产品销售。

1. 创造市场

从操作角度讲，创造市场就是企业要主动地考察研究消费者存在的实际需要(包括物质的或精神的种种需要)，力争在消费者提出具体要求和竞争者拿出合适的产品之前，率先把适销对路的产品研制并生产出来，将它推向市场，让消费者逐渐了解、接受以至喜欢，从而把过去不存在的市场需求创造出来。

创造市场的本质是要适应市场，适应市场是企业市场创新的基本要求。市场根本不需要的东西，与此相应的市场也是不可能被创造出来的。但同时对适应市场不能仅作狭义、简单的理解。有人认为，适应市场就是首先要调查市场需要什么，然后企业再去研制和生产，这样理解适应市场的经营原则就显得过于肤浅和简单。适应市场讲的是企业的产品和市场需要之间的本质关系，而不是具体的实现形式。就本质关系而言，它告诉我们市场需求是第一性的，企业生产是第二性的，前者决定后者，后者必须适应、服从和服务于后者。凡是不符合市场需要的商品生产都是没有前途的。至于具体的实现形式，适应市场绝不能是消极的、被动的，而必须是积极的、主动的、创造性的，即企业要善于引导消费，勇于创造市场。创造市场是在更高层次和更高水平上适应市场。它突出强调企业适应市场所应采取的积极态度和所应具备的创新精神。它反对企业在竞争中只是消极地等待顾客提出种种需要后再去生产，被动地跟着市场潮流跑。如果这样，等待企业的必定是失败。

2. 市场渗透

市场渗透是指企业利用自己在原有市场上的优势，在不改变现有产品的条件下，通过挖掘市场潜力，强化销售，扩大现有产品在原有市场上的销售量，提高市场占有率。具体说来，市场渗透又有三种基本途径：

一是通过各种促销活动，扩大现有顾客多购买本企业产品。如通过改变包装来增加销售，可以是改大包装，增加最低购买额；也可以是改小包装或改用方便包装，方便购买和使用。再如特价优待大量购买者，或对老主顾重复购买实行优惠等。

二是通过完善售后服务等，将竞争对手的顾客争取过来。如推出比竞争对手更完善的售后服务措施、提高企业的竞争地位等。

三是寻找新顾客。这是指争取原来不使用本产品的顾客成为购买者。如：送产品样本、目录、说明书，引起消费者的兴趣和注意；试看、试穿、试用等，增加消费者对产品的信心；扩大产品广告宣传，进行各种销售促进活动等。

实行市场渗透，企业对环境和产品都比较熟悉，有一定的经验积累，便于实施。只要原有市场没有饱和，这种战略就容易成功。通常所付代价小，成功率高，因此这应成为企业市场创新的首选途径。

3. 市场开发

市场开发是指企业用已有产品去开发新市场。具体说来也有三种途径：

一是扩大市场半径。即企业再巩固原有市场的基础上，努力使产品从地区市场走向全国市场，从国内市场走向国际市场。

二是开发产品的新用途，寻求新的细分市场。例如，美国杜邦公司生产的尼龙产品，最初只用于军用市场，如降落伞、绳索等。二次大战后产品转入民用市场，企业开始生产尼龙衣料、窗纱、蚊帐等日用消费品，以后又继续扩展到轮胎、地毯市场，使尼龙产品系列进入多个子市场。在此过程中，尼龙产品本身没有根本性变化，仅仅是改变了尼龙的存在形式。

三是重新为产品定位，寻求新的买主。例如，某服装公司最早为老年人设计生产夹克服装，推入市场后却更受青年人欢迎，因此再次在青年服装市场定位，扩大这种市场的销售。

实行市场开发，要求企业不断了解新市场用户的要求和特点，预测该市场的需求量，同时要了解新市场中竞争对手的状况，估计自身的竞争实力。

（二）市场机会及其调查分析

企业市场创新的关键是要善于捕捉一切新的、可能出现的市场机会并加以有效利用。而捕捉这样的市场机会需要企业善于对市场进行调查和科学分析，善于通过市场调查发现、识别和鉴定市场机会。

归纳起来，企业可从以下几种类型的机会中寻找到企业市场创新的机会：

1. 环境机会与企业创新机会

环境机会是指因为环境变化，包括政策、法律、文化等因素引起需求变化，而形成的市场机会。如能源危机引起对新能源的需求，环保意识的增强呼唤绿色产品需求，优生优育和独生子女比例增高引起儿童早期智力开发的需求等。但环境机会对不同企业来说，并不一定都是最佳机会。因为这些环境机会并不一定符合所有企业的目标和能力。只有符合企业目标和能力的环境机会才能形成企业新的市场机会，即企业创新机会。

2. 潜在市场机会和表面市场机会

表面市场机会即有明显的未被满足的市场需求，潜在市场机会是指隐藏在现有某种需求背后的未被满足的市场需求。对于表面市场机会企业很容易寻找和识别，这既是优点但也是缺点。因为它容易被识别，必然有很多企业追逐这有限的市场，出现“千军万马过独木桥”的局面。相反，潜在市场机会不易寻找和识别，但先行一步者却可以先入为主，获得巨大的经济效益。

3. 行业市场机会和边缘市场机会

行业市场机会是指出现在本企业经营领域内的市场机会，边缘市场机会是指在不同行业之间交叉、结合出现的市场机会。企业一般对行业市场机会较重视，因为它能成分发挥自身优势，并且也容易被发现、寻找和识别。但也正因为如此，行业内竞争较为激烈，而在行业与行业间则往往可能出现“真空”。如在医疗业与饮食业结合出现医疗食品、药膳餐馆等，恰好是一些企业难得的市场机会。

4. 目前市场机会与未来市场机会

目前市场机会顾名思义即目前尚未完全满足的需求，未来市场机会是指目前并未表现为大量需求而仅仅是一部分人的需求，但在未来某一时期内将表现为大多数人消费需求的市场机会。如果企业能提前预测到这种机会并未雨绸缪，那么就可在这种“未来市场机会”转变为“目前市场机会”时，将自己已准备好的产品推入市场，获得领先优势。

市场机会的调查分析一般包括以下六个步骤：

(1) 找出问题和确定调查目标。这是调查工作的第一步，要求抓住问题的关键和要害，对调查范围做出清晰的界定。避免调查范围太宽或过窄，影响预期的调查效果。

(2) 制定调查计划。根据调查所要达到的目标，调查计划可分为探测性调查、描述性调查和因果性调查三种类型。探测性调查是对企业或市场上存在的不明确的问题进行调查。通过调查，查明问题的原因，找到问题的关键，并初步探讨解决问题的办法。描述性调查是对市场上存在的客观情况如实地加以描述和反映，从中找出各种因素的内在联系。因果性调查是对市场上出现的各种现象或问题之间的联系所进行的调查，目的是找出问题的原因和结果，解决“为什么”的问题。不论是进行什么类型的调查，在制定计划时都应明确调查资料的来源和调查方法、调查手段、抽样方案、联系方法等。如表 6－1 所示。

表 6－1　市场调查计划的构成

资料来源：	第二手资料、第一手资料
调查方法：	观察、专题讨论、问卷调查、实验法
调查手段：	调查表、仪器
抽样方案：	抽样单位、样本规模、抽样程序
联系方法：	电话、邮寄、面访

(3) 发现信息来源。调查所需的市场信息来源于两个方面：一是第一手资料，即为当前特定的目的而收集的原始信息。具有恰当、准确但收集成本高等特点；二是第二手资料，就是为其他目的已收集到的信息。具有成本低又立即可供使用的优点。但往往可能已经过时或不准确、不完整及不可靠。调查工作通常是从收集第二手资料开始，判断问题是否部分或全部解决，以减少收集第一手资料的成本。

第二手资料的获取途径通常有：企业原有内部资料，包括企业现金流量表、资产负债表、销售数据、销售预测报告、存货数据及调查前的准备报告等；政府出版物，包括各种类型（如工业、农业等）的普查报告，一年一度的全国、各地区和各部门的统计年鉴、公报等；期刊和书籍，如《中国统计》、《国际市场》、《市场营销》和《亚洲商业周刊》等；市场调查资料，如市场调查公司的调查资料、一些高校在师生社会实践活动中得到的调查资料、各信息中心提供的资料等。

(4) 第一手资料的收集。大多数市场调查项目都要求收集第一手资料，其具体方法有观察法、专题讨论法、问卷调查法和实验法等。观察法和专题讨论法一般适用于试探性调查。问卷调查法应用于描述性调查。实验法通过选择多个可比的主体组，分别赋予不同的实验方案，控制外部变量，并检查所观察到的差异是否具有统计上的显著性来进行调查，其目的是通过排除观察结果中矛盾的解释来获取因果关系。

(5) 信息的分析和处理。在获取第一、二手资料的基础上，需要通过调查分析提炼与调查目标相关的信息。信息分析的内容包括：分析信息的准确性，包括渠道是否可靠、内容是否准确、各方面信息是否一致等；分析信息间的相互联系，包括从不同渠道获取的相同信息和不同信息间、以及从相同渠道获取不同信息间的内在联系的分析和验证；应用某些高级的统计分析方法和经济计量学方法，通过分析时间序列数据资料，分析信息的变化规律。

(6) 提出调查分析结果。调查人员通过对所收集的资料数据进行分析、处理后，就可以提出调查的结果。如果调查结果能够回答调查分析开始提出的问题，并能使企业决策减少不确定因素，尤其是依据调查结果作出的决策能够使企业达到预期目的，那么调查分析工作就是成功的。成功的调查分析工作就可以使企业找到市场创新的机会。

三、形象创新

现代企业竞争已由商品质量竞争、技术竞争、价格竞争扩展到信誉竞争和形象竞争。企业的信誉和形象是企业最重要的无形财富，是企业在激烈的市场竞争中取胜的法宝。

(一) 企业形象的涵义

企业信誉或形象是指消费者及其他社会公众对企业总的印象和整体评价。它是一个完整的有机系列，由企业显特征和潜特征两个方面构成。显特征主要是指企业名称、徽标、产品名称、商标、广告、包装和厂服等；潜特征主要是指企业文化方面的积极价值观和行为准则、经营管理特色、服务质量、创新和开拓精神等。企业文化是构成企业形象的基础。

良好的企业形象的重要作用和价值在于：

1. 可以赢得社会各界的支持和信赖，获得适宜的外部经营环境。为此，企业要重视维护社会公众的利益，努力为社会提供所需要的优质产品和优质服务。为防止公害进行大量投资，支持和赞助社会公益事业，为自然环境、社会风尚、社会环境和社会进步作出积极的贡献。

2. 可以满足职员的心理需要，激发职员的生产积极性、主动性和创造性，使员工保持高昂的士气和团结一致的团队精神，吸引和保留人才，促使企业形成“人和”的内部环境。

3. 可以确立和增强消费者对企业产品和服务的消费信心，有助于企业在市场竞争中赢得优势。

前些年在美国并购风中曾经发生这样一件事情。菲利浦—莫里斯公司花费

129亿美元买下克拉夫特食品公司。当会计师结束签证工作时结算发现，克拉夫特公司的工厂、设备等有形资产只值13亿美元，其余116亿美元都是企业声誉、品牌和行销渠道等无形财富。这一事例充分说明企业形象作为企业的无形财富在现实中的重要作用。

（二）企业形象的创新策略

塑造良好的企业形象首先建立在提供优质产品和优质服务的基础上。但如果一个能够提供优质产品和优质服务的企业在现代信息爆炸的社会中，如果只是满足于"桃李无言、下自成蹊"和"酒香不怕巷子深"，就显得十分不够，还应具备善于树立并维护良好企业形象的专业技能。企业形象创新的主要策略有：

1. 创品牌策略

商品信誉时较低层次的信誉，只体现部分公众即消费者对商品生产者、经营者的信赖关系。一种商品只要在质量、价格、创新等方面优于同类商品，做到"品种以新制胜"、"质量以优制胜"、"价格以廉制胜"、"经营以信制胜"、"服务以情制胜"的"五制胜"和"你无我有"、"你有我多"、"你多我新"、"你新我优"、"你优我廉"、"你廉我转"的六句话"要诀"，就能够获得信誉。企业信誉则属于较高层次的信誉，体现更多的公众对企业的信赖关系，是企业全面而良好的公共关系的反映。

获得商品信誉是赢得企业信誉的基础。塑造良好的企业形象应首先从建立产品形象入手，就是在创品牌产品的基础上创品牌企业。当然随着公众对企业活动认识的日益深入、广泛，公众对企业的评价范围从针对产品或服务，扩大到企业活动的各个方面。为此，企业仍需要积极做好公共关系工作，推动品牌产品向品牌企业的发展，推动由地区品牌向全国品牌乃至世界品牌发展。

2. 形象性策略

形象性策略就是指企业要善于塑造出易于传播、识别，便于记忆的企业形象缩影或标记，使人一看到标记，便能想起企业。

应用象征性标记。企业最重要的标记是商标和厂名。商标应设计新颖，突出与商品的联系，反映出商品与众不同的特色。商标与厂名相一致，是创品牌策略的延伸。在我国有许多人指导不少品牌产品却不知其生产厂家。美国的"可口可乐"、我国的"娃哈哈"等被普遍认为是商标与企业名称相统一最成功的标记之一。象征企业整体形象的标记如厂徽、厂名，可以广泛用于企业内部交往的用品上，例如纪念册、礼品、名片、信封、信纸、广告、公文纸、厂服，甚至商标等。厂徽、厂服、厂歌也是企业的重要标记。它既能加深公众对企业人员的印象，又能增强职工的责任感和荣誉感。

突出企业特色。企业特色常会给公众留下深刻的印象。企业特色无处不在，可以从企业的历史、人员、产品和经营管理等方面寻找，关键在于深入挖掘。如北京的"同仁堂"药店突出三百年历史的特色；美国王安公司来华做生意突出创办人是华裔这一人员特色；石家庄造纸厂突出"满负荷工作法"管理特色。西方某些企业从厂房厂貌到产品包装，为突出其特色都是煞费苦心。一位可口可乐经销商说，要设计一种瓶子，使人们即使在黑夜中一摸，也知道这是可口可乐。

开展专门性活动。由企业发起、参与、赞助的文体活动，如某企业杯足球赛、桥牌赛、有奖产品知识竞赛、文艺晚会等。这些专门性的公关活动，由于有广泛的群众基础，影响面较广，因而成为许多企业塑造良好整体形象所常用的一种方法。

3. 竞争性策略

竞争性策略就是要随时比较本企业与其他企业的整体形象，如果发现竞争对手有较高的知名度，就要分析其原因，采取对策，改进公关方法和传播方式，逐渐加深公众对本企业的印象。竞争性策略的关键在于“对策研究”，然后部署具体的行动。

现代企业在进入市场前，往往采取先声夺人的策略，有针对性地向潜在用户介绍企业情况，使他们在未接触本企业产品前，先了解企业成就，形成对企业良好的第一印象。令人产生好感的广告、宣传，无论对企业留给公众的第一印象还是长期印象，都大有裨益。虚伪的广告吹嘘最终无法长期维持企业形象。广告作为竞争性策略的实施手段之一，切忌假、大、空、长，而应突出竞争对手不具备而本企业却很显著的优点。

4. 整体性策略和长期性策略

整体性策略就是把企业各部门的公共关系工作加以组织，使之系统化、整体化、科学化，以达到和谐、自觉、连续，长期性策略就是把塑造良好的企业形象当作一项长期的战略任务，始终不懈地坚持下去。随着社会的发展和时代的进步，公众对企业的评价标准也将发生变化。企业必须不断改进公关工作，不断更新企业形象，充实新的内容，创造出现代化的、更受公众喜爱的形象。因此，创品牌企业是一项长期而艰巨的系统工程，企业必须全力以赴。

四、创意营销

营销是指企业在变化的市场环境中，旨在满足消费需要，实现企业目标的商务活动过程。它包括市场调查、选择目标市场、产品开发、产品定价、渠道选择、产品促销、产品储存和运输、产品销售、提供服务等一系列与市场有关的企业业务经营活动。创意营销需要解决的主要问题是：如何有效地进行新产品推销？如何根据产品寿命周期各个时期的特点进行产品经营？如何开辟新的销售渠道等？

（一）新产品推销

新产品推销是非常重要和关键的工作。它首先涉及如何合理地对新产品进行定价，其次需要在具体的产品推销过程中讲究推销的策略。

1. 新产品的价格策略

新产品的价格在很大程度上决定市场的开拓。新产品定价要广泛调查研究，分析各方面的情况，争取做到其价格对用户来说愿意支付，对企业来讲又能获得较好效益，这是新产品价格策略的总目标和总原则。实践中常用的新产品价格策略有：

一是渐降定价策略。通常也称为高额定价策略，即是在新产品投入市场初期，将价定得远高于成本，以尽快取得所获利益。

这种定价策略的适用条件是：新产品确实具有为社会所迫切需要的功能；在市场上是独一无二的产品，短期内无竞争者；没有对比的产品，偏高价格显不出来。

此种定价策略的优点是：利用消费者求新心理，以高价刺激顾客，提高产品身价，有利于推销；因为定价高，使销售时有一定弹性，可对价格敏感地区稍许降价出售；若因定价不当无法引起市场反应，则可降价销售，以扩大市场；高价可获高利润，可为扩大市场、应对竞争积累资金；定价高可使市场发展不致过猛，使生产能力与需求相适应。

此种定价策略的缺点是：价格过高，损害消费者利益；新产品在市场上未建立较高声誉之前，高价不利于开拓市场；若高价销路仍旺盛，则容易招来竞争，很快使价格暴跌，致使好景不长。

二是渗透定价策略。这是一种将新产品价格定得较低，以短期内渗入市场的定价策略，人们也称其为低额定价策略或薄利多销策略。

此种定价策略的适用条件是：潜在市场大，利薄少竞争，能扩大市场占有率；购买力低的地区，薄利多销；产品需求弹性大，低价可以促进销售；销售量越大，成本和营销费用越低，总利润越大。例如日常生活用品类的新产品。它们同类产品品种多，价格范围广，购买者选择性大，竞争性强，适用此定价策略。

其优点是：低价易于被消费者接受，有利于迅速打开市场；低价利薄，不易产生竞争，有利于巩固和扩大市场；随着产量和销量的增加，仍可获得较大利益。

缺点是：低价低利，需要较雄厚的资金，否则难以扩大营销。

三是满意定价策略。这种定价策略是介于前两者之间的一种策略，也可以称之为中间价格策略。事实上，大多数新产品都采用这种定价策略。特别是具有一定商业信誉的企业，对其生产的新产品更愿意采用这种定价策略。其突出优点是：价格适宜，相对市场风险小；可在适当时期内收回开发费和获取适当利润；消费者有力购买，推销者易销出，企业能获利，这是各方都满意的定价策略。

2. 新产品推销策略

新产品推销既要研究客户购买心理和行为，又要不断探索推销工作规律，讲究推销策略。在实践中常用的推销策略有：

试探性推销策略，也称为“刺激—反应”策略。执行这种策略时，推销人员事先准备好要说的话，对客户进行试探，观察客户的反应，再进行说服宣传，也就是采取一系列刺激方法引发客户购买行为。这是在尚不知客户需求的情况下所常用的一种策略。

诱导性推销策略，也称为“诱发—满足”策略。主要是通过说服而引起客户需求，并促使急切要求实现这种需求，然后说明本产品能较好满足这种需求，从而诱导客户购买新产品。这种策略的实施需要推销人员具有较高的推销艺术，使客户感到推销人员是他购物的好参谋。

针对性销售策略，也称为“配方—成交”策略。在事先了解用户某些需求的情况下，推销人员针对客户要求有目的地宣传、介绍新产品，劝其购买。宣传内容要讲到关键点，投其所好，促成客户购买。

服务性推销策略。对生产企业来说，销售服务有三个方面：其一是销售前，为客户编制产品说明书，为用户咨询，组织技术培训，为用户代办有关事宜等；其二是售时，为用户代办包装、托运、代购零配件、代办邮寄等各种销售业务，抓住时机做好市场调研，建立用户档案卡，根据客户要求提供其他力所能及的服务；其三是售后，为用户提供现场安装、调试设备、设备检修等服务，实行包修、包换、包退等制度，为用户提供零配件，及时处理用户来信来访等。这些服务对企业来说也是一种促销的有效方法，是占领市场，扩大市场，开展市场经营活动的重要手段；是了解新产品使用情况，以求改进的好机会；是增强用户对新产品信任感和安全感的好方法，可以借此提高企业和产品的信誉，增强竞争力，扩大市场占有率。

（二）产品经营创意

在成功进行新产品推销打开用户市场后，可根据产品寿命周期各个时期的特点，分别作出相应的创意对策。

1. 市场增长阶段

此阶段的主要特点是消费者对此产品已相当熟悉；销量迅速增加；企业利润增长很快；竞争者纷纷涌入；同时由于竞争激烈，市场开始细分，分销点也在增加。

根据以上特点，企业可采取以下经营策略：一是努力提高产品质量，增加产品特色，或改变产品的型号、款色；二是积极开发新的经营渠道，使产品的销售面更为广泛；三是积极寻找新市场或新的细分市场，并及时渗入；四是广告宣传的目标从介绍产品转向建立产品形象，争创名牌，保持原有顾客，争取新顾客；五是在大批量生产以求规模经济效益的基础上，根据该产品的需求弹性和市场竞争程度，选择适当时机降低售价，以吸引对价格敏感的潜在买主。

2. 市场成熟阶段

这个阶段的特点是：销售量虽然仍有增长，但已趋饱和，增长率呈递减趋势；竞争十分激烈，竞争者之间的产品价格趋向一致；类似产品增多，市场上不断出现各种品牌的同类产品和仿制品；企业利润开始下降，甚至绝对利润额呈递减趋势。

企业采取策略可以是：

市场改革策略。这是指企业主动在成熟期寻找市场机会。如：通过对消费者需求的分析，发现新需求，开发新市场；或者增加对原有顾客所需产品的用途，以扩大市场；或者将产品的目标市场转向另一个细分市场。例如将原用于发酵的苏打粉扩展到以防止电冰箱产生异味；将婴儿用洗发香波扩展到儿童用洗发香波；在大城市已进入成熟期的某些时装，则尽力开发中小城镇市场；某些产品从国内市场扩展到国际市场等。

产品改革策略。其意是将产品的特性予以显著的改革，以便吸引顾客，从而延长成熟期，甚至进入新的导入期。例如，将单喇叭黑白电视机转变为双喇叭立体声彩色电视机；改变自行车的颜色、外型、型号或用途；或推出“自己动手”组合式家具等。

经营组合改革策略。即改变某些经营组合因素，以刺激其销售量。如降价、加强服务、开辟多种销售渠道以渗入市场大等。但采用此策略的主要缺点是在成熟期容易被其他企业模仿而使竞争加剧，又可能因销售费用大增而导致利润损失。

3. 市场衰退阶段

这一阶段的主要特点是：产品销售量由缓慢下降变为急剧下降；消费者已在期待新产品的出现；更多的竞争者推出市场；企业经常调低价格，处理存货，不仅牵制精力和增加费用，而且有损于企业声誉。

企业可采取的策略有：

连续策略。这是继续沿用过去同样的市场、渠道、价格和促销活动不变，使产品自行继续衰退，直至结束。

集中策略。就是将原投入的资源集中于一些最有利的细分市场和销售渠道中去，缩短经营战线，以作孤注一掷的促销。

榨取策略。大幅度降低销售费用，以增加目前的利润。此种做法会加速产品衰退的进程，但同时因有一定的相对销售面，即使大幅度减少促销活动，价格还可以维持不变甚至略有提高。

（三）开辟新的销售渠道

销售渠道是指商品从生产单位传递到使用单位或个人所经过的途径。根据不同的标准，销售渠道主要可分为以下几种类型：

1. 根据有无中间商来划分，有直接销售渠道和间接销售渠道。前者是指生产企业不通过中间商，直接把生产产品销售给消费者或用户；后者是指生产企业通过中间商把消费品卖给消费者或用户。

2. 根据间接销售渠道中所包含的中间环节的多少来划分，有长销售渠道和短销售渠道。前者是指商品销售经过两个以上中间商的间接销售渠道，而后者是指只包含一个中间商的销售渠道。

3. 根据生产厂家选用中间商数量的多少来划分，有宽销售渠道和窄销售渠道。如果一种商品同时通过较多的中间商进行销售称之为宽销售渠道，也叫广泛性销售；如果同时采用的中间商较少称之为窄销售渠道；如果只采用一个中间商就是独家销售。

4. 根据社会产品的最终用途来划分，有生产资料销售渠道和生活资料销售渠道。生产资料是用于生产领域的，其用户为生产企业；生活资料的购买者大多是家庭和个人。

5. 根据中间商是否拥有商品所有权来划分，有经销渠道和代销渠道。前者是指经销商根据市场需要情况与企业协商，确定经销品种和数量，签订经销协议书或合同，向生产企业购买商品，并取得其所有权，然后独立组织商品销售，获得销售收益。后者是指代理商接受生产企业的委托，为生产企业销售产品，在产品销售后按销售数量由委托单位付给其一定的劳务费用。

在选择销售渠道时，必须考虑到以下因素：

(1) 商品方面的因素。不同的商品有不同的销售渠道，这可根据产品价格、体积、重量、款式、易毁性或易腐性、技术性和用途等方面来决定。

(2) 市场方面的因素，这主要是指市场容量、市场的地域分布、消费者的购买习惯以及市场竞争状况等因素。

(3) 生产者自身的因素。这主要是指生产企业资金拥有量、生产技术水平、生产能力、服务能力、企业的知名度和销售能力。

(4) 中间商的因素。在选择间接销售渠道时，生产企业必须考虑中间商的信誉、规模、素质、服务能力、可能合作的程度以及中间商之间的关系等因素。

(5) 政策法令因素。企业在选择销售渠道时必须考虑到国家宏观方面的经济发展战略、价格政策、税收政策、购销政策、商业物资管理体制、商品检验规定和进出口贸易法等因素。

选择销售渠道还须遵循以下原则：

(1) 服务原则。"用户就是上帝"，生产就是为了满足消费者的需要。因此销售渠道的选择首先应坚持为消费者服务的原则，从时间、地点和条件等方面选择最能满足消费者需要的销售渠道。这不仅是社会主义生产目的在销售领域的具体体现，而且也符合商品流通的宏观规律。

(2) 效益原则。在市场经济条件下，商品销售还必须高度重视企业自身的经济效益。销售渠道的选择应力求达到销售费用最省、流通速度最快、流通效益最高。要做到这一点，关键在于商品流向合理，减少不必要的仓储和流通环节尽可能减少。

(3) 应变原则。销售渠道一经选择和确定，就必须保持相对稳定性。但这并不意味着就一成不变，而应根据影响销售渠道选择的各种因素的变化及时进行调整，否则必然会影响到商品销售。

开辟新的销售渠道要注意把握以下两点：

(1) 分销系统是企业一项关键性的外部资源。它的建立往往需要很多年的经营，而且不是轻易可以改变的。其重要性不亚于企业其他关键性的内部资源，如制造部门、研究开发部门、工程部门、销售部门以及辅助商等。对于众多从事分销活动的独立企业以及它们为之服务的某一特定市场来说，分销系统代表着公司的承诺。公司的价格策略取决于它是否利用大型的、高质量的中间商或经销商。公司的推销力量和广告决策取决于对经销商的培训和鼓励。

(2) 销售渠道有着强大惯性。企业在销售决策时，既要着眼于当前的销售环境，又要考虑到以后的市场变化，充分发挥创造性思维，开创出新的销售渠道。市场千变万化，错综复杂。要在复杂多变的市场中有一足之地，就必须以动态的创造性思维去看待和分析、解决问题。抓住问题的关键，学会经常性地换位思考，往往就会有新的收获。

第二节　技术创新

企业技术活动在生产经营整体活动中的地位，决定技术创新是企业创新的核心和主体内容。

一、企业技术创新的涵义、模式和类型

中共中央、国务院《关于加强技术创新，发展高科技，实现产业化的决定》指出："技术创新，是指企业应用创新的知识和新技术、新工艺，采用新的生产方式和经营管理模式，提高产品质量，开发生产新的产品，提供新的服务，占据市场并实现市场价值。"据此，对技术创新的涵义可从以下方面进行理解：

(一) 技术创新不仅是一种生产技术活动，而且是一种经济活动，其实质是为企业生产经营系统引入新的技术要素，以获得更多的利润

在这一点上，企业技术创新与技术开发、革新、改造、引进等企业技术活动相区别。技术创新活动必须围绕市场目标而进行，纯粹技术突破而没有经济即市场价值的技术不属于创新。有些企业在引进或开发新产品时，并不关注市场而仅关注技术，结果只能是导致创新失败。

按技术和市场在驱动创新过程中所起的作用不同，企业技术创新可分为三种不同模式：

1. 市场需求拉动模式。是指企业或创业者根据市场需要，制定产品和技术开发的目标与战略，进而制造出适销的产品，最终满足市场需求。这种技术创新模式起始于市场需求，通过创新又复归于市场来满足需求。据美国学者厄特巴克(Utterback)研究，当今社会60%～80%的重要创新，如通讯产业、化工产业、汽车产业、工业用仪表、测试仪器和大多数改进产品的创新等，都是由市场需求拉动的。

2. 技术推动模式。是指企业或创业者根据国内、外科技发展动态，有计划地开发出新的技术成果，投入市场，并引导和开发市场，推动市场产生新的需求。这种技术创新模式是由技术发展的推动作用产生的创新，往往需要解决从实验室样

品到规模化生产的一系列工艺、试验、生产制造和消费者接受等问题，因此需要投入大量资金且风险较高。在经济发展过程中，许多重大技术创新如尼龙、人造纤维、核电站和半导体等都属于这一模式。

3. 双重作用模式。这种模式认为技术创新是在综合考虑研究开发可能得到成果与市场对此成果需求的基础上产生的。随着技术与经济的相互渗透以及技术创新过程日趋复杂，很多时候确实也很难判断究竟是技术推动还是市场需求拉动是技术创新的决定因素。例如，VCD影碟机成功进入家庭消费，这其中很难说是消费需求推动技术创新，还是由于微电子技术的发展产生解码芯片，并使成本不断降低而激发了消费需求，其实这两种作用都是客观存在的。

（二）技术创新的关键不是研究开发，而是研究开发成果的商品化

随着科技进步在经济社会发展中所起作用日益增强，技术创新越来越有赖于研究开发，需要以研究开发作为技术创新的前期投入和基础。如日本企业家认为，一个企业的研究开发费用若只占商品销售额的1%，这个企业肯定要失败；若占到3%，尚可以维持；若占5%，可以进行竞争；若占8%，则可以有所发展。然而，也常有人因此认为只要有研究开发便有创新，研究开发投入越大创新也就越多，从而把研究开发混同于创新。事实上，研究开发包括基础研究、应用研究和开发研究，它们并不一定都会给企业带来创新。有时创新也并不一定非要有研究开发，如集装箱的发明其技术含量很低，但却产生了一场运输革命，是属重大创新成果。

按照包含研究开发成果的不同层次和水平，技术创新可分为三种类型：

1. 突破型技术创新。是指最新科研成果向技术成果的转移和物化，或另辟蹊径所实现的原理性发展。这种创新往往具有划时代意义，可在此基础上引发全新产业的发展。如晶体管技术、原子能技术和激光技术的创新发展，是属突破型技术创新。

2. 应用型技术创新。是指新技术成果向垂直深度开发应用，或在广度上向横向其他领域移植、派生。前者如集成电路向大规模、超大规模方向开发应用，后者如超声波技术的移植应用所创造的超声波探伤、超声波切削和超声波洗涤等，都属于应用型技术创新。

3. 改进型技术创新。是指通过对已有技术进行改进、完善产生的创新成果，如晶体管收音机元器件和线路等的改进，是属改进型技术创新。

（三）技术创新的内容包括产品创新、过程创新和服务创新

1. 产品创新

它可以是全新产品的研制开发，也可以是对现有产品的改进，以及在技术上有变化产品的商业化活动。

2. 过程创新

即生产过程的创新，是指产品生产技术的改进和变革，包括新工艺、新设备和

新的经营管理、以及组织方法的创新。

3. 服务创新

指新设想转变成新的或改进了的服务，包括应用最新技术推出的全新服务，如电子银行、电子邮政等；或是改变组织结构推出的新服务，如邮政特快专递和连锁店等。从广义上理解，也可以将服务创新归结为特殊形式的产品创新。

（四）技术创新具有系统性特点，它需要各种非技术变化的创新环节的支持和配合

企业技术创新一方面需要企业内部技术系统以外的部门，包括生产制造部门、物质供应部门、产品销售部门、财务会计部门的密切配合；另一方面其实现还需要依赖企业外部环境的密切配合，这包括经济、政治以及与创新相关的其他产业的技术水平等。

二、企业技术创新能力与技术竞争力

技术创新能力是指企业或创业者依靠新技术推动自身发展的能力。发展企业或创业者的技术创新能力，需要不断适应经营环境的发展变化，在对自身进行总体、长远谋划的基础上制订技术发展战略，以指导技术竞争力的不断增强。

（一）技术创新能力的影响因素

1. 企业整体技术水平

包括物化技术和组织管理技术，构成技术创新的重要基础。例如，当具有较高研究开发水平时，就能够使企业或创业者在较高层次上自我开发创新技术；优良的生产设备，能够使企业或创业者以较少投入有效吸收和转化研究开发成果或引进新技术，并迅速达到规模化生产；快速的信息收集与处理能力，使企业或创业者能时刻与市场和社会各方面保持密切联系，及时准确把握创新机会。总之，只有拥有较强的综合技术能力，才能使企业或创业者站在同行业技术的前沿，抓住机会组织实施高水平创新，迅速形成新的生产力。

2. 对创新的资源投入能力

包括投入创新资源的数量与质量，一般可分为研究开发投入和非研究开发投入。研究开发投入集中体现在经费、人员和设备上，可用研究开发经费及其占销售收入的比重这两项指标来衡量经费投入能力；或用研究开发人员的数量和质量（包括学历、职称、成果水平等）以及研究开发人员占企业总人员的比重等指标来衡量人员投入能力。非研究开发投入分两种情况：一是在自主创新情况下，指技术创新活动中除研究开发经费以外的其他部分，包括市场营销和管理等经费；二是通过购买技术实现创新时，是指技术引进和技术改造等投资。

3. 研究开发能力

是指企业或创业者能否在现有技术基础上把握市场需求，找出存在问题，确定选题，并组织人力、物力去解决问题的能力。通常来讲，研究开发能力是创新资

源投入积累的结果，但创新资源投入并不只是在研究开发方面，而且投入往往也并不等于产出，要注重创新资源的有效投入。

4. 创新管理能力

是指企业或创业者发现和评估创新机会，并组织技术创新活动的能力。它要求企业家具备三项能力：一是发现潜在利润的能力；二是有胆识、敢冒风险的能力；三是具有组织才能。

5. 营销能力

包括新产品开发后所具有的市场营销和使消费者接受新产品的能力，以及不断提高新产品的市场占有率和扩大市场范围的能力。

（二）技术竞争力的构成要素

技术竞争力是指企业或创业者输出技术商品和凝聚在产品中的多种技术的竞争能力。技术竞争力一般由技术的直接竞争力、间接竞争力和核心竞争力三个层面构成。

1. 技术的直接竞争力

这是技术或产品在市场竞争中诱发用户购买动机，决定用户购买行为的实力。技术的直接竞争力一般归纳为创新性、实用性、经济性，有时也归纳为技术先进性、经济合理性和生产可行性等。由于技术与产品的用途不同，具体要求呈现出较大差异。以机电产品为例，通常表现为技术或产品的生产性、可靠性、安全性、节能性、耐用性、维护性、环保性、成套性、灵活性和经济性等。

2. 技术的间接竞争力

这是决定技术直接竞争力的基础，主要包括研究开发能力、引进消化吸收能力，以及由两者汇集形成的生产制造能力和工艺水平等。

3. 技术的核心竞争力

主要是指企业或创业者拥有的自主知识产权和高端人才，由技术活件（人才）、技术硬件（装备）和技术软件等组成。

（三）技术发展战略选择

由于原有技术基础水平不同，各种类型的企业和创业者可在市场竞争与技术发展中选择实施不同的战略：

1. 领先型技术战略

这是指企业或创业者通过积极发展最新技术，使技术水平保持在同行业领先或接近领先地位的战略。领先型技术战略一般适用具有较强研究开发能力，占有一定技术优势的企业或创业者。实施该战略还要求具有较强的市场开发能力，包括市场调研、广告、销售、消费心理研究和对用户进行技术培训、技术咨询服务以及技术维修等；要求具有健全的专利管理制度，这是实现技术领先地位的法律保证。

2. 独特型技术战略

这类企业或创业者整体研究开发能力稍弱,但在常规的、长期应用的设计、加工、检测或特殊工作手段方面具有单项技术优势,如可口可乐公司的秘密配方和生发灵等。采取独特型技术战略的企业和创业者,可以在一段时间内避免市场竞争压力,并取得较高的经济效益。但一旦市场需求发生变化或有新的竞争者介入,原有技术优势便会随之消失,因此这类企业应不断开拓新的领域,以始终保持独特竞争优势。

3. 模仿型技术战略

这类企业一般研究开发能力较弱,但往往在廉价劳动力、廉价能源和原材料、以及生产技术等方面具有一定优势。他们大多采用购买许可证等办法进行生产,也可能提出少量的次级专利。模仿型技术战略是落后企业在发展起步阶段的常用办法,对促进技术扩散和技术转移具有积极作用。

4. 从属型技术战略

也称依赖型技术战略,通常为实力强大的大公司之子公司采用。如大公司的配件生产厂家,或承担某项辅助性的生产业务,或分包劳务,实际是大公司的一个生产车间。

5. 机会型技术战略

在迅速变化的市场中积极寻找和发现某些新的机会并有效利用。这种机会不需要研究开发和复杂设计,但却能使企业和创业者发现一种消费者所需要而别人又未想到的产品或服务,从而取得成功。对这类企业来说,科技情报与预测工作至关重要。

6. 跃进式技术战略

这是在特殊情况下,由于重大技术引进、技术改造和技术开发项目的投产,使企业和创业者的技术水平在原有基础上大幅提高,技术经济效益显著改善。由此,可以较快实现技术进步,在短时间内改变技术落后面貌。但实现跃进式发展往往有赖于资源投入和外部支持,要求企业和创业者在短时间内提高技术与管理水平。此外,科技发展也可能带来技术上的跃进式发展,例如坩埚炼钢技术发展为平炉、转炉炼钢技术等。

三、产品创新

产品创新通常也称新产品开发。企业创新最终都要以产品创新为载体进入市场,接受市场检验。

(一) 新产品开发基本知识

正如人有生老病死一样,任何一种产品都要经历这样一个过程:新产品开发—商业化—投放市场,然后再依次经过成长期—成熟期—衰退期,最后被市场淘汰。产品从投放市场到退出市场的全过程被称为产品的生命周期。有关产品生命周期理论的研究表明：

1. 产品的生命有限。这就意味着市场上没有永远畅销的产品，任何产品终将被市场淘汰，因此必须自觉迎合消费者需求的变化不断开发相适应的新产品。

2. 产品进入衰退期就意味着产品的生命就要结束，企业通过产品实现劳动价值的困难程度将越来越大。这时即便投入再多的劳动，其价值也无法通过市场交换来实现，这些劳动只能是无效劳动。

3. 企业的生存和发展是以产品(包括劳务)为载体的。产品消亡意味着企业以这种产品作为生存和发展载体的可能性消失，如果此时企业没有开发出新产品作为延续，企业也就会随之消亡。

因此，新产品开发是企业生存和发展的根本。产品生命周期理论充分证明了产品创新的极端重要性和紧迫性。

（二）产品创新的程序

通常来讲，产品创新在程序上可分为方案构思、方案选择、初步设计、最终设计、试制、试销和商业性投产七个主要阶段。

1. 方案构思

产品创新的最初设想既可能源于新发明、新技术、新材料和新工艺等技术突破，也可能源于市场销售部门经过调查研究，捕捉到消费者或用户对产品的新期待和新要求，或者发现现有产品的新用途。如海尔集团的售后服务人员发现，洗衣机在农村因为被用来洗土豆而出现故障，于是就开发出能洗土豆的洗衣机；而市场调查又发现大学生和一些单身们很少使用洗衣机，原因是普通洗衣机容量大，于是开发出小容量的“小小神童”洗衣机，成为企业新的增长点。

2. 方案选择

有了新产品设想后，还要根据市场营销的前途和生产技术的可行性，对新产品的设想进行评估和选择。主要考虑问题有：能否制造这个产品？需要付出什么代价才能制造它？能否提供所要求的伴随服务？索价多少？怎样销售这个产品？它有什么销售长处等。通过对这些问题的分析，去粗存精，去劣存优，可以得出具体的产品构思方案。

3. 初步设计

构思方案确定后，产品开发部门与技术部门要对初选过的设想提出产品设计的技术要求，初步确定新产品的各项技术经济指标和参数，具体解决如何实现新产品功能的理论与技术问题，以便为新产品的最终设计提供科学依据。

4. 最终设计

包括对产品进行定型和试验研究，在确定最终设计方案的基础上，设计和编制生产所需要的全套图纸和技术文件。

5. 试制

这是实现产品的具体化和样品化的过程，包括新产品试制的工艺准备、样品试制、样品试验、样品鉴定和小批量生产等。新产品试制是为实现产品大批量投产的一种准备或实验性工作，因此无论是工艺准备、技术设施、生产组织，都要考虑实行大批量生产的可能性。

6. 试销阶段

是指在限定范围内对新产品的市场试验，由此可以得到需求量的可靠预测和有益于修订、完善市场营销计划的诊断性信息。

7. 商业性投产

包括新产品的正式批量生产和销售，需具备两项必要条件：一是对实现投产的生产技术条件和资源条件的充分准备；二是对新产品投放市场的时间、地点、销售渠道、销售对象和销售策略的配合，以及对销售服务进行全面规划和准备。

四、过程创新

（一）过程创新的主要内容

从企业生产过程来看，过程创新的内容主要包括生产工艺的改革、技术装备的更新改造和企业技术劳动者水平的提高。

1. 工艺改革

所谓工艺改革，就是要用先进工艺取代落后工艺，实现生产工艺水平的不断提高。工艺落后往往会导致企业原材料利用率低下、能源消耗上升、产品质量不高、经济效益下降和社会效益恶化等后果。

工艺改革有赖于不断采用最新科技成果，将先进生产手段和生产方法及时应用到生产过程中去，其实现必须有相应的技术设备作为依托，并且要被技术劳动者所掌握才能发挥作用。因此，工艺改革与技术劳动者的培训以及设备更新改造之间具有极为密切的联系，在企业过程创新中具有很大的综合性和联动性。这种紧密联系和综合性、联动性，使得工艺改革成为企业过程创新的突破口。只有抓住工艺改革这个关键，才能使企业过程创新顺利进行。

2. 生产设备的更新改造

设备是企业生产的基本手段和重要物质技术基础，生产高质量、低成本的产品，获得较高的劳动生产率，没有先进的生产手段是不可想象的。

设备更新改造的方式包括：一是设备的原型更新。即简单地以新替旧，用来更换磨损和报废了的陈旧设备。二是设备改装。即为满足增加产量或加工的特殊要求，对设备的容量、功率、体积、形状和工作方式等进行改造。三是设备的技术改造。是指将新技术成果应用于现有设备，以提高现有设备的技术水平。例如，给旧设备安装新部件、新装置、新附件，或将单机组成流水线和自动线等。这种方式往往既能提高企业生产技术水平，又可节约过程创新的成本和费用。四是设备更新。是指用技术性能更完善、经济效益或社会效益更显著的新型设备来替换落后设备。通常适用于技术落后、不能满足产品创新需要的设备，以及浪费能源、原材料利用率低、造成环境污染和危及安全生产的设备等。

3. 技术劳动者的培训

在过程创新中,必须十分重视对员工的培训,按照终身教育和终身学习要求,致力于建立学习研究型的企业组织和企业文化。技术劳动者培训不仅是指对工程技术人员的培训,这固然十分重要,但同时更为大量的技术工人直接服务于生产过程,他们是生产质量和经济效益的直接实现者。我国目前的科技实力和经济发展水平与发达国家之间尚有差距,但在许多领域科研水平相对于经济发展程度并不落后,然而为什么水平较高的成果无法形成高质量的产品?原因就在于缺乏能在生产过程中实践科学创意的技工人才。

(二) 过程创新的原则

1. 累进技术原则

该原则强调技术进步具有继承性和累进性,即在进行过程创新时,要考虑现有技术基础,与目前具有的技术水平、生产发展水平和员工的文化教育水平以及操作技能等相适应,注意自身的技术消化与吸收能力,在能力允许范围内循序渐进进行创新。

2. 适用技术原则

该原则强调在过程创新中选用技术可以不是先进技术,但必须是能给企业带来最大利润和能为特定发展目标服务的技术。它往往是指在既定投资条件下,能实现成本一定、产量最大或产量一定、成本最小的技术。这样不仅有利于解决资金短缺问题,而且能保证其他资源的有效利用,提高生产的经济效益。

3. 可替代和技术先进相结合原则

可替代是指当用新工艺替代旧工艺时,新工艺必须能同样甚至更好满足原有生产需要。在此条件下,还应较旧工艺具有更高技术水平,以满足技术先进性要求。

4. 经济效益原则

该原则强调创新重在内涵发展,企业应对过程创新的投资、成本和新增收益等作综合分析,使过程创新取得更好经济效益。

5. 可持续发展原则

该原则要求根据可持续发展要求不断调整生产方式,通过过程创新最大限度地减少对资源的消耗和环境破坏。

第三节 管理创新

从管理创新的内容来讲,它至少包括五种情况:一是提出一种新的经营思路并加以有效实施;二是创设一个新的组织机构并使之有效运转;三是提出一个新的管理方式使企业资源得到有效整合;四是设计一种新的管理模式使企业总体资源有效配置实施;五是进行一项制度的创新。概括而言,企业管理既可以是全过程管理,也可以是具体方面的细节管理。企业管理创新包括战略创新、组织创新和制度创新等内容,而管理思想的创新是实现这一系列创新的先导。

一、企业管理思想的创新

就当前企业管理思想的发展来看,其主导趋势是表现出非理性和返古倾向,出现一种"无为管理"的管理理念。

(一) 非理性趋势

非理性主义最早始于美国,后来蔓延到西方各国。它吸收了行为科学的某些成果,认识到人是第一因素,以人为核心是管理的根本原则;认为企业管理应从研究企业文化等涉及人的价值的管理哲学出发,创造一种新的以人为重点,带有感情色彩的管理模式。这种管理模式在日本一些企业中早有应用。其主要思想是:

1. 主张规章制度不可定得过死,要有一定弹性。这样就给员工自由发挥能力的余地,可以激发员工的创造性,而这一点正是企业的重要财富。有的电子公司允许员工把电子原器件带回家进行业余活动,员工的业余小发明其主要受益者当然是企业。

2. 认为严格的生产经营计划有时会因条件变化而使企业陷入别无选择的境地,因此主张企业生产经营计划要有一定的灵活性和可变性。要随着变化了的条件执行生产经营计划,以保证企业的最终利益。

3. 重视企业文化建设和企业凝聚力的形成。企业文化这一概念是美国管理学界在研究东西方成功企业的主要特征后,于20世纪80年代初提出的。他们通过考察美国、日本等国大量卓有成效的企业后发现,企业成功的因素很多。但居于首位的不是规章制度、组织形式和拥有的资金及设备的质量与数量,甚至也不是科技,而是优秀的企业文化。企业文化的实质是价值观,它从非计划、非理性的因素出发调控企业员工的行为,使企业成员为实现企业目标自觉地组成团结协作的整体。

4. 强调现代化信息系统管理与传统有效管理相结合。承认采用现代化信息系统管理的先进性和必要性,但同时也强调采用传统有效的管理方法,如"深入基层调查研究"、"在现场解决问题"等。一些管理学家认为,这样可以获得更多的信息,而且起到沟通人际关系和感情的作用。

5. 对传统的企业生产规模经济原则重新进行评价,"小者为好"的思想开始兴起。规模经济原来就是指企业大批量生产可以明显降低成本,因而提倡成本主导企业。但面对市场风云变幻,大批量生产难以应付这种激烈变化。而小规模、小批量生产则更具有应变能力,有益于发挥人的团体精神,从而减少风险度,提高经济效益。

6. 将竞争机制引入企业内部,以克服保守和退化倾向,激励员工奋进,使企业保持不断开拓创新。只要企业总目标明确，这样做不会影响企业的组织性和协调性。企业中员工的开拓创新精神是企业生存和发展最强有力的基础。

（二）返古倾向

在管理决策方面，西方管理学界一度偏重于利用数学分析、运筹学、计算机模拟、电子数据处理等手段，进行定量化、精确化和程序化决策。这种思路和方法虽然在实际经营决策中起了一定作用，但随着决策中不确定因素的增加，也日益暴露出机械化、复杂化的严重缺点。因此，上述思路和方法逐渐向模糊决策方向转化。

模糊理论认为，在现代社会中思考问题并非唯精确是好。精确性与复杂性是不相容的。在一定的阈值下，精确性与复杂性互相排斥。当一个系统复杂性（不确定因素增多）增大时，使它精确的能力就大为降低。在这种情况下，精确定量的决策已不再有多大意义，而模糊决策则表现出优势。

从这方面引到管理思想和管理方法上，希望根据不同的实际情况，进行具有实效的灵活管理。国外一些企业界和管理学界的人士，对东方古代管理思想和管理方法表现出浓厚的兴趣，如我国的《孙子兵法》、《三十六计》、《三国演义》等。他们认为，将这些军事思想的精华移植到企业管理中，比一般的管理理论更有实际意义和使用价值。比如管仲的理财思想就已被许多国家的企业家作为治企之道。这样我国的一些古典管理思想和管理方法传到日本，日本的管理方法又逐渐影响到美国和西欧，就表现为管理学界的一种返古倾向。

（三）无为管理

无为管理的思想也被通俗地表述为“没有管理的管理”。这种管理思想并非是要主张取消管理，而是使管理进入更加高层次和更高的境界。传统的管理模式较多地表现为管制、监控、指令和命令，这在一定程度上束缚了人的个性和创造才能。企业必须把管理的侧重点转移到提高员工的素质，培养其获取信息和处理信息的能力方面。将全员管理提高到新的高度，人人都是管理者，都是重大决策的参与和执行者。树立人本管理的思想，建立激励机制，使员工不再是被动地在规章制度约束下工作，而是自动自觉地工作。另外通过管理文化，创造一种高度和谐、友善、亲切、融洽的氛围，使企业成为密切合作的团体。这将大大增强企业的自我组织和调节功能，保证企业协调、有序、高效运行。

二、战略创新

（一）企业战略管理与战略创新

企业战略管理是指企业从自身整体和长远利益出发，在对外部环境和内部资源条件分析、预测的基础上，就经营目标、内部实力及其与环境积极适应等问题进行谋划与决策，并以企业自身实力将其谋划和决策付诸实施，从而保障企业生存和长期稳定发展的过程。它是企业在激烈竞争环境下的管理创新，是市场竞争的产物。

自20世纪60年代以来，世界经济发生深刻变化。一是科技发展的步伐加快，新技术、新材料、新产品和新行业不断涌现，原有企业和行业受到日益剧烈的市场冲击。二是世界经济全球化进程加快，一国经济越来越深地被置于世界经济体系之中。特别是伴随着跨国公司的迅速发展，全球范围内企业之间的竞争空前激烈。三是在世界范围内，由于发达国家与发展中国家经济发展不平衡而产生的各种矛盾日益突出，贸易保护主义兴起，政府对经济的影响程度加大。面对上述三方面的变化，企业感受到的压力越来越大，面临如何在错综复杂的动态环境中谋求自身生存与发展的重大挑战。据美国一项统计数字，每年新生40万家企业在一年中倒闭1/3，余下的2/3企业又在以后的五年中陆续消亡，存活下来的企业为数极少。一般大企业的平均寿命也只有40年。于是越来越多的企业认识到，在激烈的国际市场竞争和复杂多变的外部环境中，企业要求得生存和长远发展，就必须"量物易长、放物宜远"，站在全局的高度，去把握未来环境的变化，通过强化自身优势，取得企业内部资源和外部环境的动态平衡。企业管理进入战略管理的新时代。

在我国，经过20多年的改革开放和经济发展，绝大部分商品已由"卖方市场"转入"买方市场"，市场竞争异常激烈。特别是现在，科技的发展，世界全球化进程的加快，使企业不仅直接参与国内市场竞争，而且将更直接地面临与世界跨国公司之间的角逐。企业间竞争的档次和水平日益提高，企业将更多地受到各种环境因素的影响和冲击。机遇与风险并存，企业要求得生存和发展，必须审时度势，长远谋划，制定正确的经营战略，以战略眼光统揽全局。

战略管理作为企业管理的一种创新，它具有五方面的特点：

1. 战略管理是以市场为导向的管理。它非常强调对企业外部市场环境的变化及其趋势的把握。企业所作出的战略规划必须尽可能地与市场的变化趋势一致，利用机遇，避开威胁。

2. 战略管理是有关企业发展方向的管理。它特别关注企业的总体方向，如企业寻求的新的经营领域是什么，在该领域期望取得怎样的差别优势，为此必须采取哪些战略步骤等。

3. 战略管理是面向未来的管理。它所关注的主要是企业的长远利益。

4. 战略管理是寻求内部资源与外部环境相协调的管理。通过对外部环境因素进行分析，对环境变化进行预测，包括辨明环境带来的机会和威胁，通过企业内部资源的调整、优化以及取得新的资源等措施，寻求在未来时期企业环境相协调。

5. 战略管理的目的是寻求企业的长期稳定发展。在企业战略管理的过程中，要根据外部环境和内部条件的变化进行战略调整。同时在某个战略目标实现后，企业还要进行战略转移。

企业战略管理的作用主要体现在：

1. 促使企业密切关注外部环境变化，及时抓住企业发展机遇，避开环境对企业造成的风险，主动迎接未来挑战。

2. 有利于企业优化配置内部资源，将企业内部的各种资源统一到企业战略之下，避免出现资源分配与工作重点安排上的偏颇。

3. 对企业内部各部门、各环节的高效运行起导向作用，使各部门协调一致，减少摩擦。

4. 战略管理直接影响企业的命运与前途。战略管理中的战略目标往往是令人振奋的。它能够激发士气，对企业员工产生激励作用，推动企业的发展。同时战略管理的每一阶段也都需要职工广泛参与，为制定和执行战略献计出力。

（二）企业战略管理的内容和职能

企业战略管理的内容包括规定企业使命、分析战略环境、制定战略目标、选择战略方案和战略实施、战略控制、战略评价六个方面。企业使命是一个企业为其经营活动方式所确立的价值观、信念和行为准则，构成企业一切活动的指导思想。战略目标是企业战略的核心。它是企业的经营活动在一定时期内所预期获得的成果，必须客观可行。战略方案的选择是战略管理的关键环节。战略实施是将战略方案由蓝图变为现实的过程，要将企业总体战略分解成企业各层次和各方面的具体职能战略，制定各个战略的战略阶段、战略步骤和战略对策，最后付诸实施。战略控制与战略评价伴随战略实施的整个过程。建立和健全战略控制与战略评价系统，可以使管理者及时地将每一阶段、每一方面的战略实施结果和战略目标进行比较，以便找出差距，查明原因，适时采取措施予以调整。

企业战略管理主要应包括以下职能：

1. 人才战略

企业竞争实质是人才竞争。优秀科技人才的严重匮乏是企业竞争所普遍面临的问题。企业面对人才争夺战必须从长计议，制定适合自身实际的人才战略。一方面积极招聘优秀人才进入本企业；另一方面加大智力投资，注重开发本企业的人力资源，挖掘其中的人才。随着信息技术的高速发展和知识经济社会的到来，学习成为个人和组织发展的有效工具，是挖掘新技术的生产潜力和保持长期经济增长的关键。企业也日益变成一个学习和人才培训的组织。通过学习、培训，更新、扩展和优化员工的知识结构，提高他们适应高新技术日新月异发展需要的业务素质与知识水平，不断使每个人的能力获得提升，使人才脱颖而出。

2. 创新战略

当今社会科技发展日新月异，人类知识总量每 5 年就翻一番，经济生活瞬息万变。每一个企业都应当学会用发展的眼光从高处和远处打量自己，随时发现自己的弱点和缺点，通过改革和创新迅速加以克服，否则随时都有被淘汰的可能。正如我国古语所言："不谋全局者，不足谋一域；不谋万事者，不足谋一时。"20 世纪 20、30 年代福特一世以大规模生产黑色轿车独领风骚数十年，但随着时代的发展，消费者希望更多的品种、更新的款式和节能省耗的轿车。福特汽车公司的产品不仅颜色单调，而且耗油量大，排废量大，完全不符合日益紧张的石油供应市场和日趋严重的环保状况。而通用汽车公司等则紧扣市场需求，制定正确的战略规划，生产节能省耗、小型轻便的轿车，在70年代的石油危机中后来居上。福特汽车公司却濒临破产。因此福特公司前总裁亨利·福特深有体会地说："不创新，就灭亡。"创新成为企业生存与发展的基本方式。

3. 形象战略

从市场竞争的角度来分析，企业竞争的基本手段分为两种：一种是价格竞争，即通过产品价格减让的方式争取市场；另一种是非价格竞争，即通过提高产品的质量、新颖包装、热情周到的服务以及实实在在的广告宣传等方式争取市场。这种非价格竞争实际上就是一种企业形象的竞争。随着科技发展和管理水平的不断提高，企业产品生产成本降低的余地越来越小，价格竞争将越来越让位于非价格竞争，即形象竞争。在现代企业的竞争中，形象竞争已经举足轻重。在各种新闻媒体中浩如烟海的各类企业广告，其实质也是在为塑造企业形象作长期投资。

4. 文化战略

企业文化作为企业管理的一种新观念，是植根于企业每个成员头脑中的独特精神成果和思想观念，是企业的精神文化。它包括企业的经营理念、企业精神、价值观念、行为准则、道德规范、企业形象以及全体员工对企业的责任感、荣誉感等。企业文化的作用体现在它是提高企业凝聚力的重要手段。它以企业精神为核心，把企业成员的思想和行为引导到企业所确定的发展目标上来；又通过企业所形成的价值观念、行为准则和道德规范等，以见于文字的形式（如厂规等）或约定俗成的社会心理的形式（如厂风），对企业员工的思想、行为施以影响和控制。价值观是企业文化的基石。共同的价值观和信念使企业员工凝聚成为一个整体，并在工作中遵守企业的行为准则和道德规范，为实现企业的发展经营目标而拼搏。

三、组织创新

组织有静态和动态之分。就静态意义而言，它是为达到特定目标而在分工协作基础上形成的人财物等资源的集合及相应的权责构架，是由组织中的人员、组织目标、组织结构、组织制度等构成的完整的有机体，包括正式组织和非正式组织。就动态意义来说，是管理的一项重要职能，包括：设立组织结构，合理配备人员，进行恰当的组织授权和分权，制定各项制度，以及根据组织环境变化实施组织变革和发展，实现组织高效运行的一系列组织行为活动和过程。组织创新构成管理创新的重要内容。

（一）现代企业的组织理论

现代企业的组织理论有广义和狭义之分。广义的组织理论包括一个企业在运行过程中所遇到的全部问题，如企业运行的环境、目标、规模等。狭义的组织理论主要是指企业组织机构的设计和运行，而把环境、战略、技术、规模等问题作为影响组织结构设计的因素。综合起来，关于组织的研究通常包括组织结构、组织环境、组织行为和组织制度四个方面。

1. 组织结构

组织结构是组织中各个部门和机构之间根据权责关系而确定的从属和并列关系的组织形态。设置和优化组织结构必须符合五项基本要求：

(1) 确定合理的管理幅度。即根据企业的业务技术性质、组织管理层次和管理者能力及管理手段的现代化程度等，合理确定上级管理者或管理机构可以直接有效控制的下级数量。它直接关系到企业的规模、结构形态和发展。

(2) 确定适合组织需要的组织形态—扁平型或纵深型。扁平型组织上下层次少，高层管理者易与下级接触，因而信息和思想沟通比较好，容易形成比较有向心力和凝聚力的人际环境；管理幅度宽，管理者必须更多地采取分权式的管理方式，下级更有参与意识和满足感，能够较好地调动下级的积极性；但容易造成组织松散和局部失控的问题；纵深型组织比较紧密；管理幅度窄，有利于统一指挥和控制；但由于层次较多，上级的命令及信息传递层次多，失真较为严重；高层管理者不易与一般员工接触，思想沟通少，易造成组织僵化、管理呆板，个人创造性和积极性受到抑制。

(3) 命令统一。一个下级只能从一个上级接受分配的职责和委任给予的权力，并仅对这个上级负责。要避免多重领导、越级命令指挥和参谋职能部门与直线机构双重命令等现象。

(4) 建立等级层次。企业管理者在部门化和职责分工的基础上建立明确的组织权责关系图，明示上下工作关系界限和权力范围：每个管理者在企业组织中的确切位置以及在此位置上的职责和权限，上下级是谁，对谁负责；自己所属的指挥命令系统，接受谁的决策、指示和命令；向谁发布命令和分派任务。

(5) 处理好集权与分权的关系。

2. 组织环境

任何组织都要在一定的环境条件下生存和发展。影响组织的环境因素包括内部的和外部的。内部环境包括人财物的数量和质量、领导、技术、发展战略等。外部环境包括直接外部环境和间接外部环境。直接外部环境是指与组织有直接利害关系的外部环境因素，包括组织的供应市场、销售市场、竞争者等一系列因素，属组织特有的外部环境。间接外部环境是指与组织有间接关系的外部因素，如宏观管理体制、政策与法律等，是组织所共有的外部环境。为适应环境因素不断变化的要求，组织必须作出适当的调整和改革。

3. 组织行为

最基本的组织行为包括组织授权和组织发展。授权就是上级管理者根据分派给下级的责任授予下级相应权力的过程。通过授权可以有效减少高层管理者的管理幅度；提高决策和执行的效率，增强下级的参与意识，培养下级的责任感；锻炼下级的管理技巧和管理能力，培养一支精锐的管理人员队伍。授权的一般过程包括分派职责、委任权力和建立责任体系三方面。其类型包括结构性授权和任务性授权，必须贯彻权责对等和层级、责任的绝对性及命令统一、积极沟通、激励等原则。组织发展是运用行为科学概念、理论和方法，以推动人的行为、态度变革为重点，对组织结构、组织技术和人的因素进行的有计划、全局性和自上发动的变革。

组织发展的过程包括分析发展动因、确定发展需要、诊断存在问题、确定发展内容、组织实施变革和发展效果评价等。通过组织变革，可以提高整个组织的效率，发挥组织整体的协作力，使组织富有活力和生机，适应内外环境的变化。

4. 组织制度

组织制度是组织中全体成员必须遵守的行为准则。它包括组织的各种章程、条例、守则、规程和标准等。完整的组织制度应包括：

(1) 组织的基本制度。主要包括诸如规定组织法律地位和财产所有形式的契约、组织章程等方面的制度以及组织的领导制度和民主管理制度等。

(2) 专业管理制度。包括：责任制度—规定组织内部各级部门、各类人员应承担的工作任务、应负责任以及相应职权的制度；组织的技术规范—针对组织的业务活动而制订的技术标准和规程等；业务规范—组织通过反复实践总结出来的、通过行政命令方式予以认可的工作程序和作业处理规定；个人行为规范—对个人在执行组织任务时应有的个人行为的规定，如个人行为品德规范、劳动纪律、仪态仪表规范、语言规范等。实行制度化管理是从“人治”到“法治”，实现标准化、规范化管理的必然要求。

(二) 企业组织创新的思路

按照现代企业组织理论，企业组织创新应遵循以下思路：

1. 围绕加强基础管理工作进行组织创新

企业组织创新首先要实现无序管理的有序化，即制定和落实规章制度，明确各个职位的责权利，这是企业组织创新的基础。如我国政府于1995年推出的邯郸钢铁公司的内部核算和成本管理经验，所加强的正是企业基础管理工作。再如某某企业连年亏损，而重新改组企业领导班子，将企业各项规章落实到位，企业可能就会有很大的发展。加强企业基础管理工作的核心是责权利分明和按章行事。

2. 围绕“人”进行的组织创新

这也就是所谓的“人本管理”思想。主要内容包括树立人才观念，加强对人力资源的储备；在指导思想上树立依靠职工办实事的观念等。把这些观念落到实处，必须加强企业管理者的素质和提高职工的普遍素质。

3. 为丰富管理组织的内涵而进行的组织创新

组织创新不仅是指组织结构框架的设计，而且包括战略、管理作风、价值观和体制的建立等。有些企业竞争力差的原因就在于没有认真考虑管理组织硬件以外的软件方面的内容。

4. 从战略或资本运营的角度对企业组织进行创新

从资本运营的角度对企业组织进行创新，一方面是通过参股、控股形式发展企业集团，运用战略联盟、战略网络的理论建立企业管理组织；另一方面从对投资项目过程管理的角度进行企业管理组织创新。如无锡小天鹅公司等用自己的管理优势和品牌无形资产进行横向联合，定牌生产，把关联企业纳入自己的生产经营体系中，形成战略网络，实现企业的大跨度、跃进式发展。

5. 围绕业务过程再设计进行组织创新

这其中包括由技术创新和体制创新所带来的组织创新。前者主要是指应用信息技术打破劳动分工和职能部门界限而导致业务过程的变革；后者主要指适应市场经济和竞争要求进行企业业务过程的再设计。如我国邮电服务部门，近年来从开始由顾客到各职能部门盖章办证，发展到大厅进行一条龙服务，再进一步发展到顾客只交钱，而各种手续由服务人员代为办理。这些都是由技术创新和体制创新所带来的。技术创新是实现组织创新的手段，体制创新则是促进组织创新的动因。

四、制度创新

(一) 企业制度的涵义

企业制度是企业作为一个有机体组织，为实现企业内部资源与外部环境的协调及既定目标，在财产关系、组织结构、运行机制和管理规范等方面的一系列制度安排。它主要包括产权制度、经营制度和管理制度三个不同层次、不同方面的内容。

1. 产权制度

它规定着企业所有者对企业的权利、利益和责任，是决定企业其他制度的根本性制度。按照资源配置方式不同，有计划配置方式下的“公有制单位”形式和市场配置形式下的“企业制”形式；按产权归属及历史发展顺序，可分为业主制、合伙制和公司制三种基本类型。

2. 经营制度

又称经营机制，是有关经营权的归属及行使权力的条件、范围、限制等方面的原则规定。它构成公司的“内部治理结构”，包括目标机制、激励机制和约束机制等。

3. 管理制度

是行使经营权，组织企业日常经营的各项具体规则的总称，包括材料、资金、设备、劳动力等各种因素的取得和使用的规定。分配制度时期最重要的内容之一。

（二）企业制度创新的特点

从对企业制度涵义的分析可见，企业制度创新就是指企业产权制度、经营制度和管理制度的综合创新。它构成企业整体创新的基础。企业制度创新具有先导性和系统性等特点。

1. 先导性

就我国企业的总体状况来看，目前普遍存在技术老化、设备陈旧、产品更新换代慢、管理落后等缺乏技术创新、产品创新、市场创新的状况。究其原因，根本的还在于传统的企业制度，不具备上述一系列创新的机制、功能和条件。企业的其他一系列创新活动必须体现在企业制度中，才能形成一种主动创新和可持续创新的机制、环境和条件。制度创新是企业创新的前提和源泉。

2. 系统性

企业制度创新是一个系统工程，它涉及利税、金融和社会保障等一系列外部制度的改革和内部不同层次、不同机构的改革。哪一个环节的改革不到位，都会影响到企业制度创新。因此企业制度创新必须从系统的观点出发，注意社会外部制度创新与企业制度创新相协调，使企业内部产权制度改革与经营机制转换、管理制度改革相统一，实行重点突破、整体推进相结合的方式。

3. 从企业制度创新的三方面内容来看，它们之间存在一种相互渗透、互相制约、依次递进、有机联系的关系

一般来说，一定的产权制度决定相应的经营制度。但是在产权制度不变的情况下，企业具体的经营方式可以不断地进行调整。同时在企业经营方式不变的情况下，具体的管理规则和方法也可以不断地进行改进。而管理制度的改进发展到一定程度，必然又要求经营制度做相应的调整。经营制度的不断调整，引起产权制度的变革。我国企业制度改革创新所走过的历程也正证明了这一点。首先是企业内部管理制度的改革与调整—企业整顿；管理变革引起经营制度的调整—“松绑放权”，使企业从“产品生产者”成为“相对独立的商品生产者”；而经营方式的进一步改革要求产权制度改革。因此经过多年的实践探索，企业制度改革进入了以产权制度改革、经营制度改革和管理制度改革为主要内容的综合改革和改革攻坚阶段。

（三）企业制度创新的目标——建立现代企业制度

随着我国宏观经济体制改革由过去的计划经济模式向建立全新的市场经济体制转轨，相应地要求企业按照市场经济的运行规则和要求，进行全面的制度改革和创新。现代企业制度即是指适合现代市场经济发展要求的一种企业制度，其基本形式是公司制企业，主要包括股份有限公司和有限责任公司。在发展社会主义市场经济过程中建立现代企业制度，应当做到公有制与社会主义相结合。其基本特征是：

1. 产权明晰

企业中的国有资产所有权属于国家;国家授予或委托国有资产的经营机构是国有产权的代表,即出资者。企业拥有包括国家在内的出资者投资形成的全部法人财产权,成为享有民事权利,承担民事责任的法人实体。这样各个权利主体各就其位,各司其职,各负其责,才能理顺国有资产的财产关系,为实现国有资产保值、增值打下基础。

2. 政企分开

企业按照市场需求,以提高劳动生产率和经济效益为目标,依法自主组织生产经营。政府不直接干预企业的经营活动,主要通过经济杠杆和经济政策调控市场,保持经济总量的基本平衡,引导资源的优化配置;政府需制定有关法律、法规,维持正常的市场秩序,保证市场机制合理发挥作用;建立健全社会保障制度,防止市场竞争引起的社会动荡,保持社会安定;切实加强国有资产管理。

3. 权责明确

企业享有法人财产权,依其全部的法人财产权自主经营,自负盈亏,照章纳税,对出资者承担资产保值增值的责任;出资者按投入企业的资本额享有所有者权益,即资产受益、重大决策和选择管理者等权利。企业破产时,出资者只以投入的资本金多少为限对企业债务承担有限责任。

4. 管理科学

企业要建立科学的领导体制和组织管理制度,合理调节所有者、经营者与职工之间的关系,形成有效的激励和约束相结合的经营机制。

思考与训练

1. 企业创新包含哪些内容?企业创新的各项内容和环节之间具有怎样的内在联系?
2. 企业市场创新有哪些途径?形象创新的主要策略有哪些?
3. 什么是过程创新?产品创新的内容、程序和常用方法有哪些?
4. 企业管理创新包含哪些内容?试结合本职,对本单位、本部门管理提出合理化建议。

附录 矛盾矩阵

	改善的技术特性 ↓ / 恶化的技术特性 →	1 运动物体质量	2 静止物体质量	3 运动物体长度	4 静止物体的长度	5 运动物体的面积	6 静止物体的面积	7 运动物体的体积	8 静止物体的体积	9 速度	10 力	11 应力或压力	12 形状	13 物体结构稳定性
1	运动物体质量	+		15, 8, 29,34		29,17, 38,34		29, 2, 40,28		2, 8, 15,38	8, 10, 18,37	10,36, 37,40	10,14, 35,40	1, 35, 19,39
2	静止物体质量		+		10, 1, 29,35		35,30, 13,2		5, 35, 14,2		8, 10, 19,35	13,29, 10,18	13,10, 29,14	26,39, 1,40
3	运动物体长度	8, 15, 29,34		+		15,17, 4		7, 17, 4,35		13,4,8	17,10, 4	1,8,35	1, 8, 10,29	1, 8, 15,34
4	静止物体的长度		35,28, 40,29		+		17, 7, 10,40		35, 8, 2,14		28,10	1, 14, 35	13,14, 15,7	39,37, 35
5	运动物体的面积	2, 17, 29,4		14,15, 18,4		+		7, 14, 17,4		29,30, 4,34	19,30, 35,2	10,15, 36,28	5, 34, 29,4	11, 2, 13,39
6	静止物体的面积		30, 2, 14,18		26, 7, 9,39		+				1, 18, 35,36	10,15, 36,37		2,38
7	运动物体的体积	2, 26, 29,40		1,7,4, 35		1,7,4, 17		+		29, 4, 38,34	15,35, 36,37	6, 35, 36,37	1, 15, 29,4	28,10, 1,39
8	静止物体的体积		35,10, 19,14	19,14	35, 8, 2,14				+		2, 18, 37	24,35	7,2,35	34,28, 35,40
9	速度	2, 28, 13,38		13,14, 8		29,30, 34		7, 29, 34		+	13,28, 15,19	6, 18, 38,40	35,15, 18,34	28,33, 1,18
10	力	8, 1, 37,18	18,13, 1,28	17,19, 9,36	28,10	19,10, 15	1, 18, 36,37	15, 9, 12,37	2, 36, 18,37	13,28, 15,12	+	18,21, 11	10,35, 40,34	35,10, 21
11	应力或压力	10,36, 37,40	13,29, 10,18	35,10, 36	35, 1, 14,16	10,15, 36,28	10,15, 36,37	6, 35, 10	35,24	6, 35, 36	36,35, 21	+	35, 4, 15,10	35,33, 2,40
12	形状	8, 10, 29,40	15,10, 26,3	29,34, 5,4	13,14, 10,7	5, 34, 4,10		14, 4, 15,22	7,2,35	35,15, 34,18	35,10, 37,40	34,15, 10,14	+	33, 1, 18,4
13	物体结构稳定性	21,35, 2,39	26,39, 1,40	13,15, 1,28	37	2, 11, 13	39	28,10, 19,39	34,28, 35,40	33,15, 28,18	10,35, 21,16	2, 35, 40	22, 1, 18,4	+
14	强度	1, 8, 40,15	40,26, 27,1	1, 15, 8,35	15,14, 28,26	3, 34, 40,29	9, 40, 28	10,15, 14,7	9, 14, 17,15	8, 13, 26,14	10,18, 3,14	10, 3, 18,40	10,30, 35,40	13,17, 35
15	运动物体的运动持久程度	19, 5, 34,31		2,19,9		3, 17, 19		10, 2, 19,30		3,35,5	19, 2, 16	19, 3, 27	14,26, 28,25	13, 3, 35
16	静止物体的持久程度		6, 27, 19,16		1, 40, 35				35,34, 38					39, 3, 35,23
17	温度	36,22, 6,38	22,35, 32	15,19, 9	15,19, 9	3, 35, 39,18	35,38	34,39, 40,18	35,6,4	2, 28, 36,30	35,10, 3,21	35,39, 19,2	14,22, 19,32	1, 35, 32
18	光照度	19, 1, 32	2, 35, 32	19,32, 16		19,32, 26		2, 13, 10		10,13, 19	26,19, 6		32,30	32, 3, 27
19	运动物体的能耗	12,18, 28,31		12,28		15,19, 25		35,13, 18		8, 35, 35	16,26, 21,2	23,14, 25	12, 2, 29	19,13, 17,24
20	静止物体的能耗		19, 9, 6,27								36,37			27, 4, 29,18
21	功率	8, 36, 38,31	19,26, 17,27	1, 10, 35,37		19,38	17,32, 13,38	35, 6, 38	30, 6, 25	15,35, 2	26, 2, 36,35	22,10, 35	29,14, 2,40	35,32, 15,31
22	能量损失	15, 6, 19,28	19, 6, 18,9	7,2,6, 13	6,38,7	15,26, 17,30	17, 7, 30,18	7, 18, 23	7	16,35, 38	36,38			14, 2, 39,6
23	物质损失	35, 6, 23,40	35, 6, 22,32	14,29, 10,39	10,28, 24	35, 2, 10,31	10,18, 39,31	1, 29, 30,36	3, 39, 18,31	10,13, 28,38	14,15, 18,40	3, 36, 37,10	29,35, 3,5	2, 14, 30,40
24	信息损失	10,24, 35	10,35, 5	1,26	26	30,26	30,16		2,22	26,32				
25	时间损失	10,20, 37,35	10,20, 26,5	15, 2, 29	30,24, 14,5	26, 4, 5,16	10,35, 17,4	2, 5, 34,10	35,16, 32,18		10,37, 36,5	37,36, 4	4, 10, 34,17	35, 3, 22,5

	改善的技术特性 ↓ / 恶化的技术特性 →	14 强度	15 运动物体的运动持久程度	16 静止物体的持久程度	17 温度	18 光照度	19 运动物体的能耗	20 静止物体的能耗	21 功率	22 能量损失	23 物质损失	24 信息损失	25 时间损失	26 物质的量
1	运动物体质量	28,27, 18,40	5, 34, 31,35		6, 29, 4,38	19, 1, 32	35,12, 34,31		12,36, 18,31	6, 2, 34,19	5, 35, 3,31	10,24, 35	10,35, 20,28	3, 26, 18,31
2	静止物体质量	28, 2, 10,27		2, 27, 19,6	28,19, 32,22	19,32, 35		18,19, 28,1	15,19, 18,22	18,19, 28,15	5, 8, 13,30	10,15, 35	10,20, 35,26	19, 6, 18,26
3	运动物体长度	8, 35, 29,34	19		10,15, 19	32	8, 35, 24		1,35	7, 2, 35,39	4, 29, 23,10	1,24	15, 2, 29	29,35
4	静止物体的长度	15,14, 28,26		1, 10, 35	3, 35, 38,18	3,25			12,8	6,28	10,28, 24,35	24,26,	30,29, 14	
5	运动物体的面积	3, 15, 40,14	6,3		2, 15, 16	15,32, 19,13	19,32		19,10, 32,18	15,17, 30,26	10,35, 2,39	30,26	26,4	29,30, 6,13
6	静止物体的面积	40		2, 10, 19,30	35,39, 38				17,32	17, 7, 30	10,14, 18,39	30,16	10,35, 4,18	2, 18, 40,4
7	运动物体的体积	9, 14, 15,7	6,35,4		34,39, 10,18	2, 13, 10	35		35, 6, 13,18	7, 15, 13,16	36,39, 34,10	2,22	2, 6, 34,10	29,30, 7
8	静止物体的体积	9, 14, 17,15		35,34, 38	35,6,4				30,6		10,39, 35,34		35,16, 32 18	35,3
9	速度	8, 3, 26,14	3, 19, 35,5		28,30, 36,2	10,13, 19	8, 15, 35,38		19,35, 38,2	14,20, 19,35	10,13, 28,38	13,26		10,19, 29,38
10	力	35,10, 14,27	19,2		35,10, 21		19,17, 10	1, 16, 36,37	19,35, 18,37	14,15	8, 35, 40,5		10,37, 36	14,29, 18,36
11	应力或压力	9, 18, 3,40	19, 3, 27		35,39, 19,2		14,24, 10,37		10,35, 14	2, 36, 25	10,36, 3,37		37,36, 4	10,14, 36
12	形状	30,14, 10,40	14,26, 9,25		22,14, 19,32	13,15, 32	2, 6, 34,14		4,6,2	14	35,29, 3,5		14,10, 34,17	36,22
13	物体结构稳定性	17, 9, 15	13,27, 10,35	39, 3, 35,23	35, 1, 32	32, 3, 27,16	13,19	27, 4, 29,18	32,35, 27,31	14, 2, 39,6	2, 14, 30,40		35,27	15,32, 35
14	强度	+	27, 3, 26		30,10, 40	35,19	19,35, 10	35	10,26, 35,28	35	35,28, 31,40		29, 3, 28,10	29,10, 27
15	运动物体的运动持久程度	27, 3, 10	+		19,35, 39	2, 19, 4,35	28, 6, 35,18		19,10, 35,38		28,27, 3,18	10	20,10, 28,18	3, 35, 10,40
16	静止物体的持久程度			+	19,18, 36,40				16		27,16, 18,38	10	28,20, 10,16	3, 35, 31
17	温度	10,30, 22,40	19,13, 39	19,18, 36,40	+	32,30, 21,16	19,15, 3,17		2, 14, 17,25	21,17, 35,38	21,36, 29,31		35,28, 21,18	3, 17, 30,39
18	光照度	35,19	2,19,6		32,35, 19	+	32, 1, 19	32,35, 1,15	32	13,16, 1,6	13,1	1,6	19, 1, 26,17	1,19
19	运动物体的能耗	5, 19, 9,35	28,35, 6,18	—	19,24, 3,14	2, 15, 19	+	—	6, 19, 37,18	12,22, 15,24	35,24, 18,5		35,38, 19,18	34,23, 16,18
20	静止物体的能耗	35				19, 2, 35,32	—	+			28,27, 18,31			3, 35, 31
21	功率	26,10, 28	19,35, 10,38	16	2, 14, 17,25	16, 6, 19	16, 6, 19,37		+	10,35, 38	28,27, 18,38	10,19	35,20, 10,6	4, 34, 19
22	能量损失	26			19,38, 7	1, 13, 32,15			3,38	+	35,27, 2,37	19,10	10,18, 32,7	7, 18, 25
23	物质损失	35,28, 31,40	28,27, 3,18	27,16, 18,38	21,36, 39,31	1,6,13	35,18, 24,5	28,27, 12,31	28,27, 18,38	35,27, 2,31	+		15,18, 35,10	6, 3, 10,24
24	信息损失		10	10		19			10,19	19,10		+	24,26, 28,32	24,28, 35
25	时间损失	29, 3, 28,18	20,10, 28,18	28,20, 10,16	35,29, 21,18	1, 19, 26,17	35,38, 19,18	1	35,20, 10,6	10, 5, 18,32	35,18, 10,39	24,26, 28,32	+	35,38, 18,16

	改善的技术特性 ↓ / 恶化的技术特性 →	27 可靠性	28 测量精度	29 制造精度	30 外界有害影响对物体的作用	31 物体的有害副作用	32 加工方便程度	33 操纵舒适度	34 维修方便程度	35 适应能力	36 结构的复杂程度	37 操纵控制的复杂程度	38 自动化程度	39 生产率
1	运动物体质量	1, 3, 11,27	28,27, 35,26	28,35, 26,18	22,21, 18,27	22,35, 31,39	27,28, 1,36	35, 3, 2,24	2, 27, 28,11	29, 5, 15,8	26,30, 36,34	28,29, 26,32	26, 35 18,19	35, 3, 24,37
2	静止物体质量	10,28, 8,3	18,26, 28	10, 1, 35,17	2, 19, 22,37	35,22, 1,39	28,1,9	6, 13, 1,32	2, 27, 28,11	19,15, 29	1, 10, 26,39	25,28, 17,15	2, 26, 35	1, 28, 15,35
3	运动物体长度	10,14, 29,40	28,32, 4	10,28, 29,37	1, 15, 17,24	17,15	1, 29, 17	15,29, 35,4	1, 28, 10	14,15, 1,16	1, 19, 26,24	35, 1, 26,24	17,24, 26,16	14, 4, 28,29
4	静止物体的长度	15,29, 28	32,28, 3	2, 32, 10	1,18		15,17, 27	2,25	3	1,35	1,26	26		30, 14, 7,26
5	运动物体的面积	29,9	26,28, 32,3	2,32	22,33, 28,1	17, 2, 18,39	13, 1, 26,24	15,17, 13,16	15,13, 10,1	15,30	14, 1, 13	2, 36, 26,18	14,30, 28,23	10, 26, 34,2
6	静止物体的面积	32,35, 40,4	26,28, 32,3	2, 29, 18,36	27, 2, 39,35	22, 1, 40	40,16	16,4	16	15,16	1, 18, 36	2, 35, 30,18	23	10,15, 17,7
7	运动物体的体积	14, 1, 40,11	25,26, 28	25,28, 2,16	22,21, 27,35	17, 2, 40,1	29, 1, 40	15,13, 30,12	10	15,29	26,1	29,26, 4	35,34, 16,24	10, 6, 2,34
8	静止物体的体积	2, 35, 16		35,10, 25	34,39, 19,27	30,18, 35,4	35		1		1,31	2, 17, 26		35,37, 10,2
9	速度	11,35, 27,28	28,32, 1,24	10,28, 32,25	1, 28, 35,23	2, 24, 35,21	35,13, 8,1	32,28, 13,12	34, 2, 28,27	15,10, 26	10,28, 4,34	3, 34, 27,16	10,18	
10	力	3, 35, 13,21	35,10, 23,24	28,29, 37,36	1, 35, 40,18	13, 3, 36,24	15,37, 18,1	1, 28, 3,25	15, 1, 11	15,17, 18,20	26,35, 10,18	36,37, 10,19	2,35	3, 28, 35,37
11	应力或压力	10,13, 19,35	6, 28, 25	3,35	22, 2, 37	2, 33, 27,18	1, 35, 16	11	2	35	19, 1, 35	2, 36, 37	35,24	10,14, 35,37
12	形状	10,40, 16	28,32, 1	32,30, 40	22, 1, 2,35	35,1	1, 32, 17,28	32,15, 26	2,13,1	1, 15, 29	16,29, 1,28	15,13, 39	15, 1, 32	17,26, 34,10
13	物体结构稳定性		13	18	35,24, 30,18	35,40, 27,39	35,19	32,35, 30	2, 35, 10,16	35,30, 34,2	2, 35, 22,26	35,22, 39,23	1,8,35	23,35, 40,3
14	强度	11,3	3, 27, 16	3,27	18,35, 37,1	15,35, 22,2	11, 3, 10,32	32,40, 25,2	27,11, 3	15, 3, 32	2, 13, 25,28	27, 3, 15,40	15	29,35, 10,14
15	运动物体的运动持久程度	11, 2, 13	3	3, 27, 16,40	22,15, 33,28	21,39, 16,22	27,1,4	12,27	29,10, 27	1, 35, 13	10, 4, 29,15	19,29, 39,35	6,10	35,17, 14,19
16	静止物体的持久程度	34,27, 6,40	10,26, 24		17, 1, 40,33	22	35,10	1	1	2		25,34, 6,35	1	20,10, 16,38
17	温度	19,35, 3,10	32,19, 24	24	22,33, 35,2	22,35, 2,24	26,27	26,27	4, 10, 16	2, 18, 27	2, 17, 16	3, 27, 35,31	26, 2, 19,16	15,28, 35
18	光照度		11,15, 32	3,32	15,19	35,19, 32,39	19,35, 28,26	28,26, 19	15,17, 13,16	15, 1, 19	6, 32, 13	32,15	2, 26, 10	2, 25, 16
19	运动物体的能耗	19,21, 11,27	3,1,32		1, 35, 6,27	2,35,6	28,26, 30	19,35	1, 15, 17,28	15,17, 13,16	2, 29, 27,28	35,38	32,2	12,28, 35
20	静止物体的能耗	10,36, 23			10, 2, 22,37	19,22, 18	1,4					19,35, 16,25		1,6
21	功率	19,24, 26,31	32,15, 2	32,2	19,22, 31,2	2, 35, 18	26,10, 34	26,35, 10	35, 2, 10,34	19,17, 34	20,19, 30,34	19,35, 16	28, 2, 17	28,35, 34
22	能量损失	11,10, 35	32		21,22, 35,2	21,35, 2,22		35,32, 1	2,19		7,23	35, 3, 15,23	2	28,10, 29,35
23	物质损失	10,29, 39,35	16,34, 31,28	35,10, 24,31	33,22, 30,40	10, 1, 34,29	15,34, 33	32,28, 2,24	2, 35, 34,27	15,10, 2	35,10, 28,24	35,18, 10,13	35,10, 18	28,35, 10,23
24	信息损失	10,28, 23			22,10, 1	10,21, 22	32	27,22				35,33	35	13,23, 15
25	时间损失	10,30, 4	24,34, 28,32	24,26, 28,18	35,18, 34	35,22, 18,39	35,28, 34,4	4, 28, 10,34	32, 1, 10	35,28	6,29	18,28, 32,10	24,28, 35,30	

续表

恶化的技术特性 / 改善的技术特性

	改善的技术特性	1 运动物体质量	2 静止物体质量	3 运动物体长度	4 静止物体的长度	5 运动物体的面积	6 静止物体的面积	7 运动物体的体积	8 静止物体的体积	9 速度	10 力	11 应力或压力	12 形状	13 物体结构稳定性	14 强度	15 运动物体的运动持久程度	16 静止物体的持久程度	17 温度	18 光照度	19 运动物体的能耗	20 静止物体的能耗
26	物质的量	35,6,18,31	27,26,18,35	29,14,35,18		15,14,29	2,18,40,4	15,20,29		35,29,34,28	35,14,3	10,36,14,3	35,14	15,2,17,40	14,35,34,10	3,35,10,40	3,35,31	3,17,39		34,29,16,18	3,35,31
27	可靠性	3,8,10,40	3,10,8,28	15,9,14,4	15,29,28,11	17,10,14,16	32,35,40,4	3,10,14,24	2,35,24	21,35,11,28	8,28,10,3	10,24,35,19	35,1,16,11		11,28	2,35,3,25	34,27,6,40	3,35,10	11,32,13	21,11,27,19	36,23
28	测量精度	32,35,26,28	28,35,25,26	28,26,5,16	32,28,3,16	26,28,32,3	26,28,32,3	32,13,6		28,13,32,24	32,2	6,28,32	6,28,32	32,35,13	28,6,32	28,6,32	10,26,24	6,19,28,24	6,1,32	3,6,32	
29	制造精度	28,32,13,18	28,35,27,9	10,28,29,37	2,32,10	28,33,29,32	2,29,18,36	32,23,2	25,10,35	10,28,32	28,19,34,36	3,35	32,30,40	30,18	3,27	3,27,40		19,26	3,32	32,2	
30	外界有害影响对物体的作用	22,21,27,39	2,22,13,24	17,1,39,4	1,18	22,1,33,28	27,2,39,35	22,23,37,35	34,39,19,27	21,22,35,28	13,35,39,18	22,2,37	22,1,3,35	35,24,30,18	18,35,37,1	22,15,33,28	17,1,40,33	22,33,35,2	1,19,32,13	1,24,6,27	10,2,22,37
31	物体的有害副作用	19,22,15,39	35,22,1,39	17,15,16,22		17,2,18,39	22,1,40	17,2,40	30,18,35,4	35,28,3,23	35,28,1,40	2,33,27,18	35,1	35,40,27,39	15,35,22,2	15,22,33,31	21,39,16,22	22,35,2,24	19,24,39,32	2,35,6	19,22,18
32	加工方便程度	28,29,15,16	1,27,36,13	1,29,13,17	15,17,27	13,1,26,12	16,40	13,29,1,40	35	35,13,8,1	35,12	35,19,1,37	1,28,13,27	11,13,1	1,3,10,32	27,1,4	35,16	27,26,18	28,24,27,1	28,26,27,1	1,4
33	操作舒适度	25,2,13,15	6,13,1,25	1,17,13,12		1,17,13,16	18,16,15,39	1,16,35,15	4,18,39,31	18,13,34	28,13,35	2,32,12	15,34,29,28	32,35,30	32,40,3,28	29,3,8,25	1,16,25	26,27,13	13,17,1,24	1,13,24	
34	维修方便程度	2,27,35,11	2,27,35,11	1,28,10,25	3,18,31	15,13,32	16,25	25,2,35,11	1	34,9	1,11,10	13	1,13,2,4	2,35	11,1,2,9	11,29,28,27	1	4,10	15,1,13	15,1,28,16	
35	适应能力	1,6,15,8	19,15,29,16	35,1,29,2	1,35,16	35,30,29,7	15,16	15,35,29		35,10,14	15,17,20	35,16	15,37,1,8	35,30,14	35,3,32,6	13,1,35	2,16	27,2,3,35	6,22,26,1	19,35,29,13	
36	结构的复杂程度	26,30,34,36	2,26,35,39	1,19,26,24	26	14,1,13,16	6,36	34,26,6	1,16	34,10,28	26,16	19,1,35	29,13,28,15	2,22,17,19	2,13,28	10,4,28,15		2,17,13	24,17,13	27,2,29,28	
37	操纵控制的复杂程度	27,26,28,13	6,13,28,1	16,17,26,24	26	2,13,18,17	2,39,30,16	29,1,4,16	2,18,26,31	3,4,16,35	30,28,40,19	35,36,37,32	27,13,1,39	11,22,39,30	27,3,15,28	19,29,39,25	25,34,6,35	3,27,35,16	2,24,26	35,38	19,35,16
38	自动化程度	28,26,18,35	28,26,35,10	14,13,17,28	23	17,14,13		35,13,16		28,10	2,35	13,35	15,32,1,13	18,1	25,13	6,9		26,2,19	8,32,19	2,32,13	
39	生产率	35,26,24,37	28,27,15,3	18,4,28,38	30,7,14,26	10,26,34,31	10,35,17,7	2,6,34,10	35,37,10,2		28,15,10,36	10,37,14	14,10,34,40	35,3,22,39	29,28,10,18	35,10,2,18	20,10,16,38	35,21,28,10	26,17,19,1	35,10,38,19	1

	改善的技术特性	21 功率	22 能量损失	23 物质损失	24 信息损失	25 时间损失	26 物质的量	27 可靠性	28 测量精度	29 制造精度	30 外界有害影响对物体的作用	31 物体的有害副作用	32 加工方便程度	33 操纵舒适度	34 维修方便程度	35 适应能力	36 结构的复杂程度	37 操纵控制的复杂程度	38 自动化程度	39 生产率
26	物质的量	35	7,18,25	6,3,10,24	24,28,35	35,38,18,16	+	18,3,28,40	13,2,28	33,30	35,33,29,31	3,35,40,39	29,1,35,27	35,29,25,10	2,32,10,25	15,3,29	3,13,27,10	3,27,29,18	8,35	13,29,3,27
27	可靠性	21,11,26,31	10,11,35	10,35,29,39	10,28	10,30,4	21,28,40,3	+	32,3,11,23	11,32,1	27,35,2,40	35,2,40,26		27,17,40	1,11	13,35,8,24	13,35,1	27,40,28	11,13,27	1,35,29,38
28	测量精度	3,6,32	26,32,27	10,16,31,28		24,34,28,32	2,6,32	5,11,1,23	+		28,24,22,26	3,33,39,10	6,35,25,18	1,13,17,34	1,32,13,11	13,35,2	27,35,10,34	26,24,32,28	28,2,10,34	10,34,28,32
29	制造精度	32,2	13,32,2	35,31,10,24		32,26,28,18	32,30	11,32,1		+	26,28,10,36	4,17,34,26		1,32,35,23	25,10		26,2,18		26,28,18,23	10,18,32,39
30	外界有害影响对物体的作用	19,22,31,2	21,22,35,2	33,22,19,40	22,10,2	35,18,34	35,33,29,31	27,24,2,40	28,33,23,26	26,28,10,18	+		24,35,2	2,25,28,39	35,10,2	35,11,22,31	22,19,29,40	22,19,29,40	33,3,34	22,35,13,24
31	物体的有害副作用	2,35,18	21,35,2,22	10,1,34	10,21,29	1,22	3,24,39,1	24,2,40,39	3,33,26	4,17,34,26		+					19,1,31	2,21,27,1	2	22,35,18,39
32	加工方便程度	27,1,12,24	19,35	15,34,33	32,24,18,16	35,28,34,4	35,23,1,24		1,35,12,18		24,2		+	2,5,13,16	35,1,11,9	2,13,15	27,26,1	6,28,11,1	8,28,1	35,1,10,28
33	操作舒适度	35,34,2,10	2,19,13	28,32,2,24	4,10,27,22	4,28,10,34	12,35	17,27,8,40	25,13,2,34	1,32,35,23	2,25,28,39		2,5,12	+	12,26,1,32	15,34,1,16	32,26,12,17		1,34,12,3	15,1,28
34	维修方便程度	15,10,32,2	15,1,32,19	2,35,34,27		32,1,10,25	2,28,10,25	11,10,1,16	10,2,13	25,10	35,10,2,16		1,35,11,10	1,12,26,15	+	7,1,4,16	35,1,13,11		34,35,7,13	1,32,10
35	适应能力	19,1,29	18,15,1	15,10,2,13		35,28	3,35,15	35,13,8,24	35,5,1,10		35,11,32,31		1,13,31	15,34,1,16	1,16,7,4	+	15,29,37,28	1	27,34,35	35,28,6,37
36	结构的复杂程度	20,19,30,34	10,35,13,2	35,10,28,29		6,29	13,3,27,10	13,35,1	2,26,10,34	26,24,32	22,19,29,40	19,1	27,26,1,13	27,9,26,24	1,13	29,15,28,37	+	15,10,37,28	15,1,24	12,17,28
37	操纵控制的复杂程度	18,1,16,10	35,3,15,19	1,18,10,24	35,33,27,22	18,28,32,9	3,27,29,18	27,40,28,8	26,24,32,28		22,19,29,28	2,21	5,28,11,29	2,5	12,26	1,15	15,10,37,28	+	34,21	35,18
38	自动化程度	28,2,27	23,28	35,10,18,5	35,33	24,28,35,30	35,13	11,27,32	28,26,10,34	28,26,18,23	2,33	2	1,26,13	1,12,34,3	1,35,13	27,4,1,35	15,24,10	34,27,25	+	5,12,35,26
39	生产率	35,20,10	28,10,29,35	28,10,35,23	13,15,23		35,38	1,35,10,38	1,10,34,28	18,10,32,1	22,35,13,24	35,22,18,39	35,28,2,24	1,28,7,10	1,32,10,25	1,35,28,37	12,17,28,24	35,18,27,2	5,12,35,26	+

Inventive Principles

1. Segmentation
2. Extraction, Separation, Removal, Segregation
3. Local Quality
4. Asymmetry
5. Combining, Integration, Merging
6. Universality, Multi-functionality
7. Nesting
8. Counterweight, Levitation
9. Preliminary anti-action, Prior counteraction
10. Prior action
11. Cushion in advance, compensate before
12. Equipotentiality, remove stress
13. Inversion, The other way around
14. Spheroidality, Curvilinearity
15. Dynamicity, Optimization
16. Partial or excessive action
17. Moving to a new dimension
18. Mechanical vibration/oscillation
19. Periodic action
20. Continuity of a useful action

发明基本原理：

1. 分割与切割原理
2. 分离与分开原理
3. 局部质量原理
4. 不对称原理
5. 合并原理
6. 通用原理
7. 嵌套原理
8. 质量补偿原理
9. 预先施加反作用原理
10. 预先施加作用原理
11. 预防
12. 等势状态原理
13. 反向功能原理
14. 类球面原理
15. 动态原理
16. 不完全达到或超过所要求的效应
17. 向更高的维度过渡
18. 利用机械振动的原理
19. 周期性作用原理
20. 持续有效作用原理

21. Rushing through
22. Convert harm into benefit, "Blessing in disguise"
23. Feedback
24. Mediator, intermediary
25. Self-service, self-organization
26. Copying
27. Cheap, disposable objects
28. Replacement of a mechanical system with 'fields'
29. Pneumatics or hydraulics;
30. Flexible membranes or thin film
31. Use of porous materials
32. Changing color or optical properties
33. Homogeneity
34. Rejection and regeneration, Discarding and recovering
35. Transformation of the physical and chemical states of an object, parameter change, changing properties
36. Phase transformation
37. Thermal expansion
38. Use strong oxidizers, enriched atmospheres, accelerated oxidation
39. Inert environment or atmosphere
40. Composite materials

21. 急速动作原理
22. 变有害为有益原理
23. 反馈原理
24. 利用中介质原理
25. 自服务原理
26. 复制原理
27. 用廉价而寿命短的代替昂贵而寿命长的原理
28. 电、磁替代机械作用原理
29. 应用气动和液压设计原理
30. 采用柔性壳体和薄膜原理
31. 应用多孔材料原理
32. 变化颜色原理
33. 同质原理
34. 抛弃和修复原理
35. 参数变化原理
36. 应用相变过程原理
37. 应用热膨胀原理
38. 应用强力氧化剂原理
39. 应用惰性环境原理
40. 应用复合材料原理

参 考 文 献

1. 赵惠田,谢燮正.发明创造学教程[M]. 沈阳:东北工学院出版社,1987
2. 李嘉曾.创造学与创造力开发训练[M]. 南京:江苏人民出版社,1997
3. 罗玲玲.创造力理论与科技创造力[M].沈阳:东北大学出版社,1998
4. 袁张度.创造的潜能[M].上海:上海人民出版社,1989
5. 吴诚,马种会.企业创造力开发教程[M].上海:上海科学技术文献出版社,1993
6. 庄寿强,戎志毅.普通创造学[M].徐州:中国矿业大学出版社,1997